ゼロからわかる

Linux コマンド

200本ノック

基礎知識と頻出コマンドを
無理なく記憶に焼きつけよう！

ひらまつしょうたろう

Hiramatsu Shotaro

技術評論社

はじめに

本書を手にとっていただきありがとうございます。著者のひらまつと申します。

本書は、Linux の頻出コマンドをやさしく学び、長期記憶に焼き付けて忘れないようにするための本です。

Linux は Windows や macOS と同じく、OS の 1 つです。家庭用のパソコンではあまり使われませんが、企業が持つサーバー用コンピュータの OS としては、圧倒的なトップシェアを誇っています。そのため Linux の知識は、日常的にサーバーの操作を行うエンジニアにとって、必ず身につけておくべきものになっています。

家庭用のパソコンは、基本的にマウスで操作するのに対して、Linux のサーバーは基本的に「コマンド」と呼ばれる文字列で操作します。例えば、ファイルの新規作成は touch コマンド、ファイルの削除は rm コマンドという感じで、実現したい操作に対応するコマンドを入力してコンピュータの操作を行います。つまり、Linux のサーバーを操作するには、Linux のコマンドをあらかじめ知っておく必要があるということです。これは、Windows のパソコンを使うために、ドラッグ＆ドロップなどのマウス操作を覚える必要があるのと同じです。

しかし、Linux のコマンドは非常に覚えづらく、覚えるのに苦戦している方も、とても多いです。それも当然で、コマンドによる操作は、マウスを使った操作ほど直感的ではありません。また、行いたい操作ごとに、対応するコマンドを覚えなければいけませんから、基本的な操作ができるようになるまでに、結構な数のコマンドを覚える必要があります。そういった覚えづらさから、コマンドを何度も学び直していたり、業務で使うたびに Google 検索しているという方も多いのではないでしょうか？ 以前の私がまさにそうでした（汗

コマンドの使い方を毎回検索するのは、あまり効率の良い方法ではありません。ほとんど使わないコマンドであれば、その都度検索したところでさほど時間のロスはありませんが、頻繁に使うコマンドであれば、覚えてしまったほうが時間を節約できるでしょう。そこで生まれたのが本書です。

● 本書のコンセプト

　本書は、「Linux の頻出コマンドをやさしく学び、長期記憶に焼き付けて忘れないようにする」ために作成されました。

　本書では、覚えてしまったほうが効率がいい、実務における最頻出コマンドと、コマンド操作に関連する重要事項だけを集中的に学んでいきます。本書で紹介する厳選された内容を、しっかりと長期記憶に残すことで、Linux 環境での生産性を高めることができるはずです。

　そして、記憶に焼き付けて忘れないために、さまざまな工夫を凝らしました。

- コマンドやオプションの「由来」をできる限り解説
- 「暗記がいらなくなるレベル」の理解を目指した、とことん丁寧な解説
- 「200 問」の演習問題で記憶にこびりつく

● コマンドやオプションの「由来」をできる限り解説

　Linux コマンドを覚えづらい理由の 1 つに、機能とコマンド名の対応がわかりづらい、というものがあります。例えば、「pwd」は「カレントディレクトリの表示」、「cat」は「ファイルの中身の表示」といった具合です。

　もしコマンド名の由来を知らないと、「猫（cat）がファイルの中身を表示？　なぜ？」と混乱してしまいます。そこで本書では、記憶に役立つものについては、コマンドの名前の由来もセットで解説しています。さらに、コマンドだけではなく、「-l」や「-a」といったオプションの由来も解説しています。

　由来がわかれば、Linux コマンドは怖くありません。由来を知って、苦労なく記憶に残しましょう。

● 「暗記がいらなくなるレベル」の理解を目指した、とことん丁寧な解説

　あなたの学生時代を思い出してみてください。数学が得意な同級生に話を聞いたら、「公式は暗記してない。毎回導出している。」と言われて驚いたことはありませんか？　この話からわかるのは、とことん深く理解すると暗記がいらなくなるということです。本書が目指したのは、そのレベルの深い理解です。

　なので本書では、ただ単にコマンドの機能を紹介するだけでなく、「なぜこの機能が必要なのか？」「いつ使うのか・使わないのか？」という、そもそもの話を曖昧にせず解説しています。

　「コマンドを覚えられない…」という人に話を聞くと、暗記以前にそもそもあま

り理解ができていないケースも多々あります。暗記の前の理解は必須です。しっかり理解して暗記の労力を最小化しましょう。

●「200問」の演習問題で記憶にこびりつく

長期記憶に残すときに一番重要なのは、演習問題を解くことです。認知心理学においては「想起練習」とも呼ばれ、後に紹介するように、現時点で最強の学習方法であると考えられています。

本書では、確実に記憶に焼き付けるために、200問の演習問題を用意しています。本書で扱ったすべての内容は、一問一答形式の200本ノックで復習することができます。

また本書のダウンロード付録として、学んだ順番ではなく、シャッフルされたノックも用意しています。演習を繰り返して、効率的に知識を身につけていきましょう。

なお本書は、オンライン学習プラットフォームUdemyでベストセラーになった著者の講座「もう絶対に忘れないLinuxコマンド【Linux 100本ノック+名前の由来+丁寧な解説で、長期記憶に焼き付けろ！】」の内容をもとに、あらためて構成と執筆を行った書籍です。もとの講座の良さはそのままに、よりわかりやすく、身につけやすくなるように、内容の追加や解説の改善を行いました。

● 本書の対象読者

本書は、「Linuxの知識を学ぶ最初の1、2冊目として、これ以上ないものにする」ことを目指して執筆しました。ですので、Linuxについてまだ何も知らないという方の、1冊目としてはもちろんですし、「マンガでわかる」などの超入門書を読んだあとの、本格的に学び始める2冊目の本としてもおすすめできます。

そして、他教材でLinuxの基本を学んだ方の復習用教材としても利用できるでしょう。知識の確認には、演習問題を解くことが一番なので、本書の200本ノックが役立つはずです。また、他教材ではいまいち理解できなかった内容を、深く理解し直すこともできると思います。

その他、以下のような方にとって最適な教材となるように執筆しました。

- Linuxコマンドについて初めて学ぶ方
- Linuxの他の教材が難しくて挫折してしまった方

- 他教材で学んだ知識をノックで確認・定着させたい方
- Linux コマンドがなかなか覚えられなくて困っている方
- よく使う Linux コマンドを覚えてしまって業務の効率を上げたい方
- 何かを学ぶには演習問題を解くことが一番だと知っている方
- 「そもそも？ なぜ？」といった根本の部分の理解を深めたい方

● Linux は「超高コスパ」の知識

　最後に、Linux コマンドは「超高コスパ」の知識です。Linux コマンドは、ソフトウェア開発を行うのであれば、ほぼ毎日使用するだけでなく、この業界では珍しく、一度学んでしまえばとても長い間使える知識です。ソフトウェア開発業界は、ドッグイヤー（dog year）と呼ばれるほど変化の激しい業界ですが、Linux コマンドの中には、40 年以上前から使われているコマンドも多数あります。このことからも、Linux コマンドの知識の、とんでもない寿命の長さがわかるのではないでしょうか。

　せっかく長く使える知識なら、なんとなく学んだだけの、付け焼刃の知識にしておくのではなく、長期記憶に焼き付けて一生モノのスキルを手に入れませんか？

2023 年 3 月

ひらまつ しょうたろう

なぜノックで効率的な学習ができるのか？

本書では、「200本ノック」という200問の演習問題を用意しています。この「n本ノック」という学習方法は、心理学の観点からみても、実はとても理にかなった学習方法です。具体的には、次のようなメリットがあります。

- 想起練習を基本にして学べる
- 学習の進捗が明確になる
- 良問で網羅性を確保できる

● 想起練習を基本にして学べる

想起練習（retrieval practice）とは、ごく簡単に言えば「学んだことを思い出す」勉強法のことです。ノックを解いたり、テストをすることなどが、想起練習の代表例です。想起練習による学習の効果は、認知心理学においては「テスト効果（testing effect）」と呼ばれ、数多くの研究でその高い効果が確認されています。有名なものとしては、2006年にワシントン大学が行った次のような研究❶があります。

1. 大学生に「太陽」や「ラッコ」などのトピックを解説した短い文章を読んでもらう
2. 学生を2つのグループに分け、一方のグループ（再読グループ）には文章を再読してもらい、もう一方のグループ（想起練習グループ）には文章の内容を思い出すようなテストを受けてもらう
3. 5分後、2日後、1週間後に覚えていることをすべて書き出してもらう

2つのグループの結果を比較したところ、次のような結果になりました。

- 5分後のテストでは、再読グループは81%、想起練習グループは75%の内容を思い出すことができた
- 2日後のテストでは、再読グループは54%、想起練習グループは68%の

❶ Roediger HL, Karpicke JD. (2006) Test-enhanced learning: taking memory tests improves long-term retention. *Psychological Science*. 2006 Mar;17(3):249-255.

内容を思い出すことができた
- 1週間後のテストでは、再読グループは42%、想起練習グループは56%の内容を思い出すことができた

　この研究が示唆するのは、長期的に記憶に残したい場合は、テキストの再読よりも想起練習のほうが効果が高い、ということです。教育現場での実験など、その後に行われた数多くの研究でも、同様の傾向が確認されています。

　また、想起練習のメリットは、長期的な記憶の保持だけではありません。想起練習では、学んだことを思い出せるか？を確認しながら学習を進めるため、自身の理解度を正確に把握できるようにもなります。理解度を把握できると、理解や知識が足りない領域に集中して、学習を行えるようになるため、学習の効率を高めることができます。

　他にも、想起練習には以下のようなメリットがあると考えられています❷。

- 知識を頭の中で整理しやすくなる
- 知識の応用力が身につく
- 学習のモチベーションが高まる

　想起練習は非常にシンプルなテクニックながら、あらゆる学習方法の中でも特に効果が高いだけでなく、エビデンスも豊富という、現時点で最強の学習方法です。

　n本ノックを使って学習を行うと、自然と想起練習を繰り返すことになるので、強制的に効率的な学習に導いてくれます。暗記に役立つだけでなく、さまざまな側面から学習の効率を高めてくれるのが、n本ノックなのです。

● 進捗が明確になる

　当たり前ですが、学習においてモチベーションはとても重要です。モチベーションのない学習にほとんど意味がないのは、進学するためだけに、学校のつまらない授業を仕方なく受けたことのある方であれば、身にしみて知っていると思います。

　実は、モチベーションを上げる方法は、ある程度まで科学で解明されています。

❷ Roediger, H. L. III, Putnam, A. L., & Smith, M. A. (2011). Ten benefits of testing and their applications to educational practice. In J. P. Mestre & B. H. Ross (Eds.), *The psychology of learning and motivation: Cognition in education* (pp. 1–36). Elsevier Academic Press.

モチベーションを上げる効果的な方法、それは「進んでいる感覚」を抱かせることです。

ハーバード・ビジネススクールのテレサ・アマビールらが行った研究では、7つの会社から238人の従業員を集めて、一日の終わりに日誌を書いて提出させました。4か月間で集まった11,637個の日誌を分析した結果、「仕事が前進すること」が従業員のモチベーションを最も高める要素であることがわかりました。

他にも、進んでいる感覚の重要性を示唆するデータはたくさんあります。例えば、洗車場の客を対象にした実験❸では、客の半数には「8個のスタンプを貯めるカード」を配布し、残りの半数には「最初から2個のスタンプが押されている、10個のスタンプを貯めるカード」を配布しました。どちらのカードも1回の洗車でスタンプが1個押され、スタンプが上限まで貯まると洗車が1回無料になります。

実験の結果、最初から2個のスタンプが押されているカードを持つ客のほうが、最後までスタンプを貯める割合が高くなりました。どちらのスタンプカードであっても、8個のスタンプを貯めなければいけないのは同じですが、「すでにスタンプが2個押されている」という進捗の感覚によって、目標達成のモチベーションが高まり、結果に差が出たのです。

また、個人の体験としても、仕事や勉強がはかどった日は、気持ちよく1日を終えることができますし、翌日以降も頑張ろうと思えますよね。その一方で、進捗の感覚が得られないタスクは非常にキツいです。今何キロ地点を走っているのか、あと何キロ走ればゴールなのかがわからないマラソンを走っていることを想像していただければ、わかりやすいと思います（地獄ですね）。これらの事実からも「進んでいる感覚」がモチベーションを左右することがわかります。

その点、200本ノックなら「60/200問（30%）終えた」というように進捗がとても明確です。進捗が自然と明確になるので、学習のやる気も自然と高まります。高いモチベーションで学習に取り組めるため、学習の成果も出やすいと考えられます。

● 良問で網羅性を確保できる

n本ノックの「n」に入る数字は、100や200、1000のこともありますが、このよ

---

❸ Joseph C. Nunes, Xavier Drèze. (2006). The Endowed Progress Effect: How Artificial Advancement Increases Effort, *Journal of Consumer Research*, Volume 32, Issue 4, March 2006, 504–512.

うにある程度まとまったボリュームがある、というのも大事なポイントです。なぜなら、これだけの問題数があれば、その分野の基本的な内容をしっかりと網羅することができるからです。

本書の Linux 200 本ノックに取り組めば、Linux の入門に必須の基礎知識を網羅することができます。また「200」という問題数に制限するからこそ、「どの問題を入れて、どの問題を省くのか？」といった、問題の選定作業も非常にシビアになり、厳選された、良質な 200 問を用意することができました。

このように、

- 想起練習で効率的に学べるだけでなく、
- 明確な進捗でモチベーションも高まりやすく、
- 厳選された良問で基礎知識を網羅できる

といった、メリットだらけの学習方法が n 本ノックなのです。本書の 200 本ノックに取り組むことで、Linux の基礎知識を効率的に身につけていきましょう。

本書の構成

本書は全 11 章からなります。各章には複数の節があり、1 つの節で 1 つのテーマを扱っています。また、本書は以下のような要素から構成されています。

● ポイント！

各節の最初に、その節のポイントをまとめてあります。要点のすばやい理解や、本文を読む前の内容把握に役立てることができます。

> **ポイント！**
> ▶ mkdir コマンドはディレクトリを作成する (make directory) コマンド
> ▶ 引数に複数のディレクトリを指定して一括で複数作成することもできる
> ▶ -p オプションで複数階層のディレクトリを親 (parent) ディレクトリもまとめて一括で作成できる

「ポイント！」には、わざと初めて登場する用語も入れています。疑問を持った状態で本文を読めるようにするためです。「ポイント！」を読んで疑問に思った点の答えを、本文中から探すように読むと、効率的に理解することができるで

しょう。

● 本文

「ポイント！」に続いて本文が始まります。本文ではその節で扱うテーマを、できる限り丁寧に解説しています。また、重要なコマンドについては以下のように、その書式（書き方）も掲載しています。

 lsコマンド：ディレクトリの中身を一覧表示する ●————（コマンドの説明）

ls［オプション］［ディレクトリ名／ファイル名］

省略可能なものは［オプション］のように［ ］で囲む

どちらでもよい場合は「ディレクトリ名／ファイル名」のように「／」で並べる

コマンドは書体を変えて表記しています。実行するコマンドでは、基本的にプロンプト（➡3.3節）を省略して書いています。

◉プロンプトは省略

```
hiramatsu@hiramatsu-VirtualBox:~$ ls
```

```
$ ls
```

● ノック

各節の最後には数問のノックを用意しています。本文を読んで、ポイントで書かれていることが理解できたらノックに取り組みましょう。このノックは、200本ノックの中からその節に関係するものだけを掲載したものです。次節に進む前にノックに取り組むことで、理解したつもりで終わらずに、しっかりと身につけることができます。ノックには問題文だけを掲載しているので、問題の解答は本文や章末ノックの解答を参照してください。

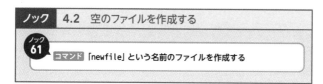

ノック　4.2　空のファイルを作成する
ノック61　コマンド「newfile」という名前のファイルを作成する

● 章末ノック

　各章の最後には、章末ノックを用意しています。章末ノックは、その章の各節で出題されたノックを一問一答形式でまとめたものです。章のすべての節を学んだら取り組みましょう。もし間違えた問題があったら、もう一度本文を読むなどして知識を再確認しましょう。

● シャッフルノック

　本書の学習の仕上げとして、シャッフルノックを用意しています（ダウンロードページは下記参照）。章末ノックでは、問題の順番が本書の学習順序と同じでしたが、シャッフルノックでは順番がシャッフルされています。問題がシャッフルされることで、学習効果をさらに高めることができます。

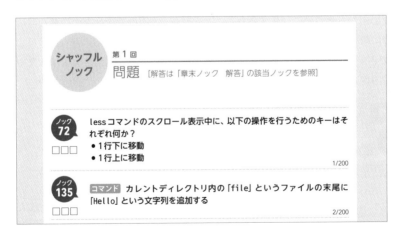

シャッフルノックはPDFとして提供しています。次のURLからダウンロードしてください。パスワードは、本書の368ページに掲載しています。

⊕ シャッフルノックのダウンロードページ
https://gihyo.jp/book/2023/978-4-297-13425-9

● 本書サポートページ

本書のサポートページでは、環境構築の案内などの最新情報を掲載しています。また、本書中で紹介したサイトへのリンクも、まとめて記載していますので、必要に応じて確認してみてください。

⊕ サポートページ
https://hiramatsuu.com/archives/934

本書の取り組み方

ここでは、本書の具体的な取り組み方の一例を紹介します。学習を効果的にするためのポイントを散りばめていますので、Linuxの知識を効率よく長期記憶に残したい方は、以下の手順を参考にして学習を進めてみてください。

① 節タイトルと「ポイント!」に目を通して大体の内容を把握する
② 本文をよく読んで内容を理解する
③ 節の最後にあるノックに取り組む
④ 章の最後の節まで①〜③を実践する
⑤ 章末ノックに取り組む
⑥ 以降の章でも①〜⑤を実践する
⑦ シャッフルノックに取り組む
⑧ 3か月後にシャッフルノックをもう一度やる
⑨ さらに6か月後にシャッフルノックをもう一度やる

① 節タイトルと「ポイント!」に目を通して大体の内容を把握する

話の大枠がわかっている状態で本文を読むと、内容を理解しやすくなります。まずは各節のタイトル(「Linuxとは」など)と「ポイント!」を読んで、その節で

どんなことが書かれているのかを把握しましょう。ただ目を通すよりも、本文の内容を予想してみたり、「ポイント！」を見たときに浮かんだ疑問を書き留めておくと、学習効率をさらに高めることができます。

② 本文をよく読んで内容を理解する

「ポイント！」を読んだだけではよくわからなかったところを、本文を熟読して理解します。本文を読み終えたら、「ポイント！」の部分をもう一度見返して、「ポイント！」で述べられていることが完全に理解できていることを確認しましょう。

③ 節の最後にあるノックに取り組む

本文と「ポイント！」の内容を理解できたら、節の最後にあるノックに取り組みましょう。ノックに正しく回答することができたなら、その節の内容は理解できていることでしょう。回答できなかったり、間違った回答をしてしまった問題については、本文を読み返して理解しなおします。ノックに取り組む際には、覚えていることすべてを記憶から引っ張り出すのがポイントです。これは自由再生 (free recall) と呼ばれる方法で、多くの実験でその効果が確認されています❹。問題文で直接問われていること以外にも、関連する記憶をすべて引っ張り出すようにしましょう。

④ 章の最後の節まで①～③を実践する

ここまでの①～③の流れを、章の最後の節まで繰り返します。

⑤ 章末ノックに取り組む

章のすべての内容を読み終えたら、章末ノックに取り組みましょう。問題文だけを読んで、解答に書かれているようなことを思い出すことができるかを、1問ずつ確認していきます。章末ノックの問題は、各節の最後のノックと同じ問題です。復習のつもりで、すべての問題に正解できるかを確認しましょう。正解できなかった問題があった場合は、該当する節を読み返して理解しなおします。模範解答も一応用意していますが、③と同様に自由再生のやり方で、覚えていることすべてを記憶から引っ張り出すように取り組むと、効果がより高まるでしょう。問題に取り組む際にはいつでも、自由再生を意識して行いましょう。

⑥ 以降の章でも①～⑤を実践する

ここまでの①～⑤の流れを、本書の最後の章まで繰り返します。

---

❹ 一例としては、Arnold, K.M., McDermott, K.B. (2013). Free recall enhances subsequent learning. *Psychonomic Bulletin & Review* 20, 507–513.

⑦ シャッフルノックに取り組む

　本書の内容をすべて読み終えたら、シャッフルノックに取り組みます。章末ノックでは学んだ順番に出題されていましたが、シャッフルノックでは問題がランダムな順番で出題されます。現在の認知科学では、シャッフルされた順番で出題する「交互練習」は、テーマごとに出題する「ブロック練習」のあとに行うことで、より高い学習効果を得ることができると考えられています❺。このため本書では、章末ノックによるブロック練習と、シャッフルノックによる交互練習の両方を用意することで、学習の効果をさらに高めています。間違えた問題にマークを付けながら取り組むと、復習がしやすくなるのでおすすめです。マークを付けた問題も正解できるようになるまで演習を繰り返しましょう。

⑧ 3か月後にシャッフルノックをもう一度やる

　ここまで来たら、あなたは本書の内容をほとんど理解できているはずです。実務でも、Linux コマンドを日常的に使っていることでしょう。ここからは長期記憶に残すために、忘れた頃に思い出す作業を行っていきます。⑦のシャッフルノックを終えた日から3か月間は、本書のことはいったん忘れます。カレンダーで、シャッフルノックを終えた日の3か月後の日に印を付けておきましょう。もし5月11日に終えたなら、8月11日に印を付け、3か月後（8月11日）になったらもう一度、PDF付録のシャッフルノックでわからない問題がなくなるまで繰り返します。理解が甘いと感じたら、本文に戻ることも忘れずに。

⑨ さらに6か月後にシャッフルノックをもう一度やる

　⑧が完了したさらに6か月後に、⑦のシャッフルノックをもう一度実践します。⑧よりも復習間隔を伸ばすことで、さらに長期間記憶に残るようにしています。1周目とは比較にならないほど楽に取り組めるようになっているはずですし、時間もほとんどかからないでしょう。本書の仕上げとして最後に取り組みましょう。

　ここまでやったなら、あなたの記憶には Linux コマンドの知識がこびりついているはずです。それ以降本書を開く必要は、もはやないでしょう（古本として売り飛ばすのではなく、お守りとして持っておいていただけると嬉しいです（笑））。文字に起こすと複雑な手順に感じてしまったかもしれませんが、1つずつやってい

---

❺　一例としては、Suzuki, Y., & Sunada, M. (2020). Dynamic interplay between practice type and practice schedule in a second language: The potential and limits of skill transfer and practice schedule. *Studies in Second Language Acquisition*, 42(1), 169-197.

けばまったく難しくないですし、終わりに近づくほど、どんどん楽になっていくので安心してください。

　この手順どおりにやっても、人間ですから忘れてしまうコマンドもあると思います。正直なところ、そういったコマンドは忘れてしまっても大丈夫です。ここまでやっても忘れてしまうコマンドというのはおそらく、あなたの実務ではさほど使わないコマンドだからです。また、忘れてしまったとはいえ、検索して使うことができる程度には記憶に残っているはずです。使用頻度の低いコマンドは検索の回数も少ないはずですから、覚えていなくても検索で時間を食う問題はないので、忘れてしまってもよいのです。

　もちろん、本書で学んだ知識を実際の業務で使用することも、Linux コマンドを身につけるにはとても大事です。さまざまな文脈で接することによって、知識は深く身につきます。本で学ぶだけでなく、実際に使ってみて、忘れたら Google 検索して思い出して…、を繰り返すことで、Linux の知識があなたの血肉となります。

　また、本書の読了後は必要に応じて、さらに上のレベルの教材も学んでみてください。本書の内容を身につければ、より発展的な内容の本を読むための基本を、しっかり身につけることができます。

目次

第 1 章　Linuxの基本 …………………………………………… 1

第 **4** 章

ファイル操作のコマンド ··············· 103

第10章 Bashの設定 ·· 293

第 11 章 **シェルスクリプト入門** 325

Linuxの基本

本書では、Linuxの基本のコマンドを学んでいきます。具体的なコマンドについて学んでいく前に、「そもそもLinuxとは何か？ なぜLinuxのコマンドを学ぶ必要があるのか？」という、Linuxの学習の前提について学んでいきましょう。

具体的には、本章で次のような疑問を解消していきます。

- Linuxとはそもそも何か？
- なぜLinuxはコマンドで操作する必要があるのか？
- コマンドで操作するメリットは何か？

学習においては、「なぜそれを学ぶのか」という学習の意義を理解することがとても大事です。意義が明確になることでモチベーションが高まり、学習の効率も高まります。本章でLinuxコマンドを学ぶ理由を知り、Linuxコマンドを学ぶための土台をつくりましょう。もし本書を読み進める中で、Linuxを学ぶ目的を見失ってしまったり、いまいちモチベーションが上がらないときには、いつでも本章に戻ってきてください。

また本章では、Linuxの学習を行うための環境構築の方法や、Linuxの学習をスムーズに進めるためのポイントも紹介します。本章を読めば、Linuxを学ぶ上での準備が整うはずです。

それではさっそくLinuxを学んでいきましょう。

1.1 ノック1 ノック2

Linux とは

ポイント！

▶ 「Linux」とは「Linux OS」か「Linuxカーネル」のどちらかを指す用語

▶ Linux OS は、Windows や macOS などと同じく、OS（Operating System）の1つ

▶ OSとは「コンピュータを動作させるための土台となる基本のソフトウェア群」のこと

▶ OSはアプリケーションを動作させる土台となるだけでなく、デスクトップ環境やファイルシステムなどの「あって当たり前の機能」を提供している

　まずは「Linux」とはそもそも何かという話です。「Linux」という用語は、おおむね次の2つの意味で使われます。

- Linux OS
- Linuxカーネル

　2つの意味があるものの、ただ単に「Linux」と言ったときには「Linux OS」のことを指すことが多いです。Linux OSとは、その名のとおりOS（Operating System）の1つです。代表的なOSとしては、パソコンであればWindowsやmacOS、スマートフォンであればiOSやAndroidなどがあります。

● OS (Operating System) とは

　では、OSとはいったい何でしょうか？　OSという言葉の意味は、厳密に決まっているわけではないのですが、OSとは「コンピュータを動作させるための土台となる基本のソフトウェア群」である、と思っておけば問題ありません。

　まず、OSはコンピュータを動作させる土台です。スマホやパソコンなどのコンピュータでは、Google Chromeのようなブラウザアプリや、LINEのようなチャットアプリなど、さまざまなアプリケーション（application）が動いていますが、こ

れらのアプリケーションはすべて、OSを土台として動作しています。

　その証拠に、OSごとに使用できるアプリケーションは異なります。例えば、iMovieやGarageBandなどはApple社製のOS（iOS/macOS）でしか動作しません。また、複数のOSで使用できるアプリケーションも、OSごとに別々に開発されており、Windows用に開発したアプリケーション（のプログラム）をmacOSにそのまま流用する、ということは基本的にはできません。土台となっているOSの種類が変われば、使用できるアプリケーションも変わるのです。

　そもそも、アプリケーション（application）とは、日本語で「応用」という意味です。一昔前には、OSを「基本ソフトウェア」、基本ソフトウェア上で動作するソフトウェアを「応用ソフトウェア」と呼んでいたことから、アプリケーションと呼ばれるようになりました。何ごともそうですが、応用は基本があってこそです。アプリケーション（応用）は、OS（基本）という土台があるからこそ使用できるのです（**図1.1**）。

| 図1.1 | OSはアプリケーションを動作させるための土台

　そしてOSは、アプリケーションを動かすだけではなく、私たちがコンピュータを使うために必要な機能も提供してくれています。OSが提供している機能の例としては、以下のようなものがあります。

- デスクトップ環境（GUIの場合）
- ファイルシステム
- ネットワーク通信
- プロセス間通信
- プロセス管理
- メモリ管理
- デバイス管理
- シェル
- コマンド

　この機能の一覧だけ見てもピンとこないかもしれませんが、これらの機能は、私たちが普段コンピュータで当たり前に行っている操作に必須の機能です。それぞれの機能は、以下のようなことを可能にしてくれています。

- デスクトップ環境 ➡ マウスでアイコンをクリックする操作を可能にする
- ファイルシステム ➡ フォルダでファイルを管理することを可能にする
- ネットワーク通信 ➡ インターネットを利用可能にする
- プロセス管理　　➡ ブラウザを開きながらマウスを動かすなどマルチタスクを可能にする
- デバイス管理　　➡ キーボードやディスプレイを自分好みに変更可能にする

　マウスで操作できたり、インターネットを利用できたりすることは、コンピュータを日頃使っている私たちにとっては、もはやあって当たり前ですよね。このように、コンピュータにあって当たり前の必須機能を提供してくれているのがOSです。あまりにも当たり前の機能なので、OSが入っていないコンピュータを想像しづらく、逆に理解しづらいかもしれません。しかし、これこそがOSなのです。

　こういったOSの機能は、単一のソフトウェアによって実現されているわけではなく、複数のソフトウェアによって実現されています。ファイルシステムを提供するソフトウェアや、デスクトップ環境を提供するソフトウェアなど、さまざまな機能をもったソフトウェアが集まることで、コンピュータを動かすための土台を構成しています。

　以降本書では、単に「Linux」と書いた場合には「Linux OS」の意味で使用していきます。

ノック　1.1　Linuxとは

ノック 1 Linuxとは何か？

ノック 2 OSとは何か？

1.2 ノック3 ノック4

Linux カーネルとは

ポイント!

▶ Linuxカーネルとは、Linux OSの中核となっているソフトウェアのこと
▶ カーネルの基本的な役割は、プログラムの実行のためのプロセス管理とメモリ管理
▶ Linuxカーネルがオープンソースなので、Linux OSは低コストで利用可能
▶ コストのメリットと高い安定性から、Linux OSはサーバー用途でトップシェア

「Linux」という言葉は、「Linux OS」の意味で使われることが多いのですが、ときには「Linuxカーネル」の意味で使われることもあります。本節では、Linuxカーネルとは何かを学んでいきましょう。

まず、カーネル (kernel) とは「中核」という意味です。つまり、Linux OSの中核となっているソフトウェアが、Linuxカーネルです。前節で学んだように、OSは単一のソフトウェアではなく、ソフトウェア群です。OSを構成するソフトウェアの中でも、中核となっているソフトウェアを特に「カーネル」と呼びます。OSの中核にカーネルがあるという構造は、Linux OSに限った話ではなく、その他のOSでも同様ですが、Linux OSに使われているカーネルを特に「Linuxカーネル」と呼びます。Linuxカーネルの主な役割としては、以下のようなものがあります。

- プロセス管理
- メモリ管理
- デバイス管理
- ファイルシステム

前節のOSの機能一覧と比較すると、LinuxカーネルはLinux OSの一部の機能を担当していることがわかると思います。簡単に言うと、

Linux OS = Linuxカーネル + その他のソフトウェア群

ということですね (**図1.2**)。

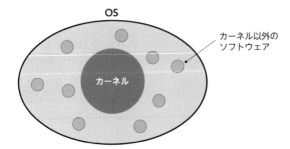

| 図1.2 | OS の中核がカーネル

　先ほど、Linux OS の中核となっているソフトウェアが Linux カーネルである、と言いましたが、OS の「中核」の機能とはいったい何でしょうか？　言い換えれば、OS の数ある機能の中で、最も重要なものはなんでしょうか？

　いろいろな回答が考えられますが、やはり一番重要なのは、プログラムを実行する機能です。ブラウザのようなアプリケーションも、その実体はプログラムが書かれたファイルです。このため、プログラムを実行できないことには、コンピュータを活用することはできません。

　プログラムはコンピュータでどのように実行されるかというと、まずプログラムのファイルをメモリに読み込んでから、それを CPU が読み取ることで実行されます。つまり、プログラムを実行するには、CPU やメモリなどのハードウェアを利用する必要があるということです。そして、プログラムを実行するために、CPU やメモリの管理の役割を担当しているのがカーネルです（**図1.3**）。カーネルが CPU やメモリを制御することで、プログラムを実行することが可能になっています。

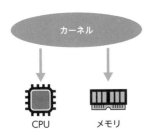

| 図1.3 | カーネルが CPU やメモリを管理

OSごとにカーネルが果たす役割の大きさ・機能の多さは異なりますが、CPU やメモリを使ってプログラムを実行するためのプロセス管理とメモリ管理は、基本的にどのOSのカーネルも持つ機能になります。Linuxカーネルは、ファイルシステムなどの機能も含んでいる、担当範囲が比較的広いカーネルです。

そして、Linuxカーネルの最大の特徴は、オープンソースで開発されている ❶ カーネルであるため低いコストで利用できるという点です。

基本的に、Linux OS以外の多くのOSには開発元の企業が存在します。例えば、WindowsであればMicrosoft社、macOSであればApple社が開発元の企業です。開発元以外の企業がこれらのOSを使用する場合は、開発元企業に対してライセンス料を支払う必要があります。

一方、Linuxカーネルはオープンソースで開発されているため、無料で使用することができます。このため、無料で使えるLinuxカーネルが中核になっているLinux OSは、他のOSと比べてとても安く使うことができ、ものによっては無料で使用することもできます。またLinuxカーネルは、多くの優れた開発者による継続的な改善によって、非常に高い安定性を持つカーネルになっています。

このようなコスト上のメリットと高い安定性から、Linux OSは主に企業のサーバー用途で広く使われています。サーバー用途のOSとしては、Windowsなどを上回ってLinux OSがトップシェアになっています。

❶ Linuxカーネルの GitHub プロジェクト　https://github.com/torvalds/linux

ノック　1.2　Linuxカーネルとは

ノック 3 カーネル (kernel) とは何か？

ノック 4 Linuxカーネルの特徴は何か？

1.3 ノック5 ノック6

Linux ディストリビューションとは？

ポイント！

▶ ディストリビューション (distribution) とは、カーネルとその他のソフトウェア
をパッケージにして OS としてすぐに使用できるようにしたもの
▶ ディストリビューションは主に Red Hat系と Debian系という2系列に分かれる
▶ ディストリビューションの系列が同じなら操作方法も近くなる

　Linux カーネルは、Linux OSの中核ではあるものの、これだけではOSとしての
役割を果たすことはできません。なぜなら、Linux カーネルの機能はプロセス管
理やメモリ管理など、OSの一部の機能だけだからです。シェルやコマンドなどの
OSのその他の機能は、カーネル以外のソフトウェアによって用意する必要があり
ます。

　OSとして使えるようにするために、Linux カーネル以外のソフトウェアを自分
で集めて、組み合わせて、インストールするというのはとても大変な作業です。
OSに必要な機能はほとんど共通なのに、各自でソフトウェアを集めて、OSの構
築作業を行うのは無駄が多いですよね。この無駄を解消するために生まれたのが
Linux ディストリビューションです。

　Linux ディストリビューションとは、Linux カーネルとその他のソフトウェアを
パッケージにして OS としてすぐに使用できるようにしたものです。Linux ディス
トリビューションをインストールするだけで、ソフトウェア群を自分で調達する
ことなく、Linux OS として使い始めることができます。ディストリビューション
(distribution) とは、「配布」という意味です。Linux OS を利用しやすい形で配布
しているのが、Linux ディストリビューションです。

　Linux OS を利用するには、ディストリビューションをインストールし、環境を
構築していくのが基本です。そのため、「Linux OS ≒ Linux ディストリビューショ
ン」と捉えていただいて問題ありません。強いて言うと、ディストリビューション
のほうが「ソフトウェアの寄せ集め」というニュアンスがやや強くなります。

　Linux ディストリビューションにはいくつかの種類があり、その種類ごとに構成

要素となっているソフトウェアが少し異なります。そのため、ディストリビューションが違えば、操作方法も少し違うものになります。

　また、ディストリビューションには、有料のものもあれば、無料のものもあります。Linuxカーネル自体は無料なのですが、カーネル以外の部分に商用ソフトウェアを使っているものがあったり、企業のサポート付きのものもあったりするので、有料のディストリビューションがあるのです。

　Linuxディストリビューションにはたくさんの種類があるものの、大きくCentOSなどのRed Hat系と、UbuntuなどのDebian系という2つの系列に分けることができます（**表1.1**）。

| 表1.1 | 主な2系列と代表的なディストリビューション

系列	代表的なディストリビューション
Red Hat	CentOS※、Red Hat Enterprise Linux (RHEL)、Fedora
Debian	Ubuntu、Debian GNU/Linux

※CentOSはサポート終了が決定しています。詳細については、1.8節末のコラムを参照してください。

　系列が同じなら操作方法も近いので、学習環境は実務環境の系列と揃えるのがおすすめです。職場がRed Hat系ならCentOSやFedoraで学習を行い、Debian系ならUbuntuで学習を行う、という要領です。

　本書の解説では、Linuxディストリビューションの中でも世界で一番使われている、Ubuntuを使用します。ただし、本書で扱うコマンドはどれも基礎的なものなので、他のディストリビューションでも基本的に使用できます。今後どんなディストリビューションを使う上でも役立つ知識を、本書で学んでいきましょう。

ノック　1.3　Linuxディストリビューションとは？

ノック5　Linuxディストリビューション (distribution) とは何か？

ノック6　Linuxディストリビューションの主な2系列は何か？

1.4 ノック7 ノック8

Linux OS とサーバー

ポイント!

▶ サーバーとはWebサイトやデータベースなどのサービスを提供するコンピュータのこと

▶ サーバーにはAWSやGCPなどのIaaSを利用することも多い

▶ 開発者はサーバーを頻繁に操作するので、サーバーで使われているLinux OSについて知っておく必要がある

先ほど、Linux OSは低コストと高い信頼性から、サーバー用途のOSとしてトップシェアになっているという話をしました。パソコンやIoT端末に使われることもありますが、最も多いのはサーバー用途です。

● サーバーとは

サーバー（server）とは、Webサイトやデータベースなどのサービスを提供するコンピュータのことです。サービスを供給する（serve）コンピュータなので、サーバー（server）と呼びます。ビールを供給するビールサーバーや、水を供給するウォーターサーバーと同じです。ほとんどの企業は、自社サイトや自社サービスを配信するためにサーバーを利用しています。

私たちが日頃閲覧しているWebサイトも、企業が所有しているサーバーによって配信されています。Webページが閲覧できるようになるまでには、基本的に次のような流れがあります（**図1.4**）。

1. 企業が、Linux OSなどのOSがインストールされたサーバーを用意する
2. 企業の開発者が、Webサイトなどをサーバーに配置（デプロイ）する
3. ユーザーがパソコンのブラウザを通じてサーバーにリクエスト（要求）を送る
4. サーバーがリクエストに対してレスポンス（返答）を送る
5. レスポンスがブラウザで表示される

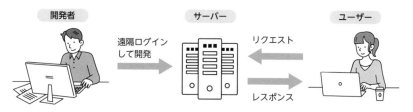

| 図1.4 |　サーバーとは

　サーバーも家庭用のパソコンと同じくコンピュータなので、使用するにはOSをインストールする必要があります。ただし、サーバー用のOSはデスクトップ環境を持たないなど、パソコン用のOSとは若干仕様が異なります。

　サーバーにはWebサイトなど、配信するサービスが配置（デプロイ）されています。サーバーへのサービスのデプロイ作業は、企業のソフトウェア開発者が担当するのが基本です。そして、パソコンのブラウザからサーバーに「Webサイトを見せてください」というリクエストを送ると、レスポンスとしてサーバーからパソコンにWebページが送信されます。

　このように、私たちがWebサイトを閲覧するとき、見えないところでサーバーにアクセスしており、サーバーなしにはWebサイトを閲覧することはできません。単にユーザーとしてWebサービスなどを利用する際には、サーバーの存在は意識しないと思いますが、開発者がサーバーを操作することは日常茶飯事です。

● IaaSとは

　サーバーは、数多くのユーザーからのリクエストを高速にさばかなければいけません。そのためサーバー用途には、一般的なパソコンよりも高性能なコンピュータを使います。自社内にサーバー用の高性能コンピュータを導入している企業もありますが、多くの企業は自社内にサーバーを持たず、Amazon、Google、Microsoftなどの企業が保有するサーバーを間借りするような形で、サーバーを利用しています。これはいわゆる、AWS（Amazon Web Services）やGCP（Google Cloud Platform）などの、クラウドサービスと呼ばれるものです。特に、サーバーなどのインフラだけを借りるクラウドサービスのことを、IaaS（Infrastructure as a Service）と呼びます（図1.5）。

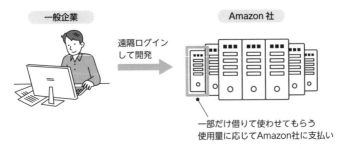

一般企業　　　　　　　　　　　　　Amazon 社

遠隔ログイン
して開発

一部だけ借りて使わせてもらう
使用量に応じてAmazon社に支払い

| 図1.5 | IaaS のイメージ（AWS の場合）

　サーバーを自社で保有するとなると、初期投資がかなり必要になる上に、自然災害からコンピュータを守るといった、運営のコストも大きくなってしまいます。その点IaaSならば、従量課金制なので初期投資を抑えることができるだけでなく、自社で自然災害などの対策をする必要がない（Amazon社やGoogle社がやってくれている）ため、多くの企業にとってはIaaSを使うほうが理にかなっているのです。

　このように Linux OSは、開発者でない一般ユーザーからすると、馴染みのないOSかもしれませんが、サーバーを触るような開発者にとっては、最もよく操作するOSの1つです。Windowsのパソコンを使いこなすには、Windowsについてよく知っておく必要があるのと同じで、Linux OSのサーバーを操作するエンジニアは、Linux OSについてよく理解しておく必要があるのです。

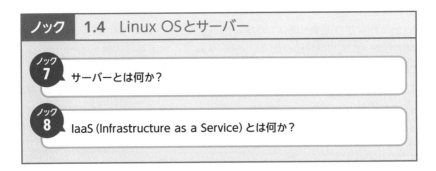

ノック　　1.4　Linux OSとサーバー

ノック
7　サーバーとは何か？

ノック
8　IaaS (Infrastructure as a Service) とは何か？

1.5

ノック9 ノック10

GUI と CLI

サーバー用途のコンピュータは、その性質から「パソコンから遠隔ログインして、CLIで操作する」のが基本です。これを理解するために、サーバーの性質について考えてみましょう。

前節で述べたように、サーバーを自社で保有する代わりに、IaaSを利用することも多く、その場合は社外のどこか離れた場所にサーバーがあることになります。また、自社で保有している場合でも、災害リスクや土地代がなるべく低い場所にサーバーを置くことが一般的なので、自社で保有しているかどうかによらず、基本的にサーバーは、普段働いている場所とは違う、どこか離れた場所に置かれていることになります。

ではどのようにして、離れた場所にあるサーバーを操作するのかというと、手元のパソコンから遠隔ログイン（remote login）を行うことで操作します。つまり、手元のパソコンから、インターネットを通じてサーバーにログインすることで、離れた場所にあるサーバーを、手元のパソコンから操作できるようにします。

またサーバーにおいては、複雑な操作や、自動化の必要がある場面が多いため、GUIよりも、CLIによる操作のほうが好まれる場合が多いです。GUIとCLIは、どちらもインターフェースの種類です。インターフェース（interface）とは、ユーザーとコンピュータの接点の意味で、簡単に言えば、コンピュータの操作性や見た

| 図1.6 | 離れた場所にあるサーバーに手元のパソコンから遠隔ログインする

目などを指します。

　まず、GUI（Graphical User Interface）とは、デスクトップ環境によって提供される、マウスでアイコンをクリックしたり、ドラッグ＆ドロップしたりして、コンピュータの操作を行うインターフェースのことです。その名のとおり、マウスやアイコンを用いた視覚的（graphical）な操作性を提供するインターフェースです。パソコンは基本的にGUIで操作を行うため、イメージしやすいでしょう。

　一方で、CLI（Command Line Interface）とは、その名のとおり、コマンド（ライン）と呼ばれる文字列を実行することで、操作を行うインターフェースのことです。「Command」とは、日本語で「命令」の意味です。つまり、命令の文字列を実行することで、操作を行うインターフェースがCLIです。

　これだけだとわかりづらいと思うので、CLIの具体例を見ていきましょう。例えば、newfileという名前の新規ファイルを作成したい場合、GUIでは基本的に、マウスを右クリックするなどして作成しますが、CLIでは次のコマンド（「$」の右側）を入力するだけです。

```
$ touch newfile
```

newfileを削除するには、次のコマンドを入力するだけです。

```
$ rm newfile
```

　これらのコマンドはすべて、後ほど詳しく見ていくので、現時点ではこんなものがあるんだな、くらいに思っておいてください。ここで理解していただきたいのは、CLIではこのように、文字列を入力することによってコンピュータの操作を行うということです。コマンドを使えば、文字入力の手間は多少あるものの、マウスによる操作よりもかなり簡単な手順で、コンピュータを操作できるのがわかると思います。

　なお、CLIとGUIのどちらか一方が優れているというわけではなく、それぞれメリット・デメリットがあります（表1.2）。

　GUIのメリットは、なんと言っても直感的であることです。マウスだけでさまざまな操作が可能で、操作を覚えるのも比較的簡単です。ただし、マウスによる操作は自動化しづらく、複雑な操作を行うとなると手順が多くなりすぎるというデメリットもあります。CLIと比べて、操作方法やUI（User Interface）の変更が多

| 表1.2 | GUIとCLIのメリット・デメリット

インター フェース	メリット	デメリット
GUI	・操作が直感的ですぐに使える ・覚えることが少ない	・複雑な操作がしづらい ・自動化がしづらい ・操作方法が変更されやすい ・環境によって操作性が大きく異なる
CLI	・複雑な操作も短い文字列で実行可能 ・自動化が簡単 ・操作方法がほとんど変更されない ・多くの環境で共通して使用できる	・コマンドを覚えないと操作できない ・覚えることが多い

いというのもデメリットです。

　一方、CLIによる操作は、コマンドを覚えるコストはそこそこありますが、使いこなせるようになると、自動化が簡単になったり、複雑な操作も1行のコマンドラインで書けたりするなど、メリットはとても大きいです。またコマンドは、ほとんど変更されない上に、多くのディストリビューションで共通して使えるので、一度覚えてしまえば、長い間さまざまな環境で使用できる、かなり費用対効果の高い知識でもあります。

　このようなメリット・デメリットから、次のようにまとめることができます。

- CLIは、複雑な操作や自動化などを行いたい開発者・管理者向け
- GUIは、簡単な操作しか行わない一般のユーザー向け

ノック　1.5　GUIとCLI

ノック9　GUI・CLIとはそれぞれ何か？

ノック10　サーバーの操作は基本的にどのように行うか？

1.6 なぜLinuxコマンドを学ぶ必要があるのか？

　ここまでの話を、一度まとめておきましょう。もし何を言っているかわからないものがあれば、該当箇所に戻って復習してみてください。

- 本書では、Linux OSの基本コマンドについて学ぶ（➡1.1節）
- Linux OSとは、Linuxカーネルというオープンソースのソフトウェアを中核にするOSのこと（➡1.1節、1.2節）
- Linuxカーネルがオープンソースなので、Linux OSは低コストで利用できる（➡1.2節）
- 高い安定性と低コストから、Linux OSはサーバー用途でトップシェアになっている（➡1.2節）
- サーバーはAWSなどのIaaSを利用することも多い上、自社で保有している場合でも、災害リスクや土地代の観点から、遠隔地に置かれるのが基本（➡1.4節、1.5節）
- サーバーは基本的に、パソコンから遠隔ログインしてCLIで操作を行う（➡1.5節）
- CLIはコマンドでコンピュータを操作するインターフェース（➡1.5節）
- CLIは複雑な操作や自動化がしやすいので、開発者に向いているインターフェースでもある（➡1.5節）

　そしてここまでの話が理解できると、なぜWebサービスなどのソフトウェアを開発するエンジニアが、Linuxコマンドを学ぶ必要があるのかがわかると思います。

つまり、

- サーバーにはLinux OSが使われていることが多い
- サーバーはコマンド（CLI）で操作されることが多い

ため、サーバーを操作するエンジニアは、Linuxコマンドを身につける必要がある
のです。

　また、サーバーの操作以外でも、Linuxコマンドが必要になる場面もあります。
よくあるのは、パソコンの開発環境としてLinux OSを使うケースです。パソコン
の開発環境とサーバーの本番環境は、なるべく揃っていたほうがデプロイ（➡1.4
節）などの手間が少ないので、手元のパソコンにLinux OSの環境を用意して開発
を行うことも一般的です。そのような場合、手元のパソコンでもCLIを使用する
場面があるので、サーバー操作の用途以外でも、開発業務においてLinuxコマン
ドは頻繁に利用します。また、開発環境がLinux OSでない場合でも、コマンドで
ライブラリのインストールなどの操作をすることもよくあります。

　このような理由から、ソフトウェアを開発する・提供する立場にある人にとっ
て、Linuxコマンドは絶対に身につけておく必要のある知識になっています。

ノック　1.6　なぜLinuxコマンドを学ぶ必要があるのか？

11

なぜLinuxコマンドを学ぶ必要があるのか？

1.7 ノック12 ノック13

物理マシンと仮想マシン

ポイント!

▶ 仮想マシンとは、物理マシンの機能をソフトウェアとして実現したもの

▶ VirtualBox のような仮想化ソフトウェアを使うことで仮想マシンを用意できる

▶ 物理マシンのOSをホストOS、仮想マシンのOSをゲストOSと言う

▶ Linux OS環境をゲストOSとして用意すれば、Windowsやmacosなどを搭載した手持ちのPCに、Linux環境を構築できる

Linuxコマンドを身につけるには、やはり実際に実行しながら学ぶのが一番です。そこでここからは、コマンドを実行するために、Linux OSの学習環境を用意していきましょう。Linux OSの環境を構築する方法はいくつかありますが❷、本書では仮想マシンを使った環境構築を行います。

仮想マシンとは、物理マシンの機能をソフトウェアとして実現したもののことです。物理マシンとは何かというと、これは通常のコンピュータのことです。パソコンもサーバーも物理マシンです。パソコンのような物理マシンの機能を、ソフトウェアとして実現しているのが仮想マシンです。

これだけだとまだわかりづらいと思うので、詳しく説明していきましょう。

| 図1.7 | OSはアプリケーションを動作させるための土台 (再掲)

図1.7は1.1節に掲載したものと同じです。コンピュータにはOSがインストー

---

❷ 他の代表例としては、AWSなどのIaaSを使う方法があります。実用の場面に極めて近い環境で学習できるというメリットがあるものの、AWSなどのクラウドサービスについても知っておく必要があるというデメリットがあります。本書では、Linuxの学習に集中するために、仮想マシンを使って学習環境を用意することにします。

ルされていて、OSを土台としてアプリケーションが動作しているのでした。

　一方で、仮想マシンの仕組みを図解したのが**図1.8**です。**図1.7**と比較してみてください。

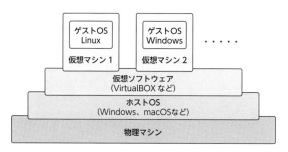

| 図1.8 | 仮想マシンとは

　物理マシン（コンピュータ）にOSがインストールされており、OSを土台として、仮想マシンを用意するためのアプリケーションである仮想化ソフトウェアが動いています。この仮想化ソフトウェアというアプリケーション内で、物理マシンと同じ機能を持つ仮想マシンを作成することができます。

　仮想マシンは、実体がハードウェアでなくソフトウェアであるということを除けば、物理マシンと同じものです。そのため、仮想マシンにも物理マシンと同様に、OSのインストールが必要になります。物理マシンのOSと、仮想マシンのOSを区別するために、次のように呼び分けることもあります。

- ● 物理マシンにインストールされているOS ➡ ホストOS
- ● 仮想マシンにインストールされているOS ➡ ゲストOS

「ホスト」と「ゲスト」は、いわばパーティーの主催者（Host）と招待客（Guest）です。1人（もしくは1団体）の主催者に、複数人の招待客という関係があるのと同様に、1つのホストOSには複数のゲストOSを持たせることも可能です。いわゆる、1対多の関係ですね。

　例えば、あなたのお手持ちのパソコンがmacOSだった場合、ホストOSはmacOSだけれども、仮想化ソフトウェア上に仮想マシンを3つ用意して、それぞれのゲストOSにLinux OS（CentOS）・Linux OS（Ubuntu）・Windowsの3つをインストールするというようなことが可能になります。つまり、仮想マシンという仕組みを使用することによって、お使いのパソコンのOSはそのままで、Linux

OSなど別のOSの環境を構築することが可能になるのです。

　仮想化ソフトウェアにはいくつか種類がありますが、本書では「Oracle VM VirtualBox（以降、VirtualBoxと表記）」を使用します。注意点としては、本書執筆時点では、Apple社のM1/M2などのMシリーズのチップが搭載されているmacOSでは、VirtualBoxが使用できないという点です❸。該当する環境の方は、UTM（無料）やVMware Fusion（有料）、Parallels Desktop（有料）などの仮想化ソフトウェアを使用して環境を構築してください。また、VirtualBoxのバージョンアップでMシリーズでも使えるようになっている可能性もありますので、最新情報も調べてみてください。

　本書では紙幅の都合上、VirtualBoxを使用したLinux OS（Ubuntu）の環境構築についてのみ次節で紹介しています。また、本書のサポートページでは、Mシリーズでの環境構築の参考になる記事や、最新情報についても掲載していますので、こちらも参照してみてください。

⊕ **本書のサポートページ**
https://hiramatsuu.com/archives/934

また本書執筆時には、**表1.3**の環境を使用しました。

| 表1.3 | 本書の実行環境

役割	製品名・バージョン
ホストOS	Windows 11 Home
仮想化ソフトウェア	Oracle VM VirtualBox 7.0.6
Linuxディストリビューション（ゲストOS）	Ubuntu Desktop 22.04.1 LTS

❸ Mシリーズ対応版のDeveloper Preview（開発者向けに試験的に提供されているもの）は公開されているものの、まだ学習環境として使用できるレベルではありません（2023年2月時点）。

ノック　1.7　物理マシンと仮想マシン

ノック12 物理マシン・仮想マシンとはそれぞれ何か？

ノック13 ホストOS・ゲストOSとはそれぞれ何か？

1.8

環境構築

本書では VirtualBox を使って、Debian 系のディストリビューションである「Ubuntu」の仮想マシン環境で学習を進めていきます。本節では、お手持ちのパソコンに Ubuntu 環境を構築していきましょう。

● なぜUbuntuなのか

本書の環境として、Ubuntu を採用した理由は大きく2つあります。

- 世界トップシェアである
- 初心者向けで使いやすい

まず Ubuntu は、サーバー用途の Linux ディストリビューションとして、世界トップシェア❹を誇っています。本書執筆時点の日本においては、CentOS のシェアのほうが Ubuntu よりも上なのですが、CentOS のサポート終了（節末のコラムを参照）によって、日本でも Ubuntu のシェアが拡大することが予想されます。

また Ubuntu は、Linux の初心者にとっても使いやすいディストリビューションです。「Ubuntu」はアフリカのズールー語の単語で、「他者への思いやり」や「皆があっての私」といった意味を持ちます。そのスローガンを体現して、使いやすい・無料で提供されているなど、Linux 初心者にとって最適なディストリビューションになっています。

こういった背景から、本書では Ubuntu を採用しています。しかし、本書で扱う内容は、ディストリビューションに依存しない、どんな Linux 環境でも役立つものになっています。ディストリビューション固有の話を、初心者のうちに学ぶ必要はありません。Linux の学習ではまず、ディストリビューションによらない、Linux の本質的な部分について学ぶことが大事です。したがって本書では、Ubuntu 環境を使用するものの、Ubuntu でしか使わないような知識は一切扱いません。ど

---

❹ Historical trends in the usage statistics of Linux subcategories, December 2022
https://w3techs.com/technologies/history_details/os-linux

のディストリビューションを使う場合にも役に立つ知識だけを扱っていきます。

　本書では、デスクトップ版のUbuntuの仮想マシンを使います。実際の業務で使用するのは、サーバー用のLinuxだと思いますが、学習環境としてはデスクトップ版で十分です。

● VirtualBoxのインストール

　それではここから、実際に環境構築を行っていきましょう。各画面は今後変更される可能性があるので、ご自身の環境に合わせて読み替えてください。難しい手続きは必要ありませんし、もしわからないことがあってもWeb上にたくさん情報があるので、検索すれば解決できるはずです。

　まずは、VirtualBoxの公式ページを開きましょう。

> ⊕ VirtualBoxの公式ページ
> https://www.virtualbox.org/

　公式ページが開いたら、左のメニューから「Downloads」を選択します。そうすると**図1.9**のようなページが開きます。

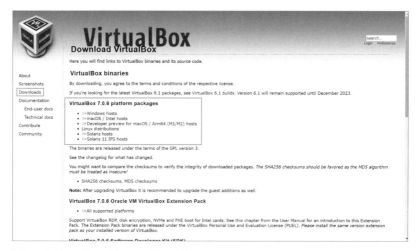

| 図1.9 | VirtualBoxダウンロードページ　https://www.virtualbox.org/wiki/Downloads

　このダウンロードページの「VirtualBox [バージョン番号] platform packages」という項目からダウンロードします（本書の例では「VirtualBox 7.0.6 platform packages」と表示されています）。Windows版は「Windows hosts」、Intel製チップのmacOS版は「macOS / Intel hosts」をクリックしてダウンロードを開始します❺。

ここから先は、Windowsの画面キャプチャを使用して解説していきます。

ダウンロードが完了したファイルを実行して、**図1.10**のようなセットアップ画面を開きましょう❻。

| 図1.10 | VirtualBoxのセットアップ画面

いくつか確認項目がありますが、すべてデフォルトの設定で大丈夫です。「Next」や「Yes」をひたすらクリックしていき、最後の画面で「Install」をクリックしてインストールを行います。また、インストールの途中で「ユニバーサル シリアル バス コントローラ」などのインストール確認が表示されることもありますが、これらもすべて「インストール」を選択してください。インストールが完了したら「Finish」をクリックして、セットアップを完了しましょう。

● VirtualBoxのインストールに失敗した場合

VirtualBoxをインストールしようとすると、**図1.11**のようなエラーが出る場合があります。

---

❺ M1/M2などのチップが搭載されたmacOSを使用している方は、本書のサポートページ（https://hiramatsuu .com/archives/934）をご覧ください。環境構築の参考になる記事を掲載しています。
❻ 実行に失敗した場合は、次の項目「VirtualBoxのインストールに失敗した場合」を参照してください。

| 図1.11 | VirtualBoxのインストール時にエラーメッセージが表示される

このエラーが出た場合には、お使いのパソコンに「Microsoft Visual C++ 2019 Redistributable Package」をインストールする必要があるため、その手順についても見ておきましょう。

まずは、MicrosoftのVisual Studioの公式ページを開きます。

⊕ Visual Studioの公式ページ
　https://visualstudio.microsoft.com/ja

ページが開いたら画面上部のメニューから「ダウンロード」をクリックします。**図1.12**のようなページが開きます。

| 図1.12 | Visual Studioのダウンロードページ

このページを下にスクロールしていくと見つかる、「その他のTools、Frameworks、そしてRedistributables」という項目を開きます（**図1.13**）。

| 図1.13 | ダウンロードするコンポーネントを選択

「x64」「ARM64」「x86」という3つのコンポーネントの内、お使いのパソコンのCPUのアーキテクチャに適切なものを選択し、右の「ダウンロード」ボタンをクリックします。ダウンロードできたら、インストールを完了してください。

CPUのアーキテクチャがわからない・調べられないという方は、とりあえず左から、x64→ARM64→x86という順番で、インストールが成功するかを試してみてください。間違っている場合は、インストールが失敗するので、成功するまで左から順に試していけば、最終的には正しいものがインストールされます。

インストールが完了したらパソコンを再起動し、もう一度VirtualBoxをインストールしてみてください。今度は成功するはずです。

● Ubuntuのダウンロード

VirtualBoxがインストールできたら、次はUbuntuをダウンロードしましょう。まずは、Ubuntuの公式ページを開きます。

🌐 Ubuntuの公式ページ
https://jp.ubuntu.com/

公式ページのメニューから「ダウンロード」をクリックすると、ダウンロードページが開くので、その中から「Ubuntu Desktop [バージョン番号] LTS」（本書執筆時点では、「Ubuntu Desktop 22.04.1 LTS」）という項目を見つけて、「ダウンロード」ボタンをクリックしましょう。そうすると、UbuntuのISOファイルのダウンロードが始まります。

LTSとは、「Long-Term Support（長期サポート）」の略称で、LTSが付いたバージョンは開発元による長期サポートが約束されているため、安心して使用することができます。Ubuntuの場合は、最低5年間の無料のセキュリティアップデート、およびメンテナンスアップデートが保証されています。

1
Linuxの基本

また、ISOファイルとは、CDやDVDの中身をファイル化したものです。VirtualBoxでは、DVDなどのディスクでなく、ISOファイルを使ってUbuntuなどのOSをインストールすることができます。

● VirtualBoxで仮想マシンの作成

UbuntuのISOファイルをダウンロードできたら、Ubuntuの仮想マシンを、VirtualBoxで作成していきましょう。先ほどインストールしたVirtualBoxを起動すると、「VirtualBoxマネージャー」が開きます（**図1.14**）。開いたら「新規（N）」ボタンをクリックします。

| 図1.14 | VirtualBoxマネージャー

図1.15の画面が開いたら、必要事項を入力して仮想マシンを作成しましょう。

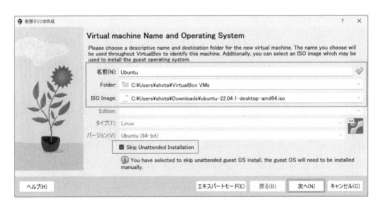

| 図1.15 | 仮想マシンの情報を入力

　仮想マシンの「名前」はお好きなものでかまいませんが、本書では「Ubuntu」という名前にしています。「Folder」は、特にこだわりがなければデフォルトでOKです。「ISO Image」には、先ほどダウンロードしたUbuntuのISOファイルを選択します。ISOファイルを選択すると、「タイプ」に「Linux」、「バージョン」に「Ubuntu (64 bit)」が自動で入力されます。一番下の「Skip Unattended Installation」という項目は、必ずチェックを付けてください。

　すべてを正しく指定したら「次へ (N)」ボタンをクリックします。

　以降もいくつか設定項目が出てきますが、図1.16、図1.17の画面のように設定して、「次へ (N)」ボタンをクリックします。

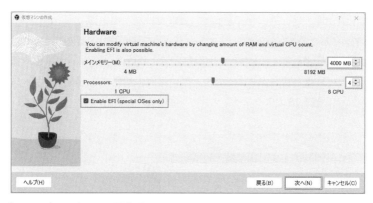

| 図1.16 | Hardwareの設定画面

| 図1.17 | Virtual Hard diskの設定画面

注意 前ページの図に記載の設定値でうまくいかない場合は、**図1.16**で設定する「メインメモリー」と「Processors」の値を、緑の領域の範囲内で変更して、何パターンか試してみてください。それでもうまくいかない場合は、本書サポートページ (https://hiramatsuu.com/archives/934) を確認してみてください。

　これらの値を設定すると、仮想マシンの作成が完了するので、「完了 (F)」ボタンをクリックして終了します。

● Ubuntuのインストール

　「VirtualBox マネージャー」の「起動 (T)」ボタンをクリックして、少し待つと、ISO ファイルから Ubuntu のインストーラーが起動します。「Try or Install Ubuntu」という行がハイライトされた画面が表示されるので、Enter キーを押すか、そのまま 30 秒ほど待ちます。その後、黒い画面の状態で数分間 (長いと 15 分程度) 待つと、**図1.18**のようなインストール開始画面が開きます。

| 図1.18 | Ubuntuのインストール開始画面

　左の「言語」リストから「日本語」を選択し、右の「Ubuntuをインストール」をクリックします。「キーボードレイアウト」の画面では、左も右も「Japanese」になっていることを確認して「続ける」ボタンをクリックします (**図1.19**)。

| 図1.19 | 「キーボードレイアウト」の画面

注意　お使いの環境によっては、「続ける」ボタンが画面からはみ出してしまい、ボタンを押せない場合があります。その場合は、マウスを「インストール」のウィンドウに合わせてから、「Alt」キーを押しながら「F7」キーを押して、マウスを上に移動すると、ボタンが見えるようになります。この操作でボタンが見えるようになったら「続ける」ボタンをクリックしてください。画面サイズの調整は、このあとに本格的に行います。

　「アップデートと他のソフトウェア」画面では、デフォルト（「通常のインストール」と「Ubuntuのインストール中にアップデートをダウンロードする」にチェック）のまま「続ける」をクリックします。

　しばらく待つと表示される「インストールの種類」画面では、デフォルト（ディスクを削除してUbuntuをインストール）のまま「インストール」をクリックします。すると、「ディスクに変更を書き込みますか?」というダイアログが表示されるので、「続ける」ボタンを選択します。

　その後「どこに住んでいますか?」画面で、「Tokyo」などの居住地を選択して「続ける」ボタンをクリックします。

　続いて、「あなたの情報を入力してください」画面が出るので、**図1.20**のように各項目を入力します。名前やパスワードは、画像のとおりでなく、お好きなものを設定していただいてかまいません。

| 図1.20 | ユーザーの情報を入力

　ここで設定したユーザー名とパスワードは、今後も使用する重要なものになりますので、必ず以下の空白などに書いておくか、忘れないように覚えておきましょう（本来パスワードのメモは推奨できませんが、学習環境なので良しとしましょう）。「自動的にログインする」を選択して、「続ける」ボタンをクリックします。

ユーザー名

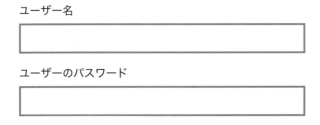

ユーザーのパスワード

　ここまでの流れを終えると、インストールが始まります。パソコンの性能やネットワークの速度にもよりますが、インストールの完了まで5〜30分程度待ちましょう。しばらく待つと「インストールが完了しました」というダイアログが表示されるので、「今すぐ再起動する」ボタンをクリックします。

　再起動が始まると、画面に「Please remove the installation medium, then press ENTER:」という記述が表示されるので、メニューの「デバイス」から「光学ドライブ」を選択して、「仮想ドライブからディスクを除去」をクリック（もしくはクリッ

クできないことを確認）した上でEnterキーを押しましょう。

　図1.21のような画面が表示されれば、インストールは完了です。お疲れ様でした。

| 図1.21 | Ubuntuのインストール完了

● ログインと初回起動時の設定

　ログイン画面でユーザーを選択後、パスワードを入力すると、オンラインアカウントの設定画面が開きます。すべての項目で、「スキップ」や「次へ」などの右上のボタンを押して設定を完了してください。また、「ソフトウェアの更新」というダイアログが表示されるので、「今すぐインストール」をクリックしましょう。インストールが終わったら、「すぐに再起動(R)」をクリックしてコンピュータを再起動します。

　再起動できたら、左上の「アクティビティ」をクリックします。検索バーが出てくるので、そこに「terminal」と入力しましょう（途中まででもOKです）。すると「端末」のアイコンが検索バーの下に表示されるので、アイコンを右クリックして「お気に入りに追加」を選択します。そうすることで、左のメニューに「端末」が追加されて、今後の作業時に素早くアクセスできるようになります。

　左のメニューに追加できたら、さっそく端末のアイコンをクリックして端末を起動しましょう。すると、図1.22のような画面が開きます。

| 図1.22 | Ubuntuで端末を起動

　端末にコマンドを入力することで、コマンドを実行することができます。CLIでの操作を行うときに必須のアプリケーションですので、開き方を覚えておきましょう。

● rootユーザー（スーパーユーザー）の設定

　ここからは、rootユーザー（スーパーユーザー）と呼ばれる、特別な権限を持つユーザーを使用するための設定を行っていきます。rootユーザーについては、第5章で詳しく解説していきますので、現時点ではわからなくて問題ありません。ただし、第5章でrootユーザーを使用するときにこの設定は必須となるため、確実に設定を完了しておいてください。

　まず、端末に次のようなコマンドを入力してから、Enterキーを押して実行してください。

```
sudo passwd root
```

　実行すると、現在ログインしているユーザーのパスワードを求められますので、先ほど図1.20の画面で設定したパスワードを入力します（図1.23 ❶）。入力しても文字が表示されませんが、正常に入力されています。入力が完了したらEnterキーを押します。

　すると、「新しいパスワード：」と表示されるので、rootユーザーのパスワードとして、今ログインしているユーザーのパスワードとは、別のものを用意して入力します❷。入力してEnterキーを押すと「新しいパスワードを再入力してください：」と表示されるので、rootユーザーのパスワードを再入力して、Enterキーを押します❸。「passwd：パスワードは正しく更新されました」と表示されたら❹、rootユーザーの設定は完了です。

```
hiramatsu@hiramatsu-VirtualBox:~$ sudo passwd root
[sudo] hiramatsu のパスワード: ❶
新しい パスワード: ❷
新しい パスワードを再入力してください: ❸
passwd: パスワードは正しく更新されました ❹
hiramatsu@hiramatsu-VirtualBox:~$
```

| 図1.23 | rootユーザー（スーパーユーザー）のパスワード設定

　この手続きによって、rootユーザーという特別な権限を持つユーザーを使用する準備ができました。ログインしている通常のユーザーのパスワードと、rootユーザーのパスワードは、混同しないように、以下の空白にメモするなどして管理しておきましょう。

rootユーザーのパスワード

● 画面サイズをウィンドウサイズに合わせる方法

　VirtualBoxのウィンドウを大きくしても、デフォルト設定では仮想マシンの画面サイズは変わりません。これでは不便なので、仮想マシンの画面サイズをウィンドウのサイズに合わせるための設定を行っていきましょう。
　まず、端末で次のように入力して実行します。

```
sudo apt install gcc make perl
```

　これを入力して実行すると、基本的にパスワードを求められるので、現在ログインしているユーザーのパスワードを入力しましょう。パスワードを入力してEnterキーを押すと、しばらくしてから「続行しますか? [Y/n]」と表示されるので、「y」と入力してEnterキーを押します。しばらく待つと、インストールが完了するので次の手順に進みます。
　続いて、端末で次のように入力して実行します。

```
sudo /media/[ユーザー名]/VBox_GAs_[バージョン番号]/VBoxLinuxAddi
tions.run
```

ユーザー名とバージョン番号はご自身の環境に応じて、入力してください。例えば、ユーザー名が「hiramatsu」で、バージョン番号が「7.0.6」なら、次のように修正します。

```
sudo /media/hiramatsu/VBox_GAs_7.0.6/VBoxLinuxAdditions.run
```

Tab キーを押しながら入力していくと、補完が行われて楽に入力できます（➡ 3.6節）。もし実行時にパスワードを求められたら、現在ログインしているユーザーのパスワードを入力しましょう。

インストールが終わると「VirtualBox Guest Additions: Running kernel modules will not be replaced until the system is restarted」と表示されます。右上の電池マークをクリックして、「電源オフ / ログアウト」→「再起動」をクリックして再起動しましょう。再起動が完了すると、VirtualBox のウィンドウサイズと、仮想マシンの画面サイズが対応するようになります（図1.24）。

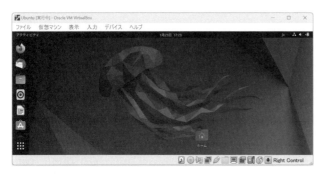

| 図1.24 | VirtualBox のウィンドウサイズと仮想マシンの画面サイズが対応している

● **仮想マシンの終了方法**

仮想マシンを終了する場合には、右上の電池アイコンをクリックして、「電源オフ / ログアウト」から「シャットダウン」をクリックすると、仮想マシンを終了すできます。また、VirtualBox のウィンドウの右上の「×」ボタンをクリックすると、図1.25のようなダイアログが表示されます。

| 図1.25 | 仮想マシンの終了

「仮想マシンの状態を保存」を選択して終了すると、再開時に終了したときと同じ状態から、仮想マシンを再開することができるので便利です。学習の再開のハードルを下げるためにも、基本的にこちらの方法で終了するとよいでしょう。

コラム ## CentOSのサポート終了について

　2020年12月、CentOSの開発元であるCentOS Projectは、2029年5月31日までサポート予定だった「CentOS 8」のサポートを、2021年12月31日で終了することを発表しました。CentOS 7については、予定どおり2024年6月30日までサポートされる一方で、CentOS 9はリリースしないとしています。

　このニュースはソフトウェア業界にとって大きな衝撃でした。CentOSは無料で使える高品質なディストリビューションだったため、商用の本番環境として、特に日本では多くの企業で採用されていました。そのため、CentOSを利用していた企業は、代替となるディストリビューションの選択を余儀なくされました。代替の選択肢としては、次のものが考えられます。

- AlmaLinuxやRocky Linuxなど、無料のCentOSの代替ディストリビューション
- 有料のRHEL (Red Hat Enterprise Linux)
- UbuntuなどのDebian系ディストリビューション

　本書執筆時点では、CentOSからの移行先として決定版と言えるディストリビューションは存在していませんが、今後の動きに注目です。

1.9 Linuxを学びやすくする3つの観点

ポイント!

本書で学ぶLinuxの知識はすべて、以下のいずれかに分類される

① CLIで操作を行えるようになるための知識

② マルチユーザーシステムを使うための知識

③ より高度な操作を実現するための知識

　次章から、実際にLinuxの基本について学んでいきますが、Linuxについて理解することは、初めてLinuxを学ぶ方にとっては決して簡単なことではありません。では一体、Linuxはなぜ難しく感じられるのでしょうか？　それはずばり、「なじみのなさ」だと著者は考えています。Linuxがよく使われるサーバー用のコンピュータには、普段使っているパソコンと異なる点が多々あります。そうした違いが、多くの初心者を混乱させてしまうのです。

　パソコンとサーバー用のコンピュータには、具体的にどのような違いがあるでしょうか？　まとめると、大きく以下の2つになると思います（**図1.26**）。

① **インターフェースの違い** …… パソコンはGUIだが、サーバーはCLIで操作する

② **利用するユーザー数の違い** …… パソコンは基本的に1台を1人だけで使用するが、サーバーは複数人で使用する

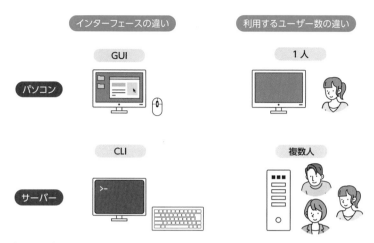

| 図1.26 | パソコンとサーバー用のコンピュータの違い

　まず①ですが、先ほど学んだとおり、サーバーは遠隔ログインしてCLIで操作を行うので、パソコンのGUIによる操作とは操作性が大きく異なり、これが難しさを感じさせる原因の1つになっています。CLIで操作するためのコマンドを覚えないことには、サーバーの操作はできません。

　続いて②ですが、Linuxのサーバーは、1台のサーバーに複数人がログインして変更・操作を行う、マルチユーザーシステムを採用しています。複数人で同一のコンピュータを操作するとなると、1人で1台を使うのが基本のパソコンと比べて、考慮しなければいけないことが増えます。例えば、サーバーを共用していると、自分の用意したファイルを、他の人に削除・変更されてしまう危険性があります。このため、そういったリスクを管理する必要が生じます。

　このような違いは一般的には、Linuxの初心者を困らせるものです。しかし本書では、「普段使っているパソコンとの違い」にあえて注目しながらLinux OSを理解していきます。違いに注目することで、これまでパソコンを使ってきた過程で自然と身につけてきた知識や直観を、Linuxの理解に使えるようになります。例えるなら、テニスの経験者が卓球のルールを理解するときは、ゼロから理解するよりも、テニスとの違いに注目したほうが理解が早いのと同じです。Linuxの知識も、普段使いのパソコンとの違いに注目することで、驚くほどスッキリ理解できるようになります。

　したがって本書では、この2つの違いを中心にして、各章で扱う内容を理解していきます。まずは、この2つの違いをしっかり納得した上でこの先に進んでく

ださい。

また、違いに注目するだけでなく、共通点にも注目していきます。サーバーとパソコンの共通点としては、

　③ より高度な操作をするために、学ばなければいけない知識がある

ということです。

　パソコンをより高度に操作したかったら、ショートカットキーなどの機能を学ばなければいけないのと同様に、サーバーにもより高度な操作をするために、学ばなければいけない知識があります。

　まとめると、本書で扱うLinuxの知識は、以下の3つに分類できます。

　① CLIで操作を行えるようになるための知識
　② マルチユーザーシステムを使うための知識
　③ より高度な操作を実現するための知識

　次章以降で学んでいくすべての内容は、上の3つのいずれかに分類されます。知識を身につけやすくするために大事なことは、「なぜこれを学んでいるのか?」という疑問に対して答えを持っていることです。これから学んでいく内容も、突き詰めれば、これら3つのどれかに当てはまると思えば、かなりシンプルに理解ができるのではないでしょうか?

　具体的には、このあとの各章で学ぶ内容は次のように分類されます。

章	2	3	4	5	6	7	8	9	10	11
分類	①	①	①	②	①	①③	①③	②③	③	③

　なお、各章の扉の章タイトルの下に、各章がどの分類に当てはまるか示しています。

ノック **1.9　Linuxを学びやすくする3つの観点**

ノック
14 普通のパソコンとサーバー用コンピュータの2つの違いは何か?

1

章末ノック

第1章

問題 [解答は341、342ページ]

Linuxとは何か？

☐☐☐

OSとは何か？

☐☐☐

カーネル (kernel) とは何か？

☐☐☐

Linuxカーネルの特徴は何か？

☐☐☐

Linuxディストリビューション (distribution) とは何か？

☐☐☐

Linuxディストリビューションの主な2系列は何か？

☐☐☐

サーバーとは何か？

☐☐☐

IaaS (Infrastructure as a Service) とは何か？

☐☐☐

GUI・CLIとはそれぞれ何か？

□□□

サーバーの操作は基本的にどのように行うか？

□□□

なぜLinuxコマンドを学ぶ必要があるのか？

□□□

物理マシン・仮想マシンとはそれぞれ何か？

□□□

ホストOS・ゲストOSとはそれぞれ何か？

□□□

普通のパソコンとサーバー用コンピュータの2つの違いは何か？

□□□

ファイルとディレクトリ

❶ CLIで操作を行えるようになるための知識

　ここからは「ファイルとディレクトリ」というテーマについて学んでいきましょう。コンピュータの中には、文書や画像などのさまざまなデータが入っており、それらのデータはすべて、Linuxでは「ファイル」として扱われます。そして、ファイルを整理整頓するのが「ディレクトリ（WindowsやmacOSでは「フォルダ」と言う）」です。1つのディレクトリに複数のファイルやディレクトリを入れて、データを整理することができます。これはWindowsやmacOSでも同様なので、馴染みがあるかと思います。

　GUIのパソコンにおいては、ディレクトリのアイコンをダブルクリックしたり、戻るボタンをクリックしたりすることで、ディレクトリ間を巡回することができます。こうすることで、必要なファイルが入っているディレクトリを開いて、ファイルを利用することができます。

　こういったディレクトリの巡回の操作は、GUIでは慣れ親しんでいると思いますが、CLIではどのように行うのでしょうか？　これが本章で学んでいくテーマです。ディレクトリの巡回という、GUIでは慣れ親しんだ操作から、CLIの初歩に入門していきましょう。

2.1 ノック15 ノック16

Linuxのディレクトリ構成

ポイント！

▶ Linuxマシンにはさまざまなディレクトリがあらかじめ用意されており、ディレクトリごとに役割がある

▶ Linuxマシンのすべてのファイルやディレクトリが入っている最上位のディレクトリをルートディレクトリ（root directory）と言う

▶ 現在作業中のディレクトリをカレントディレクトリ（current directory）と言う

　WindowsやmacOSと同様に、Linuxでは文書や画像などのデータは「ファイル」として扱われ、ファイルを「ディレクトリ」に入れて整理します。ディレクトリは自分で作ることもできますが、Linuxマシン❶にあらかじめ用意されているディレクトリもあります。これらのディレクトリには、それぞれ役割が定められており、どんなファイルを格納するかが決まっています。

　こうした、あらかじめ用意されているディレクトリごとの役割を理解しておかないと、適切でない場所にファイルを保存してしまう恐れがあります。また、ディレクトリによっては、Linuxマシンの動作に必要不可欠なファイルが入っているので、それを知らずにうっかり削除したりしてしまうと、マシンが動作しなくなってしまう可能性もあります。

　まずは本節で、Linuxマシンのディレクトリ構成を確認し、どんなディレクトリが用意されているのかを理解していきましょう。

● ルートディレクトリ

　Linuxマシンでは、ルートディレクトリ（root directory）と呼ばれる最上位のディレクトリに、すべてのファイルやディレクトリが格納されています（図2.1）。「root」は「根」という意味です。ディレクトリの階層は木構造になっており、ディ

---

❶ Linuxマシンとは、「Linux OSがインストールされているコンピュータ」のことです。物理マシンと仮想マシン（➡1.7節）のどちらも含みます。

レクトリ階層を上下反転させると、ルート
ディレクトリを根にした木のようになるの
で、このような名前になっています。

　次節で詳しく説明しますが、「/」はルー
トディレクトリを意味しています。つまり
「/etc」は「ルートディレクトリ内にある
etcディレクトリ」という意味になります。
このようにLinuxでは、ディレクトリやファ
イルの場所を「/etc」のような文字列で表
現します。

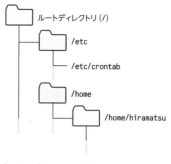

| 図2.1 | Linuxのディレクトリ構成

　ディストリビューションによって多少変わりますが、Linuxマシンのルートディ
レクトリ内の主なディレクトリとして、**表2.1**のようなものがあります。ディレクト
リ名のもとになる文字は表内で色をつけています。

| 表2.1 | ルートディレクトリ内の主なディレクトリの役割

ディレクトリ名	説明
/bin	一般ユーザー向けのコマンドの実行ファイル (binary file)
/boot	起動 (boot) に関するファイル
/dev	デバイス (device) ファイル
/etc	システムの設定ファイル
/home	ホーム (home) ディレクトリ
/lib	コマンドが利用するライブラリ (library) のファイル
/proc	プロセス (process) やカーネルの状態に関する情報
/root	rootユーザーのホームディレクトリ
/sbin	システム管理用の実行ファイル (system binary file)
/tmp	一時 (temporary) ファイル
/usr	アプリケーションとそれに付随するファイル
/var	ログなどの可変 (variable) ファイル

　現時点では、これらすべてのディレクトリの役割を覚える必要はありません。基
本的には、実際の業務の中で扱う必要が出てきたタイミングで、この表を見返し
て1つずつ学んでいってください。

　GUIでこれらのディレクトリを確認してみましょう。左のメニューから「ファイ

ル」のアイコン→「他の場所」→「コンピューター」という順番でクリックしていくと、**図2.2**のようにルートディレクトリの中身が表示されます。

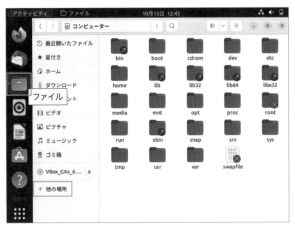

| 図2.2 | ルートディレクトリの中身

● カレントディレクトリ

図2.2ではルートディレクトリの中身が表示されており、ルートディレクトリ内で作業が行えるようになっています。このような、現在作業中のディレクトリのことをカレントディレクトリ（current directory）、もしくは作業ディレクトリ（working directory）と呼びます。現在（current）作業中（working）のディレクトリなので、このような名前で呼ばれます。

ここで、設定ファイルを格納している**/etc**ディレクトリを開いてみましょう。**/etc**ディレクトリをダブルクリックすると、**図2.3**のように中身が表示されます。このときのカレントディレクトリは**/etc**ディレクトリに移動していることになります。

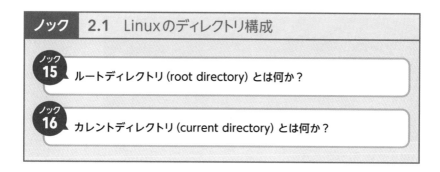

カレントディレクトリが/etcに移動

| 図2.3 | /etc ディレクトリの中身

2
ファイルと
ディレクトリ

このように、カレントディレクトリを移動していくことで、ディレクトリを巡回して、目的のファイルやディレクトリにたどり着くことができます。GUIではお馴染みのこの操作をCLIで行う方法について、本章で学んでいきましょう。

| 表2.2 | 本章で学ぶディレクトリの巡回のコマンド

コマンド	機能
pwd	カレントディレクトリを表示する。「print working directory」の略
ls	ディレクトリの中身を表示する。「list」の略
cd	カレントディレクトリを変更する。「change directory」の略

ノック 2.1 Linuxのディレクトリ構成

ノック 15 ルートディレクトリ (root directory) とは何か？

ノック 16 カレントディレクトリ (current directory) とは何か？

2.2 ノック17 ノック18 ノック19 　　　pwdコマンド

カレントディレクトリを表示する

ポイント！

▶ 端末にコマンドを入力することでコンピュータを操作できる

▶ カレントディレクトリを表示する (print working directory) には、pwdコマンドを用いる

▶ あるファイルやディレクトリにたどり着くまでの経路 (path) を表した文字列をパス (path) という

▶ ユーザーごとに用意されている、ユーザーが自由に変更を加えることのできるディレクトリをホームディレクトリ (home directory) という

▶ ホームディレクトリのパスは「/home/ユーザー名」

　CLIでカレントディレクトリを確認するには、pwdコマンドを使います。pwdは「print working directory (作業ディレクトリを表示する)」の略で、その名のとおり、カレントディレクトリを確認するためのコマンドです。

書式　pwdコマンド：カレントディレクトリを確認する

```
pwd
```

　pwdコマンドを実行してみましょう。デスクトップ画面の左のメニューから「端末」のアイコンをクリックすると、**図2.4**のような黒い画面が表示されます。

| 図2.4 | 「端末」画面

「端末」はコマンドを実行するのに必要なアプリケーションです。端末にコマンドを入力してEnterキーを押すことで、コマンドを実行することができます。詳しくは第3章で説明するので、現時点では、コマンドでコンピュータを操作するには端末を立ち上げる必要がある、ということだけ知っておいてください。

端末を開けたら「pwd」と入力してからEnterキーを押して実行してみましょう（**図2.5**）。

| 図2.5 | **pwd**コマンドの実行

図2.5のような端末の状態だった場合、紙面の都合上、以降本書では、端末の中から一部だけを取り出して次のように記載することにします。

```
$ pwd
/home/hiramatsu
```

ここではプロンプト（➡3.3節）の「**$**」の左側の「**hiramatsu@hiramatsu-Virtual Box:~**」の部分を省略しています。このように記載されていたら、**pwd**コマンドを実行した結果、「**/home/hiramatsu**」という出力が得られた、という意味だと思ってください。

● パス

pwdコマンドを実行して出力された「**/home/hiramatsu**」という出力は、どのような意味でしょうか？

まず、出力の「**/home/hiramatsu**」という文字列は、パス（path）と呼ばれます。パスとは、あるファイルやディレクトリにたどり着くまでの経路（path）を表した文字列のことです。

例えば「**/home/hiramatsu**」ならば、「**/**」はルートディレクトリの意味なので、

「ルートディレクトリ（/）内のhomeディレクトリ（home/）内のhiramatsuディレクトリ（hiramatsu）」という意味になります。このように、ルートディレクトリなどの起点となるディレクトリから、目的のファイルやディレクトリの場所までたどった経路を表す文字列がパスです。

● ホームディレクトリ

そして「/home/hiramatsu」というパスは、hiramatsuというユーザーのホームディレクトリ（home directory）のパスです。ホームディレクトリとは、ユーザーごとに用意されている、ユーザーが自由に変更を加えることのできるディレクトリです。

Linuxマシンの中には、マシンを動作させるために必須のファイルが含まれています。そのため、マシン内のファイルをむやみに削除したり変更したりすると、マシンが動作しなくなってしまう可能性があり危険です。ですので、ユーザーが安心して自由に編集することのできるディレクトリがあると便利です。そのためのディレクトリがホームディレクトリで、ユーザーが作成したファイルなどは、ホームディレクトリに配置するのが基本です。

ホームディレクトリはユーザーごとに用意され、ホームディレクトリのパスは「/home/ユーザー名」になります。例えば、他にtanakaというユーザーがこのマシンを利用する場合、「/home/tanaka」というパスのディレクトリが、tanakaが自由に編集できるホームディレクトリになります。

ノック 2.2 カレントディレクトリを表示する

ノック17 コマンド カレントディレクトリを表示する

ノック18 パス（path）とは何か？

ノック19 ホームディレクトリ（home directory）とは何か？

2.3 ノック20 ノック21

絶対パスと相対パス

　ファイルやディレクトリの場所を表す文字列であるパスには、主に2種類があります。それは、絶対パス・相対パスという2つです。

● **絶対パス** …… ルートディレクトリ (/) を起点としたパス
● **相対パス** …… カレントディレクトリ (.) を起点としたパス

このように、起点とするディレクトリの違いでパスは2種類に分かれます。

　先ほど見た「/home/hiramatsu」というパスは、ルートディレクトリ (/) から始まる絶対パスでした。一方で、相対パスはカレントディレクトリを表す記号である「. (ドット)」から始まります。

　それでは、理解を深めるために**図2.6**のようなディレクトリ構成について考えてみましょう。このようなディレクトリ構成の場合、example.txt というファイルは以下のいずれかのパスで指定できます。

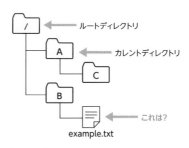

| 図2.6 | ディレクトリ構成の例

● 絶対パス ➡ /B/example.txt
● 相対パス ➡ ./../B/example.txt もしくは ../B/example.txt

　まず絶対パスでは、ルートディレクトリを起点とするので、必ず「**/**」から始まるパスになります。ルートディレクトリの (**/**) → ディレクトリB (**B/**) → **example.txt**という経路になるので、絶対パスは「**/B/example.txt**」になります。

　一方で、相対パスはカレントディレクトリ (**.**) を起点とするので、ディレクトリAからの経路でパスを書くことになります。相対パスにおいて、1つ上のディレクトリ（親ディレクトリ）は「**..**」で表現するので、ディレクトリA (**./**) から1つ上のルートディレクトリに移動 (**../**) してから、ディレクトリB → **example.txt** (**B/example.txt**) と下りていくので、「**./../B/example.txt**」というパスになります。また相対パスでは、最初の「**./**」は省略が可能なので「**../B/example.txt**」というように指定することもできます。

　絶対パスと相対パスの指定方法の違いに慣れるために、クイズに取り組んでみましょう。以下のようなディレクトリ構成の場合に、「これは？」で示した指定の場所を、絶対パスと相対パスのそれぞれで表現するとどのようになるでしょうか？ご自身で考えてみてください。

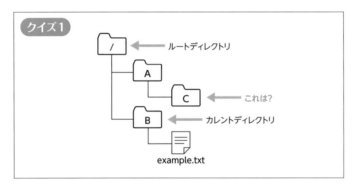

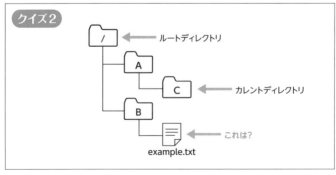

解答は次のとおりです。正解できたでしょうか？

- **クイズ1の解答**

  絶対パス ➡ /A/C

  相対パス ➡ ./../A/C もしくは ../A/C

- **クイズ2の解答**

  絶対パス ➡ /B/example.txt

  相対パス ➡ ./../../B/example.txt もしくは ../../B/example.txt

CLIでは基本的に、ファイルやディレクトリをパスで指定するため、絶対パスと相対パスの違いも含めて確実に身につけておきましょう。

● 絶対パスと相対パスの使い分け

絶対パスと相対パスはどのように使い分ければよいでしょうか？　この2つは、どちらか一方が常に優れているというものではなく、それぞれメリット・デメリットがあります（**表2.3**）。

| 表2.3 | 絶対パスと相対パスのメリット・デメリット

パスの種類	メリット	デメリット
絶対パス	・カレントディレクトリの位置に影響を受けない	・長くなることが多い ・マシンのディレクトリ構成に依存しやすい
相対パス	・短く書けることが多い ・マシンのディレクトリ構成にあまり依存しない	・カレントディレクトリがわからないと指定場所がわからない

絶対パスは、常にルートディレクトリからパスが始まるので、カレントディレクトリの場所がどこであれ、場所が明確になるのは大きな利点です。一方で、指定するファイルやディレクトリが階層の深い位置にあると、パスが長くなってしまいがちなのが欠点です。また、パスが長くなると、マシンのディレクトリ構成に依存しやすくなり、別のマシンなど他の環境への流用もしづらくなります（詳しくは次ページのコラムを参照）。

相対パスは、絶対パスと逆の特徴を持っています。カレントディレクトリからパスが始まるので、カレントディレクトリの場所がわからないと、指定場所がわかりません。その一方で、カレントディレクトリをファイルの場所の近くにすれば、パ

スを短くすることができますし、パスが短ければ特定の環境に依存しづらくなります。

　このように、絶対パスと相対パスは、それぞれにメリット・デメリットがあります。メリットとデメリットを理解して、適切に使い分けられるようになりましょう。

コラム　**パスの長さと依存**

　パスの長さと依存について、さらに詳しく解説しておきましょう。以下の2つのパスは同じファイルを指しているとします。

① `/home/hiramatsu/develop/ExampleApp/example.py`
② `./example.py`

　このとき、①はマシンの具体的なディレクトリがパスに載っているため、このマシン以外では使える可能性が低そうです。例えば、ユーザー名がパスに入っているので、このユーザー名が存在しない環境では使えなくなります。また、Windows環境では「/home」というディレクトリは基本的に存在しないので、Windows環境でも使うことはできなさそうです。一方で②は、指定したいファイル以外のディレクトリはパスに登場していないので、このパスを書いたLinuxマシン以外でも、カレントディレクトリの位置さえ気をつければ、基本的には使うことができそうです。

　このようにパスは長くなるほど、そのマシン固有の情報がパスに載ってしまうため、他の環境で使える可能性が低くなります。その点、相対パスはカレントディレクトリに近い位置であれば極めて短いパスで表現できるため、環境の変化に比較的強い表記方法です。

ノック　**2.3　絶対パスと相対パス**

20 絶対パス・相対パスとはそれぞれ何か？

21 絶対パス・相対パスのメリット・デメリットはそれぞれ何か？

2.4 ノック22 ノック23 lsコマンド

ディレクトリの中身を一覧表示する

> **ポイント！**
> - ▶ lsコマンドは、ディレクトリの中身を一覧 (list) 表示するためのコマンド
> - ▶ コマンドには、オプションと引数を指定することもある
> - ▶ 引数とは、コマンドに渡す値のこと
> - ▶ オプションとは、コマンドの振る舞いをデフォルトとは変えるために指定する文字列のこと

　パスによるファイルやディレクトリの指定ができるようになると、多くのコマンドを利用できるようになります。その中でも、特によく利用するのが ls コマンドです。ls コマンドは、ディレクトリの中身を一覧表示するためのコマンドです。

 書式　ls コマンド：ディレクトリの中身を一覧表示する

> ls ［オプション］［ディレクトリ名／ファイル名］

　ls は「list」の略です❷。「リストアップする」と日本語でも言いますが、ディレクトリの中身をリストアップする（一覧表示する）という意味です。
　例えば次のように実行すると、カレントディレクトリの中のファイルやディレクトリを一覧表示することができます❸。

```
$ pwd          ←──(カレントディレクトリを確認)
/home/hiramatsu  ←──(ホームディレクトリ)
$ ls           ←──(カレントディレクトリの中身を一覧表示)
snap        テンプレート   ドキュメント   ピクチャ      公開  ┐ ┌(ホームディレクトリの)
ダウンロード   デスクトップ   ビデオ        ミュージック         ┘ └(中身が表示されている)
```

---

❷ ls は「list segments」の略であるという説もあります。いずれにしても、「list」が含まれることは間違いないので、本書ではこのように記載しています。

❸ 本書の環境で ls コマンドを実行すると、ファイル種別やパーミッション（➡第5章）によって、ファイルが色分けされて表示されますが、本書ではすべて黒字で記載しています。

　GUIでも、/home/hiramatsuを確認してみましょう。デスクトップ画面の左のメニューから「ファイル」のアイコン→「ホーム」の順にクリックすると、現在ログインしているユーザーのホームディレクトリが表示されます（図2.7）。

| 図2.7 | ユーザー (hiramatsu) のホームディレクトリ

　画面を見てみると、前ページの ls コマンドの出力と同様のディレクトリがあることを確認できます。このように、CLIでディレクトリの中身を一覧表示するためのコマンドが ls コマンドです。

● コマンドの引数

　ls コマンドは引数を指定して実行することもできます。引数とは、コマンドに渡す値のことです。コマンドごとに渡す必要のある引数は異なりますが、ls コマンドでは中身を表示するディレクトリのパスを引数に渡します。パスは絶対パス・相対パスのどちらも使えます（これは、これから扱うすべてのコマンドにおいて共通です）。

```
$ ls /  ●─────（絶対パスで引数にルートディレクトリを指定）
bin     dev    lib    libx32      mnt    root   snap       sys   var
boot    etc    lib32  lost+found  opt    run    srv        tmp
cdrom   home   lib64  media       proc   sbin   swapfile   usr
$ ls ..  ●─────（相対パスで引数に親ディレクトリ (/home) を指定）
hiramatsu
```

　また、引数にファイルを渡すことも可能です。ファイルを渡した場合、そのファイルが存在しているかどうかも確認できます。

```
$ ls /bin/bash  ●─────（存在するファイルを指定）
```

```
/bin/bash
$ ls /bin/tcsh     ●──── 存在しないファイルを指定
ls: '/bin/tcsh' にアクセスできません: そのようなファイルやディレクトリはありません
```

● コマンドのオプション

コマンドには、オプションを指定することもできます。オプションとは、コマンドの振る舞いをデフォルトとは変えるために指定する文字列のことです。lsコマンドのオプションの一例としては、詳細情報を含めて一覧表示する-lオプション（➡3.8節）などがあります。

```
$ ls -l
合計 36
drwx------ 3 hiramatsu hiramatsu 4096 10月  9 11:51 snap
drwxr-xr-x 2 hiramatsu hiramatsu 4096 10月  9 11:51 ダウンロード
drwxr-xr-x 2 hiramatsu hiramatsu 4096 10月  9 11:51 テンプレート
（中略）
drwxr-xr-x 2 hiramatsu hiramatsu 4096 10月  9 11:51 ピクチャ
drwxr-xr-x 2 hiramatsu hiramatsu 4096 10月  9 11:51 ミュージック
drwxr-xr-x 2 hiramatsu hiramatsu 4096 10月  9 11:51 公開
```

-lオプションを付けると、lsコマンドの実行結果が変わっていることが確認できると思います。オプションを付けたことで、デフォルトのlsコマンドとは、振る舞いが変わっているのです。オプションについての詳細は第3章で学ぶので、現時点ではオプションを付けることで、コマンドの振る舞いをデフォルトから変えることができる、ということだけ知っておいてください。

ノック	2.4　ディレクトリの中身を一覧表示する

ノック 22　コマンド　カレントディレクトリの中にあるファイルとディレクトリを一覧表示する

ノック 23　コマンド　「/bin」の中にあるファイルとディレクトリを一覧表示する

2.5 ノック24 ノック25 ノック26　cdコマンド

カレントディレクトリを変更する

　続いて、カレントディレクトリを変更するコマンドを見ていきましょう。カレントディレクトリを変更すると、相対パスが変わります。なので、頻繁に指定するファイルやディレクトリと近い場所をカレントディレクトリにしておけば、短い相対パスで指定を行うことが可能になります。

　カレントディレクトリを変更するには、cdコマンドを使います。cdは「change directory（ディレクトリを変更する）」の略です。

書式　cdコマンド：カレントディレクトリを変更する

```
cd ［ディレクトリ名］
```

　例えば次のように実行すると、カレントディレクトリをルートディレクトリに変更できます。

```
$ pwd
/home/hiramatsu ← カレントディレクトリはホームディレクトリ
$ cd / ← カレントディレクトリをルートディレクトリに変更
$ pwd
/ ← カレントディレクトリがルートディレクトリになっている
```

　cdコマンドの引数を省略すると、現在ログインしているユーザーのホームディレクトリにカレントディレクトリを変更します。

```
$ cd        ← 引数を省略して実行
$ pwd
/home/hiramatsu  ← hiramatsuのホームディレクトリに移動している
```

また ls コマンドと同様に、引数を相対パスで指定することもできます（これは
今後見ていくコマンドでも同様なので、これ以降は特に明記しません）。

```
$ cd ./..     ← カレントディレクトリを親ディレクトリに変更（相対パスで指定）
$ pwd
/home
$ cd ..       ← カレントディレクトリを親ディレクトリに変更（相対パスで指定）
$ pwd
/
```

そして、引数にハイフン（-）を指定すると、1つ前のカレントディレクトリに戻
すこともできます。意外と入門書では扱われない機能ですが、知っておくと役立
つでしょう。

```
$ cd -      ← カレントディレクトリを1つ前に戻す
$ pwd
/home
$ cd -      ← さらに1つ前に戻す
$ pwd
/home/hiramatsu
```

ノック 2.5 カレントディレクトリを変更する

ノック24 コマンド カレントディレクトリを1つ上のディレクトリに変更する

ノック25 コマンド カレントディレクトリをホームディレクトリに変更する

ノック26 コマンド カレントディレクトリを1つ前に戻す

2.6 ノック 27

Linux の歴史

ポイント！

▶ Linux は UNIX という OS が元になって生まれた OS の1つ

▶ Linux はゼロから開発された OS だが、System V 系と BSD 系の両方の特徴を
受け継いでいる

▶ リーナスが公開したのは Linux カーネルだけで、その他のソフトウェアは世界中
の開発者が GNU プロジェクトなどで開発したものが Linux OS として使われた

　ここまでで、CLI を使って Linux マシンのディレクトリを巡回することができる
ようになりました。CLI でコンピュータを操作する感覚を、なんとなく感じられ
たのではないでしょうか？

　本章の最後に、Linux の歴史について見ておきましょう（**図2.8**）。Linux につい
て学んでいくと、UNIX・POSIX・BSD・GNU といった用語が出てくるのですが、
これらの用語は Linux の歴史を知らないとわかりづらいです。なので、Linux がこ
れまで歩んできた歴史について簡単に紹介しておきます。このような話は、ある
程度 Linux について学んでからでないと興味がわかないかもしれないので、その
場合はいったん読みとばしてかまいません。後で気になったときに読んでみてく
ださい。

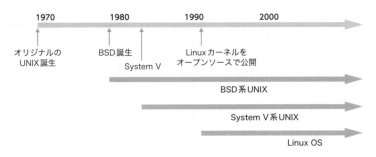

| 図2.8 | UNIX と Linux の歴史

● UNIX系OS

まずLinuxは、UNIXというOSを元にして作られています。UNIXとは、1969年にAT&Tのベル研究所で誕生し、研究用途で利用されていたOSです。UNIXの設計内容は公開され、自由に利用できるようになっていました。

UNIXが登場してしばらくすると、さまざまな団体や企業が、UNIXをもっと自分たちにとって使いやすいものにするため、独自のカスタマイズを行いました。その結果、同じ「UNIX」と名乗っているOSの間でも内容に違いが出るようになり、UNIXを元にしているけれども、オリジナルのUNIXとは異なるOSが数多く誕生しました。

その中でも特に大きな系列として、System V系とBSD系という2系列があります。System VとBSDはどちらも1980年前後に誕生したOSで、系列の源流になっています。System VはAT&Tで開発され、商用のOSとして販売されていました。もう一方のBSD（Berkeley Software Distribution）はカリフォルニア大学バークレー校で開発されたOSとして、大学などの研究機関で広く普及しました。

ちなみに、System V系のOSとしては、SolarisやAIXなどがあり、BSD系のOSとしては、FreeBSDやOpenBSDなどがあります。また、macOSはFreeBSDから派生した商用OSなので、どちらかと言えばBSD寄りのOSになります。

● Linuxの誕生

System VやBSDが誕生した1980年頃は、パソコンが一般家庭でも利用され始めた時期でした。この2つのOSは、パソコンよりも大きく高性能なコンピュータ用に開発されたOSだったため、当時の非力なパソコンではきちんと動作させることができませんでした。

そんな中、1991年にフィンランドの学生だったリーナス・トーバルズ（Linus Torvalds）が、非力なパソコンでも使えるOSであるLinuxを公開しました。Linuxは、ゼロから開発されたOSですが、System V系とBSD系の両方の特徴を受け継いでいます。注意点として、リーナスがオープンソースで公開したのはLinuxカーネル（➡1.2節）だけです。LinuxをOSとして使用するのに必要な、カーネル以外のソフトウェアは、フリーソフトウェア財団（Free Software Foundation、FSF）のGNU（グヌー）プロジェクトなどで、世界中の団体・開発者が開発したものが使われました。

そして、Linuxカーネルとそれ以外のソフトウェアを組み合わせてLinux OSを自作するのは、かなり骨の折れる作業だったので、これらをまとめたディストリビューションとして提供されるようになりました（➡1.3節）。Ubuntu や CentOS も、このような歴史があって生まれたLinuxディストリビューションです。

以上、Linuxの歴史を簡単に説明してきました。特に、ここで登場した用語は、本書の中や、今後のより発展的な学習にも登場しますので、しっかり理解しておきましょう。

2

ファイルとディレクトリ

| コラム | リーナス・トーバルズについて |

Linuxの生みの親であるリーナス・トーバルズが、TEDカンファレンスに出演した際の動画を、TEDの公式サイトやYouTubeで視聴することができます。ソフトウェア開発を生業とするのであれば、一度は試聴しておくとよいでしょう。日本語字幕もあるため、英語がわからなくても問題ありません。

🌐 TED公式「The mind behind Linux」
　https://www.ted.com/talks/linus_torvalds_the_mind_behind_linux

---

| ノック | **2.6** Linuxの歴史 |

27
UNIXとは何か？

2.7

ノック 28 ノック 29

標準規格

ポイント！

▶ 標準規格とは、製品の品質・使いやすさの向上などのために定める、製品の仕様に関する規定のこと

▶ 標準規格に準拠すると、互換性の向上、品質の確保、開発コストの削減などのメリットがある

▶ Linuxディストリビューションの多くは、FHS (Filesystem Hierarchy Standard) というディレクトリ構成を定める標準規格や、POSIX (Portable Operating System Interface) というカーネルの機能の呼び出し方などを定めた標準規格に準拠している

　前節で見たように、Linuxのような、UNIXを元にしたOSが数多く誕生しましたが、現在ではそれぞれのOSの違いは、とても小さなものになっています。それはなぜかというと、それぞれのOSが、FHSやPOSIXなどの標準規格に準拠するようになっているからです。

　標準規格とは、製品の品質・使いやすさの向上などのために定める、製品の仕様に関する規定のことです。標準規格は、ISO（International Organization for Standardization）やIEEE（Institute of Electrical and Electronics Engineers）などの標準化機関によって定められています。

　例えば、Linuxディストリビューションの多くは、FHS (Filesystem Hierarchy Standard) というディレクトリ構成を定める標準規格に準拠しています。本章の初め（➡2.1節）にLinuxのディレクトリ構成を紹介しましたが、「/etc」や「/usr」などのディレクトリの役割は、Ubuntuの提供者が独自に決定したわけではなく、あくまでもFHSという標準規格で定められているとおりに設定しているだけです。

● 標準規格のメリット

　標準規格に準拠すると、次のようなメリットがあります。

- 互換性の向上
- 品質の確保
- 開発コストの削減

　FHS を例にして考えてみましょう。Ubuntu は FHS に準拠しているため、Ubuntu を使った経験があれば、他の Linux ディストリビューションのディレクトリ構成も、基本的に理解できるはずです。つまり、標準規格によってソフトウェアの仕様が似ると、すでにある知識や経験を、別の環境でも活かしやすくなるのです（互換性の向上）。このメリットによって、ソフトウェアエンジニアは、他企業への転職がしやすくなりますし、ソフトウェア企業は、自社のサーバー運用に必要なスキル・経験を持つ人材の採用が簡単になります。

　その上、ディストリビューションの提供者からすると、FHS に準拠して開発するだけで、ある程度品質の高いディレクトリ構成を設計できるため、品質を確保すると同時に、開発のコストを減らすこともできます。また、FHS のディレクトリ構成に慣れ親しんだユーザーはたくさんいるため、FHS に準拠した場合のほうが、より多くのユーザーに使ってもらえる可能性が高くなります。

　このようなメリットから、多くのディストリビューションが標準規格に準拠して開発されています。FHS 以外では、カーネルの機能の呼び出し方などを定めた標準規格である POSIX（Portable Operating System Interface）も、多くの Linux ディストリビューションが準拠している標準規格です[4]。

---

[4]　ちなみに、FHS は The Linux Foundation、POSIX は IEEE によって定められた標準規格です。

ノック	2.7　標準規格

ノック 28	標準規格に準拠するメリットは何か？

ノック 29	FHS (Filesystem Hierarchy Standard) とは何か？

章末ノック
第 2 章
問題 ［解答は 342〜344 ページ］

ノック 15
ルートディレクトリ (root directory) とは何か？
□□□

ノック 16
カレントディレクトリ (current directory) とは何か？
□□□

ノック 17
コマンド カレントディレクトリを表示する
□□□

ノック 18
パス (path) とは何か？
□□□

ノック 19
ホームディレクトリ (home directory) とは何か？
□□□

ノック 20
絶対パス・相対パスとはそれぞれ何か？
□□□

ノック 21
絶対パス・相対パスのメリット・デメリットはそれぞれ何か？
□□□

ノック 22
コマンド カレントディレクトリの中にあるファイルとディレクトリを一覧表示する
□□□

ノック 23 ［コマンド］「/bin」の中にあるファイルとディレクトリを一覧表示する

□□□

ノック 24 ［コマンド］カレントディレクトリを1つ上のディレクトリに変更する

□□□

ノック 25 ［コマンド］カレントディレクトリをホームディレクトリに変更する

□□□

ノック 26 ［コマンド］カレントディレクトリを1つ前に戻す

□□□

ノック 27 UNIXとは何か？

□□□

ノック 28 標準規格に準拠するメリットは何か？

□□□

ノック 29 FHS (Filesystem Hierarchy Standard) とは何か？

□□□

2 ファイルとディレクトリ

シェルとコマンドラインの基本

❶ CLIで操作を行えるようになるための知識

　ここまで、lsコマンドやcdコマンドなど、基本のコマンド
について学んできました。本章では、これらのコマンドが実
行される流れを学んでいきます。

　Linuxコマンドを学ぶ際には、コマンドの名前と機能の対
応だけを覚えればいいわけではありません。そのような学習
は、短期的には学習時間のわりに成果が出やすいので、惹か
れてしまう方も多いのですが、長期的に成長したい方にはお
すすめできません。長期的に成長するためには、コマンドを
実行したときに、その裏側で何が起きていて、どのような流
れで実行結果が出力されているのかを理解する必要があり
ます。そういった深い理解こそが、今後さらに発展的な内容
を学んでいくときの土台となります。ブラックボックスにせ
ず、本章でしっかり理解していきましょう。

　そして、コマンドを実行するソフトウェアである「シェル」
と、コマンドの入力部分である「コマンドライン」の基本に
ついても、本章で学んでいきます。また、シェルと混同しや
すい用語である、「ターミナル」「プロンプト」といった用語
についても、シェルとの違いを明らかにしながら学んでいき
ます。シェルは、CLIのインターフェースとなっているとても
重要なソフトウェアなので、本章でしっかり基本を身につけ
ましょう。

3.1

3.1 ノック30 ノック31

シェルと端末

ポイント!

▶ シェル (shell) はコマンドを実行するためのソフトウェア

▶ 端末はユーザーがコンピュータに入出力する際に利用するハードウェア

▶ 端末の機能をソフトウェアで実現した「端末エミュレーター」を指して「端末」と
呼ぶこともある

▶ コマンドを実行しているのはシェルで、端末はシェルの入出力画面を提供してい
るだけ

まずは、シェル (shell) について学んでいきましょう。シェルとは、ユーザーか
らの命令を解釈して実行するためのソフトウェアのことです。「命令」は英語で「コ
マンド (command)」です。つまりシェルは、コマンドを実行するためのソフトウェ
アとも言えます。

ここまで、端末にコマンドを入力することで、コマンドを実行してきました。
ですが実は、端末はシェルの入出力画面を提供しているにすぎず、コマンドを実
行しているのはあくまでもシェルです。これは一体どういうことでしょうか?

● 端末とは

まずは端末について解説していきましょう。端末はターミナル (terminal) とも
呼ばれます。端末とは何かというと、ユーザーがコンピュータに入出力する際に
利用するハードウェアのことです。入力に利用するキーボードや、出力に利用す
るディスプレイなどが端末の代表例です。

端末は本来ハードウェアなのですが、端末の機能をソフトウェアで実現した
ものもあり、これを端末エミュレーター、もしくはターミナルエミュレーター
(terminal emulator) と呼びます。これは物理マシンと仮想マシンの関係 (➡ 1.7
節) と同じですね。

そして厄介なのが、端末エミュレーターのことを単に「端末」と呼ぶこともある

ということです。これまで本書で使ってきた「端末」という用語はまさにその例で、これは端末エミュレーターのことを指しています。本書では、以降も「端末」という用語は「端末エミュレーター」の意味で使っていきます。

端末エミュレーターの一例としては、次のようなソフトウェアがあります。

- GNOME端末❶
- ターミナル（macOS）

端末エミュレーターは入出力の機能を提供するソフトウェアなので、これ自体にはコマンドを実行する機能はありません。キーボードやディスプレイには、コマンドを実行する機能がないのと同じです。コマンドを実行しているのはあくまでも、シェルというソフトウェアであり、シェルに文字列を入力したり、シェルにコマンド実行させた結果を確認したりするための、入出力画面を提供しているのが端末エミュレーターなのです（図3.1）。

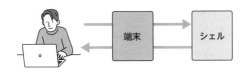

| 図3.1 | 端末を通じてシェルを操作する

シェルと端末の関係性は、次節でより詳しく説明します。

---

❶ ちなみに、本書の環境で使用している端末は、GNOME端末です。

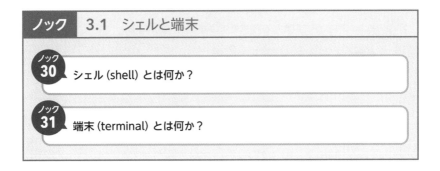

| ノック | 3.1 シェルと端末 |

| ノック30 | シェル（shell）とは何か？ |

| ノック31 | 端末（terminal）とは何か？ |

3.2

ノック **32** ノック **33** ノック **34**

シェルの種類とログインシェル

ポイント！

▶ echo コマンドは引数の文字列を端末 (などの標準出力) に出力するコマンド
▶ シェルが持つ変数をシェル変数といい、「$変数名」とすることで参照できる
▶ ログイン時に起動するシェルは「ログインシェル」と呼ばれ、変数 SHELL に設定
されている
▶ Bash は多くの Linux ディストリビューションでデフォルトのログインシェルにな
っている

　端末を開くと、すぐにシェルを操作できます。これは、ユーザーがログインす
ると、ユーザーが起動の操作をしなくても暗黙的にシェルが起動するためです。
ログイン時にどんなシェルが起動しているのか、echo コマンドで確認してみま
しょう。

```
$ echo $SHELL ●──(変数SHELLの中身を表示)
/bin/bash ●──(Bashのファイルのパス)
```

　echo コマンドは、引数に指定した文字列を端末に出力するコマンドです❷。
「echo」とは「こだま、反響」という意味です。引数に指定した文字列が、反響し
て・こだまのように、そのまま端末に出力されるので「echo」という名前が付い
ています。

> **書式** echo コマンド：引数の文字列を端末 (標準出力) に出力する
>
> echo　文字列

---

❷ echo コマンドは、正確には、引数に指定した文字列を標準出力 (➡7.1節) に出力するためのコマンドです。

```
$ echo Hello
Hello ●─────┤引数の文字列がそのまま端末に出力される│
```

● シェル変数

　前ページの実行例で、echoコマンドの引数に「$SHELL」という「$」から始まる文字列を指定していますが、これはシェルが持つ変数で、シェル変数と呼ばれるものです。詳しくは第10章で学びますが、「$変数名」と記述するとシェル変数が指定されたことになります。コマンドライン上で「$SHELL」などのシェル変数を指定した場合には、「$SHELL」という文字列そのものではなく、変数SHELLに格納されている文字列（/bin/bash）が記載されていることになります。こういう理由で、前ページのechoコマンドは、$SHELLという文字列でなく、/bin/bashという文字列を出力しています。SHELLという変数は、あらかじめ定義されているシェル変数で、ログインシェルとなるシェルのパスが設定されている変数です。

● ログインシェルとは

　ログインシェルとは、ログイン時に自動的に立ち上がるシェルのことです。シェルはソフトウェアなので、その実体はLinuxのマシン内に用意されているファイルです。echoコマンドで変数SHELLの中身を表示した結果、「/bin/bash」という出力が得られましたが、これがまさに、ログインシェルとなっているシェルのファイルのパスを指しています。

● シェルの種類

　シェルにはいくつか種類があります。代表的なシェルを表3.1に、シェルのファイル名とあわせて挙げておきます。

| 表3.1 | 代表的なシェル

シェル名	ファイル名
Bash	bash
Bourne Shell	sh
Z Shell	zsh

　現在、多くのLinuxディストリビューションで、デフォルトのログインシェルとなっているのは、Bash（バッシュ）というシェルです。ファイル名は「bash」で、「/bin/bash」というパスになることが多いです。Bashは、Bourne Shell（ボーンシェル）というシェルを改良したシェルなので、Bourne Shellで使えるコマンドはすべてBashでも使用できます。Bashは「Bourne-again shell」の略で「Bourne Shell」と「born again（新生）」をかけた名前になっています。

　Bourne Shellは、以前はUNIXを元にしたOSの多くで、デフォルトのシェルとして使われていましたが、Bashという上位互換が誕生したこともあり、現在はほとんど使われていません。最近ではZ Shell（ズィーシェル）という、Bashよりも高機能なシェルもよく使われています。Z Shellは、macOSのデフォルトのシェルにもなっており、Bashと同様に人気のあるシェルです。

　本書では、最もよく使用されるシェルであるBashを使っていきます。Bash以外のシェルでは、これから見ていく操作や振る舞いは少し違ったものになるものもありますが、本書で扱う操作は基本のものですので、Bash以外のシェルを使う場面でも役立つ知識になります。

> **注意** 本書では、シェルのファイルを指す場合のみ「bash」「zsh」のようなファイル名で表記し、シェルの種類を指す場合には「Bash」「Z Shell」のように表記します。

ノック | 3.2　シェルの種類とログインシェル

ノック 32 ▶ ログインシェルとは何か？

ノック 33 ▶ コマンド ログインシェルを表示する

ノック 34 ▶ Bashとは何か？

3.3 ⟨ノック 35⟩ ⟨ノック 36⟩

プロンプトとコマンドライン

> **ポイント!**
> ▶ プロンプトとは、端末においてコマンドの入力を促す部分のこと
> ▶ コマンドラインとは、プロンプトの右側のコマンド入力部分、もしくはそこに入
>   力されたコマンドや引数からなる文字列のこと

　シェルや端末と混同しやすい用語がいくつかあります。それは「プロンプト」
と「コマンドライン」です。これらの用語を間違った理解で使ってしまうと、ミ
スコミュニケーションの原因となってしまいますので、しっかり理解しておきま
しょう。
　端末を立ち上げたときに表示される画面において、プロンプトとコマンドライ
ンはそれぞれどこを指すのか**図3.2**に示します。

| 図3.2 | プロンプトとコマンドライン

　プロンプト（prompt）は日本語で、「促す」という意味です。つまりプロンプト
とは、コマンドの入力をユーザーに促している部分のことで、「$」を含めた「$」
よりも前（左側）の文字列のことを指します（「hiramatsu-VirtualBox:~$」の部
分）。
　プロンプトの後ろ（右側）にはコマンドを入力することができますが、このコマ
ンド入力部分をコマンドライン（command line）と呼びます（「ls /」の部分）。
また、コマンド入力部分に書かれた、コマンドや引数からなる文字列のことをコマ
ンドラインと呼ぶこともあります。

　ここまでの話をまとめると、「端末に表示されるプロンプトの右側のコマンドラインに、コマンド（ライン）を入力することで、シェルがコマンドを実行し、CLIによる操作が可能になる」ということです。この文の意味が理解できれば、シェル・端末・プロンプト・コマンドラインの4つの違いを理解できているはずです。

コラム	用語を丁寧に使う

　私のかつての同僚には、端末のことをプロンプトと呼び、シェルのことを端末と呼ぶ方がいました。この例だけでなく、全体的に雑に用語を使用するため、彼とのコミュニケーションにはかなり苦戦した思い出があります。ソフトウェア開発の用語に限らず、なるべく用語は丁寧に使ったほうが意思疎通がスムーズになると思いますので、正確な定義を覚えて、正しく使用するように習慣づけるとよいでしょう。

3
シェルとコマンド
ラインの基本

ノック	3.3　プロンプトとコマンドライン

ノック 35　プロンプトとは何か？

ノック 36　コマンドラインとは何か？

コマンドが実行される流れ

ポイント！

コマンドは以下のような流れで実行される（ls コマンドの場合）

① シェルが端末を通じて、キーボードから「ls」という文字列を受け取る

② シェルが「ls」という名前のコマンドを探し出し、Linux カーネルに実行を依頼する

③ Linux カーネルが CPU やメモリなどのハードウェアを利用してコマンドを実行する

④ コマンドの実行結果がシェルに返され、端末に表示される

⑤ シェル (shell) は Linux カーネルという核 (kernel) を、殻 (shell) のように包み込む役割を担う

コマンドと呼ばれる文字列をシェルに入力することで、コンピュータの操作を行うことができるのが CLI です。ではなぜ、単なる文字列でコンピュータを操作できるのでしょうか？

例えば、ls コマンドを実行するとします。

```
$ ls
snap          テンプレート    ドキュメント    ピクチャ        公開
ダウンロード    デスクトップ    ビデオ          ミュージック
```

この実行結果の裏側では、以下のような処理が行われています（図3.3）。

① シェルが端末を通じて、キーボードから「ls」という文字列を受け取る

② シェルが「ls」という名前のコマンドを探し出し、Linux カーネルに実行を依頼する

③ Linux カーネルが CPU やメモリなどのハードウェアを利用してコマンドを実行する

④ コマンドの実行結果がシェルに返され、端末に表示される

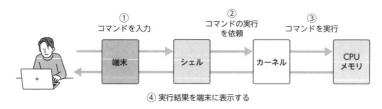

| 図3.3 | コマンドが実行される流れ

　この流れの中で特に注目すべきは、シェルがLinuxカーネルを包み込むような役割を担っているということです。これまで説明してきたように、カーネルとはOSの中核となるソフトウェアであり、OSの中核の機能とはプログラムの実行の機能です（➡ 1.2節）。コマンドの実体は、プログラムが書かれたファイルであるため、コマンドの実行にはカーネルの機能が必要になります。

　ですが、私たちユーザーはコマンドを実行するときに、直接Linuxカーネルを操作するわけではありません。端末を通じてシェルを操作するだけです。このようなことが可能になるのは、シェルを通じてLinuxカーネルにコマンドの実行を依頼しているからです。このような仕組みにすることで、ユーザーはLinuxカーネルの存在を意識することなく、Linuxカーネルの機能を利用することができます。そもそも、カーネル（kernel）とは「核」の意味で、シェル（shell）とは「殻」の意味です。Linuxカーネルという核を、殻のように包み込むような役割なので、このような名前が付いています（**図3.4**）。

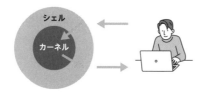

| 図3.4 | シェルとカーネルとユーザーの関係

| ノック | **3.4　コマンドが実行される流れ** |

> **ノック 37**　コマンドはどのような流れで実行されるか？

3.5

ノック
38

ノック
39

OS と抽象化

ポイント!

▶ 抽象化とは、複雑な詳細を隠すことで簡単なインターフェースを提供すること

▶ Linux カーネルは、CPU などのハードウェアを抽象化して、システムコールというインターフェースを提供している

▶ シェルは、システムコールなどのプログラムを抽象化して、コマンドラインというインターフェースを提供している

▶ デスクトップ環境は、CLI を抽象化して GUI というインターフェースを提供している

▶ ユーザーの目的によって、適切な抽象化レベルは変わる

　前節で学んだシェルとカーネルの関係性は、抽象化（もしくは隠蔽）と呼ばれる概念について理解することで、すっきり理解することができます❸。この概念は、OS にとって、ひいてはソフトウェア開発において、きわめて重要です。抽象化とは一言で言えば、複雑な詳細を隠すことで簡単なインターフェースを提供することです。

　抽象化の最たる例は、プログラミング言語でしょう。本来コンピュータは 0 と 1 で表現された機械語しか解釈できません。ですが、プログラムを書いてコンピュータに指示を与える際に、人間が機械語を書く必要はなく、`print('Hello World')` のような、人間が普段使っている自然言語に近い書き方をすることができます。これは、プログラミング言語が機械語を抽象化しているからです。機械語という、人間にとってはわかりづらい複雑な詳細を、人間からは見えないように隠蔽して、人間にとってわかりやすい自然言語に近いインターフェースを提供しています。

　また、私たちの身の回りの家電も抽象化の良い例です。ほとんどの人は、電子レンジや冷蔵庫などの家電がなぜ動くのかを知りませんが、正しく使用することができます。これは、配線などの家電の中の複雑な仕組みが隠蔽されて、ボタンやつまみという、人間にとってわかりやすいインターフェースに抽象化されてい

---

❸ 本節の話は少し難しいかもしれないので、読んでみてよくわからなかったら、とりあえず飛ばしてください。

るからです（**図3.5**）。

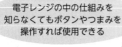

電子レンジの中の仕組みを
知らなくてもボタンやつまみを
操作すれば使用できる

| 図3.5 | 家電と抽象化

　ハードウェアや機械語のような情報は、専門としている人間以外にとってはわかりづらいものなので、人間にとって使いやすくするには、抽象化が必要になってきます。

● OSは抽象化の層からなる

　そして、OSは抽象化を理解する上でこの上ない教材です。なぜならOSは、抽象化の層がいくつか重なることで構成されているからです。どういうことか、詳しく見ていきましょう。

　まず、CPUやメモリなどのハードウェアを操作するには、カーネルに依頼を行う必要がありました。カーネルに依頼を行うための仕組みとして、システムコール（system call）というものが用意されています。これは、カーネルの機能を関数として呼び出すことのできるインターフェースです。「system」とはカーネルのことを指しているので、system（システム）をcallする（呼び出す）ことから、システムコールと呼ばれています。システムコールという関数を、コマンドなどのプログラムから呼び出すことで、カーネルにハードウェアへのアクセスを依頼することができます。つまり、CPUなどのハードウェアの詳細がカーネルによって隠蔽されて、システムコールというインターフェースが提供されていることになります。ハードウェアについてよく知らなくても、システムコールというインターフェース（関数）さえ使えればハードウェアを操作できるのです。これがまず1層目の抽象化です。

　カーネルとシステムコールによって、ハードウェアを抽象化することはできました。システムコールのような関数などで書かれたプログラムは、ソフトウェアエンジニアからすればある程度わかりやすいインターフェースですが、エンジニ

アでない一般のユーザーにとっては、まだわかりづらいでしょう。そこで、さらに抽象化してあげると、さらに多くのユーザーにとって使いやすいインターフェースになるはずです。そのような目的で、システムコールなどのプログラムを抽象化しているのがシェルです。シェルは、コマンドラインというインターフェースを提供することで、システムコールなどが書かれたプログラムを、単純な文字列で操作できるようにしています。

　実際、これまで実行してきたコマンドの実装にも、システムコールは使われているのですが、システムコールの存在をまったく意識せずにコマンドを使用することができたはずです。これはシェルが、システムコールなどのプログラムの存在を隠蔽して、コマンドラインというインターフェース（つまりCLI）で操作できるようにしてくれているからです。これが2層目の抽象化です。

　さらに、CLIというインターフェースも、コンピュータにうとい多くのユーザーからすると、まだわかりづらいものでしょう。そこで、コマンドを隠蔽して❹、アイコンをマウスでクリックするようなインターフェースに抽象化しているのが、GNOME（グノーム）❺などのデスクトップ環境です。つまり、GUIはCLIを抽象化したインターフェースと言えます。これが3層目の抽象化です（**図3.6**）。

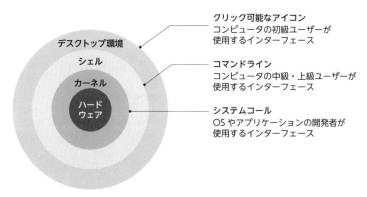

クリック可能なアイコン
コンピュータの初級ユーザーが
使用するインターフェース

コマンドライン
コンピュータの中級・上級ユーザーが
使用するインターフェース

システムコール
OSやアプリケーションの開発者が
使用するインターフェース

デスクトップ環境
シェル
カーネル
ハードウェア

| 図3.6 | OSは抽象化の層からなる

❹ デスクトップ環境が隠蔽するのは必ずしもコマンドだけではありませんが、簡単のためこのような表現をしています。

❺ GNOME（グノーム、GNU Network Object Model Environment）は、GNUプロジェクト（➡2.6節）の一部として開発されたデスクトップ環境です。GNOME端末（➡3.1節）は、GNOMEに付属している端末エミュレーターです。

このように、何層かに分けて抽象化を行うことで、さまざまなユーザーにとって使いやすいインターフェースを提供することができます。OSで使えるアプリを開発したい人にとっては、システムコールなどのプログラミング言語というインターフェースが最適ですし、インターネットサーフィンができればいいという人にとっては、GUIというインターフェースが最適でしょう。抽象化されているほど簡単に使えるので、抽象化すればするほど良い、というわけでは決してなく、適切なレベルに抽象化されていることが大事なのです。

抽象化は、ソフトウェア開発において極めて重要なアイデアです。きちんと理解しておけば、今後さまざまな領域で役立ちますので、Linux OSを題材にしてしっかり理解しておきましょう。また、抽象化の例は他にもたくさんありますので、ぜひここで挙げた以外にも探してみてください。

3

シェルとコマンドラインの基本

コラム　その他の抽象化の例

その他の抽象化の代表例として、ライブラリ (library) があります。ライブラリとは、簡単に言えば、開発においてよく使用する機能を再利用しやすいように部品化し、複数の部品をまとめて1つのファイルに収納したもののことです。Linuxの開発に用いる「C言語」というプログラミング言語においても、ファイル操作などのよく使う操作は、システムコールなどの具体的な実装を抽象化して、関数などの部品にすることで、ライブラリから簡単に再利用できるようにしています。本節の話は少し難しかったかもしれませんが、本書を再読したり、実務経験を積む中で徐々に理解していけばOKです。

ノック　3.5　OSと抽象化

ノック38　抽象化とは何か？

ノック39　システムコール (system call) とは何か？

3.6 ノック40 ～ ノック48

コマンドラインの基本操作

ポイント！

▶ 矢印キーは文字キーから遠いので、Ctrlキーを使ったカーソル移動方法が便利
▶ コマンドラインで複数の文字列を一気に削除した場合には、削除した文字列をヤンク（貼り付け）することができる
▶ Tabキーで入力途中のコマンドラインの入力補完ができる
▶ コマンド履歴（history）を使うことで過去に実行したコマンドを再利用することができる

　ここからは、コマンドラインの基本操作について学びます。GUIにおいて、ドラッグ＆ドロップなどの操作を知っておく必要があるのと同様に、CLIを使うときは、シェルの基本の操作方法について知っておく必要があります。本節では、コマンドラインを編集するために必要な操作について学んでいきましょう。

● カーソル移動

　まずは、コマンドライン上でカーソルを移動する方法です。シンプルに、矢印キーの←（左）や→（右）を押しても移動することができますが、矢印キーを使わずに、Ctrlキーを使う方法もあります。Ctrlキーでカーソルを移動するには、**表3.2**のような操作を行います。

| 表3.2 | カーソル移動

操作	内容	由来・覚え方
Ctrl + f	1文字右へ移動	forward（前方に）
Ctrl + b	1文字左へ移動	backward（後方に）
Ctrl + e	行末（右端）へ移動	end（末尾）なので行末
Ctrl + a	行頭（左端）へ移動	ahead（前方に） atama（頭）の「a」で行頭と覚えてもよい

「Ctrl＋f」とは、Ctrlキーを押しながら、fキーを押すという意味です。

矢印キーは、他のよく使うキーから離れた場所にあるため、手の動きが大きくなってしまい、高速な操作の妨げになります。その点、Ctrlキーとアルファベットキーを組み合わせた入力ならば、文字入力とさほど手のポジションを変えずに、カーソルを移動できるので、操作に習熟すると矢印キーよりも高速に操作できるようになります。

また、「Ctrl＋a」や「Ctrl＋e」を使えば、一気にコマンドラインの行頭や行末に移動でき、とても便利です。最初は覚えづらく感じると思いますが、何回か実際に入力して操作してみると、案外すぐに身につきますので、矢印キーを使わない操作もぜひやってみてください。

混乱しやすいのが、**表3.2**における上2つの前方・後方の概念と、下2つの行頭・行末の概念が逆になっているということです。「前方に移動」というと、行頭の方向（左）に移動しそうに思えるのですが、実際には行末の方向（右）にカーソルが移動します。ここは難しく考えず、実際に入力してみてカーソルが移動する方向を確かめるというのを繰り返して、身体で徐々に覚えていけばよいでしょう。

● 文字の削除

次に、コマンドライン上の文字を削除する方法についてです。コマンドラインでの削除の操作をまとめると、**表3.3**のようになります。

| 表3.3 | 文字の削除

操作	内容	由来・覚え方
BackSpaceまたは Ctrl＋h	カーソル位置の左の文字を削除	hidari（左）のhと覚えよう
Deleteまたは Ctrl＋d	カーソル位置の文字を削除	delete
Ctrl＋w	カーソル位置から単語の先頭までを削除	word（単語）
Ctrl＋u	カーソル位置から左端までを削除	キーボードでuはkよりも左なので左端まで削除
Ctrl＋k	カーソル位置から右端までを削除	キーボードでkはuよりも右なので右端まで削除
Ctrl＋y	削除した文字列を貼り付け	yank（ヤンク、貼り付けの意味）

BackSpaceキーとDeleteキーによる削除は、普段使いのPCでも共通なので、なじみがあると思います。余裕があれば、Ctrlキーを使った削除についても知っておきましょう。

また、便利なのが単語単位での削除です。削除したい単語の末尾（右端）にカーソルを合わせてCtrl＋wを入力すると、その単語を削除することができます。後ほど紹介しますが、シェルのヒストリー機能を利用して、引数だけ変えてコマンドを再利用するケースも多いので、この操作を覚えておくと役立つ場面が多いでしょう。

カーソル位置から行頭・行末まで一気に削除する方法も知っておくと便利です。パスワードの入力を間違えたときなど、Ctrl＋uで入力した文字列を一気に削除できます。キー操作を覚えづらいのが玉にきずですが、キーボード上のuとkの位置関係で覚えておきましょう。

そして、Ctrl＋w、Ctrl＋u、Ctrl＋kのいずれかで削除を行った場合、削除した文字列は、Ctrl＋yで貼り付けることができます。シェルでは、貼り付けのことをヤンク（yank）と呼びます。

● 入力補完機能

続いて、コマンドラインの入力補完機能についてです。入力補完機能とは、途中まで入力したコマンドやパスを最後まで補ってくれる機能のことです。例えば、echoコマンドの途中まで、次のように入力してみましょう。

```
$ ec     ●——（途中まで入力）
```

この状態でTabキーを押すと、残りの部分を補完してくれます。

```
$ echo     ●——（Tabキーを押すとhoを補完してくれる）
```

また、Tabキーではコマンドだけでなく、入力途中のパスも補完できます。例えば、次のように入力するとします。

```
$ cd /ho     ●——（/homeを途中まで入力）
```

この状態でTabキーを押すと、パスが補完されて次のようになります。

```
$ cd /home ●─────( meが補完される )
```

　Bashでは、候補が複数ある場合、Tabキーを2回押すことで候補を一覧表示することができます。これはコマンドの補完でもパスの補完でも同様です。

　補完機能を使えば、コマンドラインに入力するさまざまな文字列の補完が可能です。「多分（Tabun）これかな?」のTabと覚えましょう。入力するのが面倒に感じたら、とりあえず補完機能を使えるか試してみてください。

● コマンド履歴とhistoryコマンド

　最後に、過去に実行したコマンドを再利用する方法を学びましょう。CLIで操作を行っていると、過去に実行したコマンドと同じコマンドや、似たようなコマンドを実行することがとても多いです。そのような場合、コマンドを一から入力し直す必要はありません。コマンド履歴を参照すれば、過去に実行したコマンドを再利用することができます。

　コマンド履歴を使用するための操作は、**表3.4**のようになります。

| 表3.4 | コマンド履歴

操作	内容	由来・覚え方
↑ または Ctrl＋p	1つ前のコマンド履歴に移動する	previous（前の）
↓ または Ctrl＋n	次のコマンド履歴に移動する	next（次の）

　表3.4のキーを押すと、過去に実行したコマンド履歴をさかのぼって、コマンドラインに表示することができます。こういった操作が可能なのは、シェルにコマンド履歴（history）が記録されているからです。どんなコマンド履歴があるのか確認するには、historyコマンドを使います。

 書式　historyコマンド：コマンド履歴を表示する

```
history ［オプション］［表示する履歴数］
```

　次のように実行することで、これまでに実行したすべてのコマンド履歴を表示することができます。

```
$ history❻
  1  sudo passwd root  ┄┄┄[最初に実行したコマンド]
  2  sudo passwd root
（中略）
 12  cd /home
 13  history  ┄┄┄[最後に実行したコマンド]
```

また、引数に表示する履歴の数を指定することで、直近に実行したコマンドだけを表示できます。直近で実行した5個のコマンドだけを表示するには、次のように実行します。

```
$ history 5
 10  ls
 11  echo
 12  cd /home  ┄┄┄[直近の5件が表示される]
 13  history
 14  history 5
```

historyコマンドの表示結果から、コマンドを再利用することもできます。historyコマンドの出力には、実行されたコマンドごとに通し番号が振られており、数字が大きくなるほど直近に実行されたものになっています。例えば、通し番号が10番のコマンドを再び実行するには、次のように実行します。

```
$ !10
ls  ┄┄┄[実行されたコマンド]
hiramatsu  ┄┄┄[実行結果]
```

このように、「! 番号」と実行することで、指定した番号のコマンド履歴を再利用できます。

長いコマンドになるほど、入力し直すのは大変になります。コマンド履歴を活用したコマンドの再利用ができると、操作を高速に行うことができるようになるので、しっかり身につけておきましょう。

---

❻ historyコマンドの結果は、これまで実行してきたコマンドによって変わるため、本書の記載どおりになるとは限りません。

3

シェルとコマンドラインの基本

ノック　3.6　コマンドラインの基本操作

ノック 40 キー入力 コマンドラインでカーソル位置を1文字左・右に移動する

ノック 41 キー入力 コマンドラインでカーソル位置を左端・右端に移動する

ノック 42 キー入力 コマンドラインで以下の操作を行う
- カーソル位置の左の文字を削除する
- カーソル位置の文字を削除する
- カーソル位置から単語の先頭までを削除する

ノック 43 キー入力 コマンドラインで以下の操作を行う
- カーソル位置から左端までを削除する
- カーソル位置から右端までを削除する

ノック 44 キー入力 コマンドラインで削除した文字列を貼り付ける

ノック 45 キー入力 入力途中のコマンドやパスの補完を行う

ノック 46 キー入力 コマンドラインで以下の操作を行う
- 1つ前のコマンド履歴に移動する
- 次のコマンド履歴に移動する

ノック 47 コマンド 直近で実行した5個だけ、コマンド履歴を表示する

ノック 48 コマンド コマンド履歴の通し番号が10番のコマンドを再び実行する

3

シェルとコマンドラインの基本

3.7 ノック49 ノック50

コマンドのオプション

> **ポイント!**
>
> ▶ オプションには-aのようなショートオプションと、--widthのようなロングオプ
>   ションがある
> ▶ 同じ機能がショートオプションとロングオプションの両方にあることもあるが、
>   どちらか一方にしかないこともある
> ▶ オプションの中には引数をとるものもある
> ▶ オプションの引数は半角スペースをあけない指定方法がおすすめ

　コマンドラインの編集方法について理解できたところで、もう一度改めてコマンドについて学んでいきましょう。復習になりますが、コマンド（command）はコンピュータを操作するための文字列で、引数とオプションを指定できます。引数はコマンドに渡す値のことで、オプションはコマンドの振る舞いをデフォルトとは違うものにするために指定する文字列のことでした。本節では、コマンドのオプションについてより詳しく学んでいきましょう。

● オプションの種類

　まずオプションには、主にショートオプションとロングオプションの2種類があります❼。ショートオプションは「-（ハイフン1つ）」＋「アルファベット1文字」という短い形式で指定されるオプションで、ロングオプションは「--（ハイフン2つ）」＋「文字列」という長い形式で指定されるオプションです。
　次節でより詳しく解説しますが、例えばlsコマンドには次のようなオプションがあります。

```
$ cd /home/hiramatsu
$ ls -l    ●──── ショートオプション
合計 36
```

❼ 実はもう1つ、BSDオプションという別の種類もあるのですが、それは9.2節で解説します。

```
drwx------ 3 hiramatsu hiramatsu 4096 10月  9 11:51 snap
drwxr-xr-x 2 hiramatsu hiramatsu 4096 10月  9 11:51 ダウンロード
(中略)
drwxr-xr-x 2 hiramatsu hiramatsu 4096 10月  9 11:51 ミュージック
drwxr-xr-x 2 hiramatsu hiramatsu 4096 10月  9 11:51 公開
$ ls --classify  ●──（ロングオプション）
snap/          テンプレート/    ドキュメント/    ピクチャ/        公開/
ダウンロード/    デスクトップ/    ビデオ/          ミュージック/
$ ls -F  ●──（--classifyと同じ機能のショートオプション）
snap/          テンプレート/    ドキュメント/    ピクチャ/        公開/
ダウンロード/    デスクトップ/    ビデオ/          ミュージック/
```

　上の例では、-l や -F がショートオプション、--classify がロングオプション
です。ショートオプションは、短く指定できるものの、オプションを見ただけでは
機能がわかりづらいという特徴があります。一方、ロングオプションは、指定は
長くなるものの、オプションを見ただけでもある程度機能がわかるという特徴があ
ります。-F ではどんなオプションなのかわかりませんが、--classify なら何かを
分類する（classify）オプションであることがオプション名から想像できますよね。

　また、-F と --classify のように、同じ機能がショートオプションとロングオプ
ションの両方で用意されていることもあります。その場合は、短くてシンプルな
ショートオプションのほうが好まれます。したがって、基本的にロングオプション
を使うのは、ロングオプションしか用意されていない場合になります。

● 引数を持つオプション

　オプションの中には引数を持つものもあります。例えば、ls コマンドの -w
（--width）オプションは、ls コマンドの出力の横幅の桁数を、オプションの引数
として指定することができます。

```
$ ls -w 20  ●──（-wオプションで横幅を指定）
snap
ダウンロード
テンプレート
デスクトップ
ドキュメント  ●──（表示の幅がデフォルトよりも狭くなっている）
ビデオ
ピクチャ
ミュージック
公開
```

　注意が必要なのは、オプションの引数はコマンドに渡す値ではなく、オプションに渡す値を指定する場所であるということです。「ls -w 20」の「20」という値は、lsコマンドではなく、--width オプションに渡されています。コマンドの引数と混同しないように注意してください。

　オプションに引数を指定する方法には、半角スペースをあける方法と、あけない方法の2つがあります。半角スペースをあけない場合は、オプションの種類ごとに少し指定方法が異なります。次の4つのコマンドはすべて同じ意味になります。

　① ls -w 20
　② ls -w20
　③ ls --width 20
　④ ls --width=20

　半角スペースをあける方法は、コマンドの引数なのかオプションの引数なのかわかりづらくなるため、②と④のような、オプションとオプションの引数をくっつける指定方法がおすすめです。

　ここまでの話をまとめると表3.5のようになります。

| 表3.5 | オプションの指定方法

種類	書き方	特徴	引数の指定方法
ショートオプション	「-（ハイフン1つ）」＋「アルファベット1文字」 -aや-l など	入力は楽だが、意味がわかりづらい	-w 20 -w20
ロングオプション	「--（ハイフン2つ）」＋「文字列」 --widthや--classify など	入力は手間だが、意味はわかりやすい	--width 20 --width=20

ノック　3.7　コマンドのオプション

ノック49　ショートオプション・ロングオプションとはそれぞれ何か？

ノック50　コマンド　lsコマンドの-w（--width）オプションに30という値を引数として渡す

3　シェルとコマンドラインの基本

lsコマンドの主なオプション

ポイント!

▶ 「ls -a/-A」は、隠しファイルも含めたすべてのファイルを表示するオプション

▶ 「ls -l」は、詳細情報を含めて表示するオプション

▶ 「ls -F」は、ファイル種別をファイル名の末尾に付けて表示するオプション

▶ 「ls -d」は、引数に指定したディレクトリ自体を表示するオプション

▶ 複数のオプションを同時に指定することも可能

▶ オプションは基本的にコマンド固有のもの

オプションについてさらに深く理解するために、lsコマンドのよく使うオプションを題材にして学んでいきましょう。

lsコマンドでよく使うオプションを**表3.6**に挙げておきます。

| 表3.6 | lsコマンドでよく使うオプション

オプション	内容	由来・覚え方
-a、-A	「.（ドット）」から始まる隠しファイルも含めたすべてのファイルやディレクトリを表示 -Aは「.」と「..」を除いて表示する	all（すべて）
-l	パーミッションなどの詳細な情報を含めて表示	long（長く） 長く詳細に表示する
-F、--classify	ファイル種別をファイル名の末尾に付けて表示	classify（分類する）
-d	引数に指定したディレクトリ自体を表示	directory

● 隠しファイルも含めて表示する　　　-a、-Aオプション

名前が「.（ドット）」から始まるファイルは、ドットファイルもしくは隠しファイルと呼ばれ、デフォルトのlsコマンドでは表示されないファイルになっています。重要なファイルや変更されることが少ないファイルは、普段はユーザーから見えないようにしていたほうが、予期せぬ削除・変更などのリスクが小さくな

るので、隠しファイルとして設定されていることがあります。

　とはいえ、シェルの設定ファイル（→ 10.7節）を扱う場合などで、隠しファイルを表示したいこともあります。そのときに使うのが、-aオプションです。-aは「all（すべて）」の略で、次のように隠しファイルも含めた「すべての」ファイルを表示できます。

```
$ ls
snap           テンプレート    ドキュメント    ピクチャ        公開
ダウンロード   デスクトップ    ビデオ          ミュージック
$ ls -a  ← すべてのファイルやディレクトリを一覧表示
.                          .local                          snap
..                         .profile                        ダウンロード
.bash_history             .ssh                            テンプレート
.bash_logout              .sudo_as_admin_successful       デスクトップ
.bashrc                   .vboxclient-clipboard.pid        ドキュメント
.cache                    .vboxclient-display-svga-x11.pid ビデオ
.config                   .vboxclient-draganddrop.pid      ピクチャ
.gnupg                    .vboxclient-seamless.pid         ミュージック
.lesshst                  .viminfo                         公開
```

　-aオプションによって、デフォルトの lsコマンドでは表示されていない「.」から始まるファイルやディレクトリが表示されています。-aオプションは、カレントディレクトリ（.）と親ディレクトリ（..）も含めて表示しますが、これらが不要な場合は-Aオプションを使います。-Aオプションを使うと、次のように「.」や「..」を取り除いて表示することができます。

```
$ ls -A
.bash_history             .ssh                            テンプレート
.bash_logout              .sudo_as_admin_successful       デスクトップ
.bashrc                   .vboxclient-clipboard.pid        ドキュメント
.cache                    .vboxclient-display-svga-x11.pid ビデオ
.config                   .vboxclient-draganddrop.pid      ピクチャ
.gnupg                    .vboxclient-seamless.pid         ミュージック
.lesshst                  .viminfo                         公開
.local                    snap
.profile                  ダウンロード
```

　この例からもわかるように、オプションでは大文字と小文字は区別されます。-aと-Aは異なるオプションとなりますので注意してください。

● 詳細情報を含めて表示する　　　　　　　　　-l オプション

　ファイルを一覧表示するときに、デフォルトの ls コマンドの出力では情報が足りないことがあります。例えば、ディレクトリにいくつのファイルやディレクトリが入っているか知りたい場合（➡4.11節）や、パーミッション（➡5.2節）を確認したい場合などです。

　そういった場合は、-l オプションを付けて詳細情報付きで表示します。-l は「long（長い）」から来ています。つまり「長く」詳細に表示する、ということです。

```
$ ls -l
合計 36
drwx------ 3 hiramatsu hiramatsu 4096 10月  9 11:51 snap
drwxr-xr-x 2 hiramatsu hiramatsu 4096 10月  9 11:51 ダウンロード
drwxr-xr-x 2 hiramatsu hiramatsu 4096 10月  9 11:51 テンプレート
（中略）
drwxr-xr-x 2 hiramatsu hiramatsu 4096 10月  9 11:51 ピクチャ
drwxr-xr-x 2 hiramatsu hiramatsu 4096 10月  9 11:51 ミュージック
drwxr-xr-x 2 hiramatsu hiramatsu 4096 10月  9 11:51 公開
```

　-l オプションを付けると、ファイル名以外の情報がたくさん出力されています。それぞれどういう意味なのか見ていきましょう。

　まず、先頭の ❶ の「-」や「d」などの記号はファイル種別を表しており、文字ごとに**表3.7**のような意味があります。

| 表3.7 | ファイル種別（-l オプション）

記号	意味
-	通常のファイル
d	ディレクトリ
l	シンボリックリンク（第4章で解説）

　出力の2行目を見てみると、**snap**はディレクトリなのでファイル種別として**d**が先頭に付いています。Bashのファイルである**/bin/bash**では、次のように先頭が「**-**」（通常のファイル）になります。

```
$ ls -l /bin/bash
-rwxr-xr-x 1 root root 1396520  1月  7  2022 /bin/bash
```

　❻サイズの単位は「B（バイト）」で、❼タイムスタンプは月・日・時刻（もしくは年）の順に書かれています。❷～❺については以降の章で詳しく解説します。

● ファイル種別を末尾に含めて表示する　　　-F オプション

　デフォルトの**ls**コマンドの出力では、名前だけが表示されるので、それがファイルなのかディレクトリなのかがわかりません。`-F`（`--classify`）オプションを付けることで、名前の末尾にファイル種別を表す記号を追加して表示することができます。

```
$ ls -F
snap/          テンプレート/    ドキュメント/    ピクチャ/          公開/
ダウンロード/    デスクトップ/    ビデオ/          ミュージック/
```

　実行結果では「snap/」というように、名前の末尾に「/」という記号が追加されており、この記号がファイル種別を表しています。
　ファイル種別の記号としては、表3.8のようなものがあります。

表3.8｜ファイル種別の記号（-F オプション）

種別	末尾に付く記号
通常のファイル	なし
ディレクトリ	/
シンボリックリンク（第4章で解説）	@
実行可能ファイル（第5章で解説）	*

　`-F`オプションを用いると、出力がとてもわかりやすくなります。ぜひ覚えておきたいオプションです。

● 引数に指定したディレクトリ自体を表示する　-d オプション

lsコマンドの-dオプションを使うことで、引数に指定したディレクトリ自体を表示することができます。-dは、「directory（ディレクトリ）」の略です。次のように、-dオプションを使わずに実行したときと比較すれば一目瞭然です。

```
$ ls /home/hiramatsu    ●───(ホームディレクトリの中身を表示)
snap        テンプレート   ドキュメント   ピクチャ       公開
ダウンロード  デスクトップ   ビデオ       ミュージック
$ ls -d /home/hiramatsu    ●───(ホームディレクトリそのものを表示)
/home/hiramatsu
```

下の実行例のように、-l オプションと組み合わせれば、ディレクトリ自体の詳細情報を調べることができます。

● オプションの注意点

最後に、オプションにおける注意点を2つ見ておきましょう。

1つ目は、オプションは複数同時に指定することも可能ということです。

```
$ ls -d -l /home/hiramatsu    ●───(それぞれ分けて指定)
drwxr-x--- 16 hiramatsu hiramatsu 4096 10月 20 16:06 /home/hiramatsu
$ ls -dl /home/hiramatsu    ●───(ショートオプションをまとめて指定)
drwxr-x--- 16 hiramatsu hiramatsu 4096 10月 20 16:06 /home/hiramatsu
$ ls -ld /home/hiramatsu    ●───(順番は何でもよい)
drwxr-x--- 16 hiramatsu hiramatsu 4096 10月 20 16:06 /home/hiramatsu
$ ls --classify -dl /home/hiramatsu    ●───(ロングとショートで分ける)
drwxr-x--- 16 hiramatsu hiramatsu 4096 10月 20 16:06 /home/hiramatsu/
```

引数のないショートオプションであれば、「-dl」のようにまとめて書くとシンプルです。オプションに引数があったり、ショートオプションとロングオプションが混在するような場合には、可読性を高めてミスを減らすために、上の例の1行目のようにオプションごとに分けて1つずつ指定するようにするとよいでしょう。

2つ目は、ほとんどのオプションはコマンド固有のものであるということです。lsコマンドでは-aオプションは「all」の意味ですが、コマンドが変われば-aオプションの意味も変わります。次節で学ぶ--helpオプションなど、一部例外はありますが、同じ文字でもコマンドごとに意味・機能が異なるということに注意して

3
シェルとコマンド
ラインの基本

ください。

ノック	**3.8　lsコマンドの主なオプション**

ノック 51　ドットファイル (隠しファイル) とは何か？

ノック 52　コマンド　カレントディレクトリの中身を、隠しファイルを含めて一覧表示する

ノック 53　コマンド　カレントディレクトリの中身を、詳細情報を含めて一覧表示する

ノック 54　コマンド　カレントディレクトリの中身を、名前の末尾にファイル種別を付けて一覧表示する

ノック 55　lsコマンドの-Fオプションにおいて、「/」「*」「@」それぞれの記号の意味は何か？

ノック 56　コマンド　ルートディレクトリ自体の情報を詳細表示する

3.9

ノック **57** ノック **58**

manコマンド

コマンドの調べ方

ポイント！

▶ --helpオプションを付けるとコマンドのヘルプメッセージを表示できる

▶ manコマンドで引数に指定したコマンドのマニュアル (manual) を表示することができる

▶ manコマンドのスクロール表示中の操作は less コマンドと同様

lsコマンドを題材にして詳しく見てきたように、コマンドには多くのオプションがあります。オプションはとてもたくさん用意されているので、すべてを覚えるというのは現実的ではありません。このため、よく使う必須のコマンド以外は、その都度検索して利用することになります。

コマンドのオプションや引数を調べるにはウェブ検索も使えますが、本節で紹介する機能をうまく使えると非常に便利です。本節では、シェルを使ってコマンドの詳細について調べる方法を学んでいきましょう。

● コマンドのヘルプメッセージを表示する　　　--helpオプション

多くのコマンドでは、--helpオプションを付けて実行すると、そのコマンドのヘルプメッセージを表示できます。ヘルプメッセージとは、そのコマンドの使い方について短くまとめられた情報のことです。例えば ls --helpコマンドを実行すると、lsコマンドのヘルプメッセージを表示することができます。

```
$ ls --help
使用法: ls [オプション]... [ファイル]...
List information about the FILEs (the current directory by default).
Sort entries alphabetically if none of -cftuvSUX nor --sort is specified.
Mandatory arguments to long options are mandatory for short options too.
  -a, --all              . で始まる要素を無視しない
  -A, --almost-all       . および .. を一覧表示しない
(以下略)
```

　表示されるヘルプメッセージはコマンドによって多少異なりますが、おおむね次のような内容が表示されます。

- オプションや引数など、コマンドの使用方法
- コマンドの概要
- オプション一覧と説明
- その他注意事項や参考資料の紹介など

　コマンドの使い方を忘れたら、まずは--help オプションを使ってみるとよいでしょう。ちなみに、--help オプションの代わりに、ショートオプションの-h オプションを用いることも可能ですが、コマンドによっては-h オプションに別の意味が与えられていることもあるので、基本的にロングオプション（--help）で指定することをおすすめします。

コラム 　Linuxコマンドという用語について

　本書では便宜上「Linuxコマンド」という用語を使用していますが、「Linuxコマンド」と聞くと、コマンドがLinux OSに固有の機能であるように感じてしまうかもしれません。実際には、本章で学んだcdコマンドやlsコマンドは、Linux OSでしか使えないというわけではなく、macOSなどLinux OS以外のOSにおいても、Bashなどのシェルがあれば実行できます。

　「コマンド」という用語は「シェルで解釈・実行される文字列」くらいの意味であって、「Linux OSで使われる」というような条件は一切ないことに注意してください。今後、「Linuxコマンド」という用語を見たら「（Linux OSでよく使われる）コマンド」くらいの意味に思っておきましょう。

● コマンドのマニュアルを表示する　　man コマンド

　--help オプションによるヘルプメッセージだけでは情報が足りない場合は、man コマンドを使ってみましょう。man コマンドは、コマンドのマニュアルを表示するコマンドです。man は「manual（マニュアル）」の略です。コマンド名をman コマンドの引数に指定すると、そのコマンドのマニュアルを表示します。例えばls コマンドのマニュアルを表示するには、次のように実行します。

```
$ man ls
```

manコマンドを実行すると、プロンプトが表示されたコマンド入力画面が切り替わり、図3.7のようなスクロール表示の画面になります。

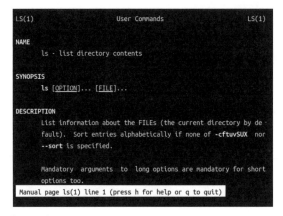

```
LS(1)                          User Commands                          LS(1)

NAME
       ls - list directory contents

SYNOPSIS
       ls [OPTION]... [FILE]...

DESCRIPTION
       List information about the FILEs (the current directory by de-
       fault).  Sort entries alphabetically if none of -cftuvSUX nor
       --sort is specified.

       Mandatory arguments to long options are mandatory for short
       options too.
Manual page ls(1) line 1 (press h for help or q to quit)
```

| 図3.7 | lsコマンドのマニュアル画面

manコマンドの実行時に、スクロール表示を行うlessコマンド（➡4.6節）が暗黙的に実行されてスクロール表示されます。このため、manコマンドによるスクロール表示中の操作方法はlessコマンドと同じです。lessコマンドについては後ほど詳しく解説するので、現時点ではとりあえず表3.9に挙げている操作だけ知っておきましょう。

| 表3.9 | マニュアル画面で使うlessコマンド

操作	内容	由来・覚え方
スペースキー、f	1画面下に移動	ブラウザと同様、forward（前方）
b	1画面上に移動	backward（後方）
q	スクロール表示を終了	quit（終了する）

スペースキー（fキー）とbキーを押して、マニュアルを読んでみましょう。--helpオプション以上に詳細な情報が書かれていることがわかると思います。マニュアルを読み終えたら、qキーを押してスクロール表示を終了します。すると、元のコマンド入力画面に戻ります（図3.8）。

```
hiramatsu@hiramatsu-VirtualBox: $ man ls
hiramatsu@hiramatsu-VirtualBox: $
```

| 図3.8 | man コマンドの終了

man コマンドも --help オプションと同様に、多くのコマンドに使用できるので、コマンドの使用方法を調べたいときには活用するようにしましょう。

コラム　マニュアルを日本語化する方法

本書の環境において、man コマンドによって表示されるマニュアルは、デフォルトでは英語で記載されています。日本語化するには、次のコマンドを実行します。

```
$ sudo apt install manpages-ja
```

実行すると、現在ログインしているユーザーのパスワードを聞かれるので、入力した上で Enter キーを押してください。しばらく待つと、日本語化が完了します。

日本語を母語とする方にとっては、日本語のページの方がはるかにわかりやすいと思いますので、必要に応じて変更してみてください。

ノック　3.9　コマンドの調べ方

ノック 57 コマンド ls コマンドのヘルプメッセージを表示する

ノック 58 コマンド ls コマンドのマニュアルを表示する

| コラム | 学習の継続が最優先 |

「はじめに」でも述べたように、本書は以下のような読み方ができるように構成しています。

①節タイトルと「ポイント！」に目を通して概要を把握する
②「ポイント！」を読んで思い浮かんだ疑問を書き留めておく
③本文を疑問の答えを探すように読んで「ポイント！」を理解する
④節末のノックで本文の内容をできる限り思い出す
⑤章末ノックで想起練習（ブロック練習）する
⑥付録のシャッフルノックで想起練習（交互練習）する

学習を効果的にするためのテクニックを詰め込んでいるので、手順どおりにやるだけで、自然とLinuxの知識が深く身につくようになっています。ただ実際にやってみると、認知的な負荷がなかなか高くて、手順を完璧にこなすのが難しく感じる方もいると思います。

上記の手順を完璧にこなすのが心理的な負担となって、Linuxの学習をやめてしまっては本末転倒です。なので、もし負荷が高すぎると感じたら、手順どおりにやることにこだわらず、以下のようなアイデアを使って、適正なレベルまで学習の負荷を下げるようにしてください。

● ノックに取り組むときに、自由再生（思い出せることをすべて思い出す方法）ではなく、ノックの解答に記載している程度の情報だけを思い出すようにする
● 1周目はノックに取り組まず、「ポイント！」と本文だけに集中して、2周目から上記の手順で取り組む
● まずは「ポイント！」だけ最後まで読んでしまう
● まずはオプションを無視して、コマンドのデフォルトの機能だけを学ぶ
● まずは図表だけにざっと目を通して、全体感の把握につとめる
● 具体的なコマンド以外の話（➡3.5節など）はいったん飛ばす
● まず章末ノックに取り組んで、正解できなかった箇所だけ本文を参照する

つまるところ、知識を身につける上で一番大事なことは「学習を継続すること」です。完璧主義な人ほど、学習の負荷を下げることに罪悪感を覚えるものですが、学習の継続を最優先にして、適宜負荷を調整してみてください。学習を続けていけば、いつの間にか上記の手順を、難しすぎず、簡単でもない、ちょうどよい負荷で取り組めるようになっているはずです。

章末ノック

第3章

問題 ［解答は344〜347ページ］

ノック30

シェル (shell) とは何か？

ノック31

端末 (terminal) とは何か？

ノック32

ログインシェルとは何か？

ノック33

コマンド ログインシェルを表示する

ノック34

Bashとは何か？

ノック35

プロンプトとは何か？

ノック36

コマンドラインとは何か？

ノック37

コマンドはどのような流れで実行されるか？

ノック 38　抽象化とは何か？

□□□

ノック 39　システムコール (system call) とは何か？

□□□

ノック 40　[キー入力] コマンドラインでカーソル位置を1文字左・右に移動する

□□□

ノック 41　[キー入力] コマンドラインでカーソル位置を左端・右端に移動する

□□□

ノック 42　[キー入力] コマンドラインで以下の操作を行う
- カーソル位置の左の文字を削除する
- カーソル位置の文字を削除する
- カーソル位置から単語の先頭までを削除する

□□□

ノック 43　[キー入力] コマンドラインで以下の操作を行う
- カーソル位置から左端までを削除する
- カーソル位置から右端までを削除する

□□□

ノック 44　[キー入力] コマンドラインで削除した文字列を貼り付ける

□□□

ノック 45　[キー入力] 入力途中のコマンドやパスの補完を行う

□□□

ノック 46　[キー入力] コマンドラインで以下の操作を行う
- 1つ前のコマンド履歴に移動する
- 次のコマンド履歴に移動する

□□□

コマンド 直近で実行した5個だけ、コマンド履歴を表示する

コマンド コマンド履歴の通し番号が10番のコマンドを再び実行する

ショートオプション・ロングオプションとはそれぞれ何か？

コマンド lsコマンドの-w (--width) オプションに30という値を引数として渡す

ドットファイル (隠しファイル) とは何か？

コマンド カレントディレクトリの中身を、隠しファイルを含めて一覧表示する

コマンド カレントディレクトリの中身を、詳細情報を含めて一覧表示する

コマンド カレントディレクトリの中身を、名前の末尾にファイル種別を付けて一覧表示する

lsコマンドの-Fオプションにおいて、「/」「*」「@」それぞれの記号の意味は何か？

コマンド ルートディレクトリ自体の情報を詳細表示する

3

シェルとコマンド
ラインの基本

コマンド ls コマンドのヘルプメッセージを表示する

□□□

 コマンド ls コマンドのマニュアルを表示する

□□□

3

シェルとコマンド
ラインの基本

第 **4** 章

ファイル操作のコマンド

❶ CLIで操作を行えるようになるための知識

　ここからは、CLIによるファイル操作の方法について学んでいきましょう。ファイル操作とは、ファイルやディレクトリの作成・削除・移動・閲覧といった操作のことです。GUIではどれも馴染みのある操作だと思いますが、本章の内容を身につけることで、これらの基本操作を、CLIでも行えるようになります。

　本章で紹介するファイル操作のコマンドを身につければ、CLIでファイルやディレクトリを操作することがまったく怖くなくなると思います。しっかりと身につけていきましょう。

4.1 ノック59 ノック60 mkdirコマンド

ディレクトリを作成する

> **ポイント！**
>
> ▶ mkdirコマンドはディレクトリを作成する (make directory) コマンド
> ▶ 引数に複数のディレクトリを指定して一括で複数作成することもできる
> ▶ -pオプションで複数階層のディレクトリを親 (parent) ディレクトリもまとめて一括で作成できる

　最初に学ぶのは、mkdirコマンドです。これはディレクトリを作成するコマンドで、mkdirは「make directory (ディレクトリを作成する)」の略です。作成するディレクトリの名前を引数に指定します。

書式 mkdirコマンド：ディレクトリを作成する

mkdir ［オプション］ ディレクトリ名

　mkdirコマンドでディレクトリを作成してみましょう。ファイル操作のコマンドを実行していくには、作業用のディレクトリがあったほうが便利なので、workという作業用ディレクトリを、次のように実行してホームディレクトリに作成しましょう。

```
$ ls -F  ●───（ホームディレクトリの中身を表示）
snap/          テンプレート/    ドキュメント/    ピクチャ/        公開/
ダウンロード/    デスクトップ/    ビデオ/          ミュージック/
$ mkdir /home/hiramatsu/work  ●───（workをホームディレクトリに作成）
$ ls -F  ●───（workディレクトリが追加されているか確認）
snap/    ダウンロード/    デスクトップ/    ビデオ/        ミュージック/
work/    テンプレート/    ドキュメント/    ピクチャ/      公開/
```

　以降では基本的に、workディレクトリ内でファイル操作を行っていくので、cdコマンドでカレントディレクトリをworkに変更しておきましょう。

4 ファイル操作のコマンド

```
$ cd work  ●────(workにカレントディレクトリを変更)
$ pwd
/home/hiramatsu/work
```

● 複数のディレクトリを一括作成

mkdir コマンドの引数に複数のディレクトリを指定することも可能です。次のように実行すると、2つのディレクトリを一括で作成できます。

```
$ ls  ●────(workディレクトリ内にはまだ何もない)
$ mkdir dir1 dir2  ●────(引数に2つのディレクトリを指定)
$ ls -F
dir1/ dir2/  ●────(2つとも作成されている)
```

mkdir コマンドと同様に、これから見ていくファイル操作のコマンドの多くは、引数に複数のファイルやディレクトリを指定できます。これで、何回もコマンドを実行する手間が省けます。ぜひ覚えておきましょう。

● 複数階層のディレクトリを一括作成する   -p オプション

mkdir コマンドで特によく使うオプションは、-p オプションです。-p オプションは、複数階層のディレクトリを一括で作成するオプションです。

例えば、カレントディレクトリに「2023」ディレクトリを作成し、その中に「01」ディレクトリを作成したい場合、次のように実行するとエラーになります。

```
$ mkdir 2023/01  ●────(新規ディレクトリを2階層指定)
mkdir: ディレクトリ ‘2023/01' を作成できません: そのようなファイルやディレクトリは ➡
ありません
$ ls -F
dir1/ dir2/  ●────(「2023」ディレクトリが作成されていない)
```

これは、mkdir コマンドがデフォルトでは複数階層のディレクトリを一気に作成することができないからです。このような場合は -p オプションを使うと、エラーが出なくなり、ディレクトリを作成することに成功します。

4

ファイル操作の
コマンド

```
$ mkdir -p 2023/01  ●────(-pオプションを指定)
$ ls -F
2023/   dir1/   dir2/  ●────(「2023」ディレクトリが作成されている)
$ ls -F 2023  ●────(2023ディレクトリ内を一覧表示)
01/  ●────(01ディレクトリも作成されている)
```

　-p は「parent（親）」の略です。つまり、作成したいディレクトリの親ディレクトリもまとめて一気に作成するという意味です。このように -p オプションを使えば、複数階層のディレクトリを一括で作成することができます。

● 既存のディレクトリ名を指定した場合

　ちなみに、mkdir コマンドの引数に既存のディレクトリ名を指定すると、エラーになります。

```
$ mkdir dir1  ●────(既存のディレクトリを指定)
mkdir: ディレクトリ `dir1' を作成できません: ファイルが存在します
```

　既存のディレクトリが上書きされて、空のディレクトリになってしまう、ということはありませんので、安心して使うことができます。

4
ファイル操作の
コマンド

ノック | 4.1　ディレクトリを作成する

ノック 59 [コマンド] カレントディレクトリに「example」というディレクトリを作成する

ノック 60 [コマンド] カレントディレクトリに「2023/01」というディレクトリの階層を作成する

空のファイルを作成する

ポイント！

- ▶ touchコマンドは中身が空のファイルを作成するコマンド
- ▶ 本来はタイムスタンプを更新するためのコマンドだが、空のファイルを新規作成する用途で主に使われる
- ▶ 「現在時刻に接触する (touch)」ことで、タイムスタンプを更新する、と覚える

続いては、touchコマンドです。touchコマンドは空のファイルを作成するコマンドです。

書式 touchコマンド：中身が空のファイルを作成する

> touch　ファイル名

touchコマンドを使えば、引数に指定した名前の空ファイルを作成することができます。例えば、newfileという名前のファイルを作成するには、次のように実行します。

```
$ ls -F
2023/   dir1/    dir2/
$ touch newfile   ←──(newfileという名前のファイルを作成)
$ ls -F
2023/   dir1/   dir2/   newfile   ←──(newfileが追加されている)
$ ls -l newfile   ←──(ファイルサイズを確認)
-rw-rw-r-- 1 hiramatsu hiramatsu 0 10月 21 12:42 newfile   ←──(サイズ0バイト)
```

touchコマンドで作成されるファイルは空のファイルで、中に何も記載されていないため、ファイルサイズも0バイトになっています。Linuxを使っていると「ファイルに記載する内容は未定だが、とりあえず空のファイルだけ作成しておきたい」という場合が多々あるので、そういった場面で便利なコマンドです。一方で、記載内容がすでに決まっている場合は、vimコマンド（➡第6章）を使ってファイル

を新規作成するほうが便利です。

またmkdirコマンドと同様に、引数にファイルを複数指定することも可能です。指定の仕方は、その他のファイル操作のコマンドと基本的に同じです（以降のコマンドでは特に明記しませんが、同様に可能であると思ってください）。

```
$ touch file1 file2 ●━━━━（複数のファイル名を引数に指定）
$ ls -F
2023/  dir1/  dir2/  file1  file2  newfile
```

touchコマンドはファイルを作成する目的で使われることが多いですが、本来は引数に指定したファイルやディレクトリのタイムスタンプを更新するためのコマンドです。引数に指定した名前が存在しない場合に、「その名前で空のファイルを作成する」という仕様になっているため、空ファイルの新規作成にも使うことができるのです。「touch（触れる）」という名前は、「現在時刻に接触する」ことでタイムスタンプを更新する、と考えると覚えやすくなると思います。

こういった機能のため、既存のファイル名を引数に指定しても、そのファイルのタイムスタンプ（最終更新日時など）が更新されるだけで、空のファイルに上書きされてしまう、ということはありません。mkdirコマンドと同様に、安心して使うことができます。

ノック | **4.2 空のファイルを作成する**

ノック 61　コマンド カレントディレクトリに「newfile」という名前のファイルを作成する

ファイルやディレクトリを削除する

ポイント！

▶ rmコマンドは、ファイルやディレクトリを削除する (remove) コマンド

▶ -r オプションでディレクトリを再帰的に (recursive) 削除できる

▶ -i オプションで削除前の確認メッセージを対話的に (interactive) 表示できる

▶ rmdir コマンドで空のディレクトリを削除する (remove directory) ことができる

▶ 機能が制限されていると安心して使うことができる

ここまで、ファイルやディレクトリを作成するコマンドを学んできましたが、ここからは、これらを削除する方法について学んでいきましょう。

● rmコマンドによるファイルの削除

まず、ファイルを削除するにはrmコマンドを使います。rmは「remove (削除する)」の略です。その名のとおりrmコマンドは、ファイルやディレクトリを削除するコマンドです。

> **書式** rmコマンド：ファイルやディレクトリを削除する
>
> rm ［オプション］ ファイル名

例えば、次のように実行すると、**newfile**という名前のファイルを削除することができます。

```
$ ls -F
2023/  dir1/  dir2/  file1  file2  newfile
$ rm newfile    ●──（newfileを削除）
$ ls -F
2023/  dir1/  dir2/  file1  file2    ●──（newifleが削除されている）
```

4
ファイル操作の
コマンド

● rmコマンドによるディレクトリの削除 　-rオプション

rmコマンドでは、ファイルだけでなくディレクトリの削除も可能です。ただし、デフォルトではディレクトリの削除を行うことはできません。次のように、dir2というディレクトリを削除しようとするとエラーになります。

```
$ rm dir2
rm: 'dir2' を削除できません: ディレクトリです    ← 削除に失敗する
$ ls -F
2023/  dir1/  dir2/  file1  file2    ← dir2が削除されていない
```

rmコマンドでディレクトリを削除するには、-rオプションが必要です。

```
$ rm -r dir2    ← -rオプションでディレクトリを削除
$ ls -F
2023/  dir1/  file1  file2    ← dir2を削除できている
```

-rは「recursive（再帰的な）」の略です。ディレクトリは、ディレクトリの中にディレクトリがあり、その中にもさらにディレクトリがあり…、というような構造を持ちます。こういったあるものの中にそれ自身が含まれる構造を、再帰的な構造と呼びます。つまり、rmコマンドの-rオプションは「ディレクトリを再帰的に（その中身も）削除する」という意味になります。

-rオプションを使えば、中身が入っているディレクトリも削除できます。-rオプションで削除すると、削除されるディレクトリ内のファイルやディレクトリもまとめて削除されます。

```
$ ls -F 2023
01/    ← 中身が入っている
$ rm -r 2023    ← 2023内の01ディレクトリもまとめて削除
$ ls -F
dir1/  file1  file2    ← 2023ディレクトリが削除されている
```

● 削除前に確認メッセージを表示する 　-iオプション

WindowsやmacOSのパソコンの環境では、削除したファイルは基本的に「ごみ箱（ゴミ箱）」に入るため、もし間違って削除してしまっても復元が可能です。

しかし、rmコマンドで削除したファイルやディレクトリは復元できません。たとえマシンの正常動作に必要不可欠なファイルであっても、rmコマンドを使えば削除することができてしまいます（実際には、パーミッションの仕組みである程度は防げます。➡第5章）。そのため、rmコマンドの扱いには細心の注意が必要です。

rmコマンドで、削除のミスを起こりにくくするためのオプションが-iオプションです。-iオプションを付けることで、削除する前に確認メッセージを表示することができます。例えば次のように実行すると、file2の削除前に確認メッセージが出てきます。

```
$ rm -i file2    ──（-iオプションを指定）
rm: 通常の空ファイル 'file2' を削除しますか?    ──（確認メッセージが表示される）
```

このメッセージが表示されたら、YESの意味の「y」か、NOの意味の「n」のどちらかを入力します。次のように「n」を入力した場合は、削除が行われません。

```
$ rm -i file2
rm: 通常の空ファイル 'file2' を削除しますか? n    ──（「n」を入力）
$ ls -F
dir1/  file1  file2    ──（file2が削除されていない）
```

次のように「y」を入力すると、削除が完了します。

```
$ rm -i file2
rm: 通常の空ファイル 'file2' を削除しますか? y    ──（「y」を入力）
$ ls -F
dir1/  file1    ──（file2が削除されている）
```

-iは「interactive（対話式の）」の略です。確認メッセージを表示して、ユーザーがそれに返答する、というような対話の形式で確認を行ってからファイルやディレクトリを削除します。

注意点として、-iオプションに慣れてしまうと、無意識のうちに「y」を入力するようになってしまい、確認の意味がなくなる可能性があります。-iオプションの有無によらず、rmコマンドを実行する前によく確認するようにしましょう。

4

ファイル操作のコマンド

● rmdir コマンドで空のディレクトリを削除する

rm コマンド以外に、ディレクトリを削除する方法として rmdir コマンドがあります。rmdir コマンドは空のディレクトリを削除するコマンドです。rmdir は「remove directory（ディレクトリを削除する）」の略です。

 書式 rmdir コマンド：空のディレクトリを削除する

> rmdir ［オプション］ ディレクトリ名

例えば、dir1 のような空のディレクトリは、rmdir コマンドで削除できます。

```
$ rmdir dir1 ●──（空のdir1を削除）
$ ls -F
file1 ●──（dir1が削除されている）
```

一方で、中身の入っているディレクトリを rmdir コマンドで削除することはできません。例えば次のように、dir1 内に file1 が入っている場合、dir1 の削除は失敗します。

```
$ mkdir dir1
$ touch dir1/file1 ●──（dir1内にfile1を作成）
$ ls -F
dir1/  file1
$ ls -F dir1
file1 ●──（dir1内にはファイルがある）
$ rmdir dir1 ●──（中身のあるdir1の削除を試みる）
rm: 'dir1' を削除できません: ディレクトリです ●──（削除に失敗）
$ ls -F
dir1/  file1 ●──（dir1は削除されていない）
$ rm dir1/file1 ●──（中身のファイルを削除）
$ rmdir dir1 ●──（今ならrmdirで削除できる）
$ ls -F
file1 ●──（dir1が削除されている）
```

中身が入っているディレクトリを削除するには、rm コマンドを使う必要があります。

● 削除のコマンドの注意点

ファイルやディレクトリの削除のコマンドにおいて、よくある勘違いは「rmコマンドがファイルを削除するコマンドで、rmdirコマンドがディレクトリを削除するコマンドだ」というものです。実際には、ファイルやディレクトリを削除するのは基本的にrmコマンドの役割で、rmdirコマンドは空のディレクトリを削除する用途でしか使わないことに注意してください。

また「rmコマンドがあるにもかかわらず、より機能が制限されたrmdirコマンドもあるのはなぜ?」と疑問に思う方もいるかもしれません。逆説的ですが、rmdirコマンドの魅力は、機能が制限されているがゆえに安心して使うことができるという点にあります。

もし、空のディレクトリだと思って削除したディレクトリの中に、とても大事なファイルが入っていた場合、rmコマンドでは問答無用で削除してしまいますが、rmdirコマンドであればコマンドの実行が失敗するため、うっかり削除する危険がありません。機能が制限されているからこそ、rmdirコマンドのほうがrmコマンドよりも気軽に、安心して使うことができるのです (➡5.1節)。

ノック	4.3 ファイルやディレクトリを削除する

ノック 62 コマンド カレントディレクトリの「newfile」というファイルを削除する

ノック 63 コマンド カレントディレクトリの「newdir」というディレクトリを削除する

ノック 64 コマンド カレントディレクトリの「dir」というディレクトリを削除する (削除前に確認メッセージを表示する)

ノック 65 コマンド カレントディレクトリの「dir」という空のディレクトリを削除する

4.4 ノック 66 ノック 67 catコマンド

ファイルの中身を(連結して)表示する

> **ポイント!**
> ▶ catコマンドはファイルの中身を連結して(concatenate)表示するコマンド
> ▶ 引数に複数ファイルを指定すると連結してファイルの中身を表示する
> ▶ -nオプションで行番号(number)付きでファイルの中身を表示できる
> ▶ 引数を省略すると文字入力モードになり、Ctrl + d で終了(end)できる

　ここまでで、ファイルやディレクトリの作成と削除はできるようになりました。ここからは、ファイルの中身を表示するコマンドについて学んでいきましょう。

　まずはcatコマンドです。catコマンドは、引数に指定したファイルの中身を(連結して)表示するコマンドです。

 書式 catコマンド：ファイルの中身を(連結して)表示する

| cat [オプション] [ファイル名]

　例えば、/etc/crontabというファイルの中身を表示するには、次のように実行します。

```
$ cat /etc/crontab  ●────( /etc/crontabの中身を表示 )
# /etc/crontab: system-wide crontab
# Unlike any other crontab you don't have to run the `crontab'
# command to install the new version when you edit this file
# and files in /etc/cron.d. These files also have username fields,
# that none of the other crontabs do.

SHELL=/bin/sh
(以下略)
```

　復習になりますが、/etc/crontabとは「ルートディレクトリ(/)の中のetcディレクトリの中のcrontabというファイル」という意味の絶対パス(➡2.3節)です。

ちなみに、/etc/crontab というファイルは、定期的に行う作業を自動実行するための設定ファイルです。Linux環境における実務では頻繁に使用するファイルなので、ファイルの役割だけでも覚えておくとよいでしょう。

このように、cat コマンドによってファイルの中身を確認することができますが、一体なぜ「cat」という名前なのでしょうか？ ファイルの表示と猫（cat）はまったく関係ないように思えます。実は、cat コマンドは猫の意味ではなく「concatenate（連結する）」の略で、太字部分だけを抽出したものです。cat コマンドは引数に複数のファイルを指定した場合、それらを「連結して」表示するので、このような名前が付いています。

先ほどの /etc/crontab を、/etc/hostname というファイルと連結して表示してみましょう。まずは /etc/hostname だけを出力してみます。このファイルは、ホスト名（コンピュータの名前）が記載されているファイルです。

```
$ cat /etc/hostname
hiramatsu-VirtualBox
```

これら2つのファイルを連結して表示するには、次のように実行します。

```
$ cat /etc/hostname /etc/crontab    ●――――（/etc/hostnameと/etc/crontabを連結して表示）
hiramatsu-VirtualBox    ●――――（/etc/hostnameの内容）
# /etc/crontab: system-wide crontab    ●――――（以下は/etc/crontabの内容）
# Unlike any other crontab you don't have to run the `crontab'
# command to install the new version when you edit this file
# and files in /etc/cron.d. These files also have username fields,
# that none of the other crontabs do.

SHELL=/bin/sh
（以下略）
```

出力を見てみると、最初の1行の /etc/hostname の内容に加えて、/etc/crontab の内容が連結されています。このように cat コマンドは、引数に指定した複数のファイルを連結して表示します。引数には3つ以上のファイルを指定することも可能で、引数で指定した順番に上から連結されて表示されます。

● 行番号付きで表示する　　　　　　　　　`-nオプション`

catコマンドでよく使うオプションに、-nオプションがあります。-nオプション
は、行番号付きでファイルの中身を表示するためのオプションです。次のように実
行すると、行番号付きで/etc/crontabを表示してくれます。

```
$ cat -n /etc/crontab
     1  # /etc/crontab: system-wide crontab
     2  # Unlike any other crontab you don't have to run the `crontab'
     3  # command to install the new version when you edit this file
     4  # and files in /etc/cron.d. These files also have username fields,
     5  # that none of the other crontabs do.
     6
     7  SHELL=/bin/sh
（以下略）           行番号が付いている
```

-nは「number（番号）」の略です。行「番号」から来ています。他の人にファ
イルの修正を依頼するときなど、行番号で指示できると便利ですし、フィルタ（➡
第8章）としてパイプライン（➡第7章）で他のコマンドと組み合わせれば、さま
ざまな応用も可能です。

● catコマンドの引数の省略

引数を省略してcatコマンドを実行することも可能です。引数を指定せずに実
行すると、次のように、文字入力を受け付けるモードになります。

```
$ cat      引数を省略して実行
           文字を入力するとここに表示される
```

ここで、なんらかの文字列を入力してEnterキーを押すと、入力した文字列が
そのまま表示されます。また、文字入力モードを終了するにはCtrl＋dを押し
ます。そうすると、通常のシェルに戻ります。
Ctrl＋dは、「end（終了）のd」と覚えておきましょう。

```
$ cat
Hello World  ●────(Hello Worldと入力してEnterを押すと、)
Hello World  ●────(Hello Worldと表示される)
$            ●────(Ctrl + dで文字入力モードが終了してプロンプトが表示される)
```

　この機能はリダイレクト（➡7.2節）と組み合わせて使うことで、簡単なファイルの編集を高速に行うことが可能になります（➡8.4節）。ちょっとした編集であれば、Vim（➡第6章）などのテキストエディタを起動するよりも、作業を早く完了できるので便利です。

　この説明だけではまだわからないと思いますが、8.4節まで読めば使いどころが理解できるはずですので、現時点ではこんな機能があるんだな、くらいの理解でOKです。

| コラム | **cat コマンドの連結機能** |

　cat コマンドの連結機能は、データの集計を行う場面などで役立ちます。例えばある会社では、サーバーのログを1か月単位でまとめて、ファイルに記録しているとします。このような場面で、四半期のログデータをまとめて集計したくなった場合、3つのログファイル（3か月分）を結合して、集計をする必要があります。このような場合、cat コマンドの引数に、3つのファイルを指定して結合すれば、簡単にデータをまとめることができます。連結機能があることで、別ファイルに分かれたデータをまとめやすくなるのです。

4 ファイル操作のコマンド

| ノック | **4.4　ファイルの中身を（連結して）表示する** |

ノック 66　コマンド 「/etc/crontab」というファイルを表示する

ノック 67　コマンド 「/etc/crontab」というファイルを行番号付きで表示する

4.5 ノック 68 ノック 69　head・tail コマンド

ファイルの一部だけを表示する

cat コマンドでは、ファイルの中身をすべて表示することができますが、ファイルの一部だけを確認できれば十分なケースもあります。その際に使えるのが、head コマンドと tail コマンドです。これらのコマンドはそれぞれ、ファイルの先頭 (head) と末尾 (tail) だけを表示するためのコマンドです。

 書式　head コマンド：ファイルの先頭だけを表示する

```
head ［オプション］［ファイル名］
```

 書式　tail コマンド：ファイルの末尾だけを表示する

```
tail ［オプション］［ファイル名］
```

例えば次のように実行すると、/etc/crontab の先頭の3行、末尾の3行だけを表示することができます。

```
$ head -n3 /etc/crontab  ←（先頭3行だけ表示）
# /etc/crontab: system-wide crontab
# Unlike any other crontab you don't have to run the `crontab'
# command to install the new version when you edit this file
$ tail -n3 /etc/crontab  ←（末尾3行だけ表示）
47 6   * * 7   root    test -x /usr/sbin/anacron || ( cd / && run-parts⏎
 --report /etc/cron.weekly )
52 r6   1 * *   root    test -x /usr/sbin/anacron || ( cd / && run-parts⏎
```

4　ファイル操作のコマンド

```
  --report /etc/cron.monthly )
 #
```

どちらのコマンドも、-nオプションの引数に整数値を渡すことで、先頭・末尾の何行を表示するかを指定することができます。-nは「number」の略です。-nオプションを指定しなかった場合は、先頭・末尾の10行だけが表示されます。

ファイルの先頭や末尾だけ見れれば十分な場合には、cat コマンドの代わりに、head・tail コマンドを使うようにしましょう。

● **ファイルの監視を行う**　　　　　　　　　　　　　　　　　`tail -f`

tail コマンドの-fオプションを使えば、ファイルの監視を行うことも可能です。-fは「follow（追いかける）」の略です。ファイルの変更を追いかける、ということから、ファイルの監視の機能になっています。

例えば次のように実行すると、**/var/log/syslog**というファイルの変更を監視することができます。

```
$ tail -f /var/log/syslog  ←（/var/log/syslogの末尾を監視）
Oct 23 12:08:18 hiramatsu-VirtualBox gnome-shell[1753]: Window manager➡
 warning: Overwriting existing binding of keysym 36 with keysym 36 (ke➡
ycode f).
Oct 23 12:08:18 hiramatsu-VirtualBox gnome-shell[1753]: Window manager➡
 warning: Overwriting existing binding of keysym 37 with keysym 37 (ke➡
ycode 10).
（中略）
Oct 23 12:08:20 hiramatsu-VirtualBox gnome-shell[1753]: DING: GNOME na➡
utilus 42.2
Oct 23 12:08:28 hiramatsu-VirtualBox nautilus[16845]: Could not delete➡
 '.meta.isrunning': そのようなファイルやディレクトリはありません
^C  ←（Ctrl+cを入力すると監視終了）
$
```

tail コマンドに-fオプションを付けて実行すると、実行時点での末尾10行が表示されるだけでなく、そのファイルを監視するモードに入り、コマンド実行後に末尾に追加された行を出力します。**/var/log/syslog**というファイルは、Ubuntu環境におけるシステムのログを記録するファイルで、端末を新たに立ち上げるなど、なんらかの操作を行うとログが末尾に追加されていきます。

-fオプションによるファイルの監視を終了するには、Ctrl＋cを入力します。
すると「^C」という文字が表示され、監視モードが終了してプロンプトが表示されます。Ctrl＋cは、キーボードからの割り込みの意味を持つシグナル（➡9.8節）なので、監視が終了して、キーボードからコマンドラインに入力できるようになります。

-fオプションは、ログファイルの監視によく使われます。通常、ログファイルは、新たなログがファイルの末尾に追加されていくので、tail コマンドと相性がよいのです。

コラム	head・tail コマンドをフィルタとして使う

head コマンドと tail コマンドは、フィルタ（➡8.1節）として使うことで、別のコマンドの出力結果の一部だけを表示することもできます。例えば、次のように実行すると、「ls /」の出力結果の先頭の3行、末尾の3行だけを表示することができます。

```
$ ls / | head -n3    ●──(「ls /」の先頭3行だけ表示)
bin
boot
cdrom
$ ls / | tail -n3    ●──(「ls /」の末尾3行だけ表示)
tmp
usr
var
```

現時点では、上のコマンドを理解できないと思いますが、第7章と第8章で詳しく解説するので、頭の片隅に置いておいてください。

ノック	4.5　ファイルの一部だけを表示する

ノック 68 コマンド 「/etc/crontab」というファイルの先頭5行だけを表示する

ノック 69 コマンド 「/var/log/syslog」というファイルの末尾を監視する

4

ファイル操作の
コマンド

4.6

ノック 70 **ノック 71** **ノック 72** **ノック 73**

less コマンド

スクロール表示する

ポイント！

- ► less コマンドはスクロール表示のためのコマンド
- ► スクロール表示中にキーを入力することでさまざまな操作が可能
- ► more コマンドの改良版なので、more の逆で less という名前になっている
- ► less コマンドにはファイル内から文字列を検索する機能もある

ファイルの中身を表示するときに、cat コマンドでは不便なことがあります。例えば、行数の多いファイルを cat コマンドで表示すると、キーボードで上下にスクロールすることができません。端末の設定によっては、マウスで画面をスクロールすることも可能なのですが、行数の多いファイルを表示する場合には、less コマンドを使うとさらに便利です。

less コマンドは、ファイルをスクロール表示するコマンドです。

 書式 less コマンド：ファイルの中身をスクロール表示する

```
less ［オプション］ ファイル名
```

例えば、ホームディレクトリの .bashrc（➡ 10.7 節）という行数の多いファイルをスクロール表示してみましょう。

```
$ cd    ←─（カレントディレクトリをホームディレクトリに変更）
$ less .bashrc  ←─（.bashrcをスクロール表示）
```

このように実行すると、**図 4.1** のように .bashrc がスクロール表示されます。

```
# ~/.bashrc: executed by bash(1) for non-login shells.
# see /usr/share/doc/bash/examples/startup-files (in the package bash-doc)
# for examples

# If not running interactively, don't do anything
case $- in
    *i*) ;;
      *) return;;
esac

# don't put duplicate lines or lines starting with space in the history.
# See bash(1) for more options
HISTCONTROL=ignoreboth

# append to the history file, don't overwrite it
shopt -s histappend

# for setting history length see HISTSIZE and HISTFILESIZE in bash(1)
HISTSIZE=1000
```

| 図4.1 | less コマンドで .bashrc を表示

less コマンドによるスクロール表示なら、マウスを使わずにキー入力で画面を上下にスクロールできます。スクロール表示中には、キーボード操作で次の**表4.1**に挙げているような操作を行うことができます。

| 表4.1 | less コマンドで可能な操作

操作	内容	由来・覚え方
スペースキー、f	1画面下に移動	ブラウザと同様、forward (前方)
b	1画面上に移動	backward (後方)
j、Enter キー	1行下に移動	hjklが←↓↑→に対応
k	1行上に移動	hjklが←↓↑→に対応
q	スクロール表示を終了	quit (終了する)
h	ヘルプを表示	help

man コマンド (➡ 3.9節) のところでも少し説明しましたが、man コマンドを実行すると暗黙的に less コマンドが実行され、マニュアルがスクロール表示されます。このため、man コマンドによるマニュアルの表示中にも**表4.1**に挙げている操作が可能です。

まずは最低限、1画面下に移動するスペースキー、1画面上に移動するbキー、終了するqキーの3つを覚えましょう。jとkのキーで上下に移動することができるのは、Vim (➡第6章) において、キーボードのhjklの並びが、矢印キーの

←↓↑→に対応していることを知っておくと覚えやすくなります。

　また、ヘルプを表示するhキーも覚えておくと便利でしょう。スクロール表示中にhキーを押すと、lessコマンドのスクロール表示中の操作方法を調べることができます（**図4.2**）。ヘルプの表示を終了するには、qキーを入力します。

```
                    SUMMARY OF LESS COMMANDS

    Commands marked with * may be preceded by a number, N.
    Notes in parentheses indicate the behavior if N is given.
    A key preceded by a caret indicates the Ctrl key; thus ^K is ctrl-K.

h  H                        Display this help.
q  :q  Q  :Q  ZZ            Exit.
-------------------------------------------------------------------

                          MOVING

e  ^E  j  ^N  CR     *  Forward  one line    (or N lines).
y  ^Y  k  ^K  ^P     *  Backward one line    (or N lines).
f  ^F  ^V  SPACE     *  Forward  one window  (or N lines).
b  ^B  ESC-v         *  Backward one window  (or N lines).
z                   *  Forward  one window  (and set window to N).
w                   *  Backward one window  (and set window to N).
HELP -- Press RETURN for more, or q when done
```

| 図4.2 | lessコマンドのヘルプ（スクロール表示）

　極端な話、hキーさえ覚えておけば、その都度操作を調べることも可能です。しかし毎回調べるのは手間ですし、lessコマンドは頻繁に使うコマンドなので、**表4.1**に挙げたような基本のキー操作は覚えてしまうのがおすすめです。

　ちなみに、なぜスクロール表示をするコマンドの名前が「less」なのかというと、これはコマンドの歴史が関係しています。lessコマンドは、moreコマンドという、スクロール表示するためのコマンドを改良して作られました。とりあえず1画面分だけ表示してからスクロールすれば、もっと多く（more）の部分を見ることができるので、このような名前が付いています。そして、moreコマンドを改良したコマンドを、moreの逆ということでlessと名付けました（少し奇妙ですね）。現在では、moreコマンドが使われることはほとんどないものの、lessコマンドの名前の由来を理解するのに役立つコマンドになっています。

● lessコマンドの検索機能

　lessコマンドは、キーボードによるスクロール表示以外にも、catコマンドにはないメリットがあります。それは、ファイル内での文字列の検索機能です。less

コマンドでのスクロール表示中に、「/文字列」と入力すると、ファイル内から指定した文字列を検索できます。

　例えば、.bashrcの表示中に「/bash」と入力してEnterキーを押すと、「bash」という文字列がある箇所が反転表示されます（**図4.3・上**）。それと同時に、該当箇所が一番上の行に表示されるようになります。続けてnキーを押すと、次の検索結果の行に移動します（**図4.3・下**）。

| 図4.3 | less コマンドの検索機能と移動

less コマンドでの検索機能の利用時の操作をまとめると、**表4.2**のようになります。

| 表4.2 | less コマンドの検索操作

操作	内容	由来・覚え方
/文字列	指定した文字列を検索	Gmailなどと同様
n	次の検索結果に移動	next（次）
Shift + n	前の検索結果に移動	Shiftは逆操作を表すことが多い

Shiftキーは逆操作の意味になることが多いキーです。なので、前の検索結果に移動するには、n（next）キーの逆ということで、Shift + nというキー操作になっています。

スクロール表示が必要なほど行数の多いファイルになると、目当ての箇所を見つけ出すのも大変です。その点 less コマンドは、検索機能で必要な箇所を素早く見つけることができるので便利です。

コラム　コマンドの出力をスクロール表示する

パイプライン（➡7.4節）を使えば、コマンドの出力を、less コマンドでスクロール表示することも可能です。例えば、「ls -l /etc」の出力をスクロール表示するには、次のように実行します。

```
$ ls -l /etc | less
```

/etcディレクトリの中には、非常に多くのファイルが入っているため、「ls -l /etc」と実行すると、端末に大量のファイルが表示され、かなり見づらい出力になります。そこで、上のように実行して、コマンドの出力をスクロール表示すると、とても見やすくなり便利です。その上、less コマンドでスクロール表示すれば、検索機能などの、less コマンドの機能も使えるようになるので、「lsコマンドの出力から、特定の文字列を検索する」というようなことも可能になります。パイプラインについては、7.4節で詳しく解説するので、現時点ではこのような使い方もできるということだけ、知っておいてください。

4

ファイル操作のコマンド

ノック **4.6 スクロール表示する**

ノック 70 コマンド カレントディレクトリの「.bashrc」というファイルをスクロール表示する

ノック 71 lessコマンドのスクロール表示中に、以下の操作を行うためのキーはそれぞれ何か？
- 1画面下に移動
- 1画面上に移動

ノック 72 lessコマンドのスクロール表示中に、以下の操作を行うためのキーはそれぞれ何か？
- 1行下に移動
- 1行上に移動

ノック 73 lessコマンドのスクロール表示中に、以下の操作を行うためのキーはそれぞれ何か？
- スクロール表示を終了
- ヘルプを表示

ノック 74 lessコマンドの実行中に、以下の操作を行うためのコマンドはそれぞれ何か？
- 指定した文字列を検索
- 次の検索結果に移動
- 前の検索結果に移動

4

ファイル操作のコマンド

ファイルやディレクトリをコピーする

- ▷ cpコマンドはファイルやディレクトリをコピー（copy）するコマンド
- ▷ コピー先に存在しない名前を指定すると、コピー元に指定したファイルやディレクトリをその名前でコピーする
- ▷ コピー先に既存のディレクトリを指定すると、そのディレクトリ内にコピーする
- ▷ この場合、コピー元には複数のファイルやディレクトリを指定できる
- ▷ -i オプションで上書きコピー前に確認メッセージを対話式（interactive）で表示できる
- ▷ -r オプションでディレクトリも再帰的（recursive）にコピーできる

続いて、cpコマンドについて見ていきましょう。cpコマンドは、ファイルやディレクトリをコピーするコマンドです。cpは「copy（コピー）」の略です。

書式 cpコマンド：ファイルやディレクトリをコピーする

> cp ［オプション］ コピー元のファイル名／ディレクトリ名　コピー先のファイル名／ディレクトリ名

注目すべきは、cpコマンドに渡すべき引数としてコピー元とコピー先の2つがあることです。コピー元に指定したファイルやディレクトリを複製しますが、コピー先に何を指定するかで少し振る舞いが変わります。

● コピー先に存在しない名前を指定した場合

コピー先に存在しない名前を指定すると、コピー元に指定したファイルやディレクトリをその名前でコピーします。

例えば次のように実行すると、/etc/hostname というファイルを、cpfile という名前でカレントディレクトリにコピーすることができます。

4

ファイル操作のコマンド

```
$ cd work
$ pwd
/home/hiramatsu/work
$ cp /etc/hostname cpfile  ● ──(/etc/hostnameをcpfileという名前でコピー)
$ ls -F
cpfile  file1  ● ──(cpfileが生成されている)
$ cat cpfile
hiramatsu-VirtualBox  ● ──(/etc/hostnameと同じ内容(➡4.4節))
```

cpfileの中身をcatコマンドで確認すると、/etc/hostnameと同じであることから、コピーされていることがわかります。

● コピー先にディレクトリを指定した場合

cpコマンドのコピー先の引数にディレクトリを指定することも可能です。その場合、コピー元の引数のファイルやディレクトリを、コピー先の引数で指定されたディレクトリの中にコピーします。例えば次のように実行すると、cpfileをdir1というディレクトリの中にコピーすることができます。

```
$ mkdir dir1
$ cp cpfile dir1  ● ──(cpfileをdir1内にコピー)
$ ls -F dir1  ● ──(dir1の中身を表示)
cpfile
$ cat dir1/cpfile
hiramatsu-VirtualBox
```

この場合は、コピー元の引数にファイルやディレクトリを、次のように複数指定することも可能です。

```
$ touch file2
$ mkdir dir2
$ ls -F
cpfile  dir1/  dir2/  file1  file2
$ cp file1 file2 dir2  ● ──(file1とfile2をdir2内にコピー)
$ ls -F dir2  ● ──(dir2の中身を表示)
file1  file2
```

● 上書きコピー前に確認メッセージを表示する　　−iオプション

cpコマンドでファイルをコピーする際に、コピー先の引数に既存のファイル名が指定されていた場合、確認なしに上書きコピーされてしまいます。意図しない上書きコピーを防ぐために、コピーを実行する前に確認メッセージを表示できると便利です。そのためのオプションが、−iオプションです。

−iオプションは、上書きコピー前に確認メッセージを表示してくれるオプションで、rmコマンドの−iオプションと基本的に同じように働きます。−iは、「interactive（対話式の）」の略で、YESの「y」かNOの「n」を入力して、上書きするかを対話的に選択できます。

次のように、既存のファイルをコピー先に指定した場合、上書きコピー前に確認メッセージを表示してくれるようになります。

```
$ cp -i /etc/crontab file1
cp: 'file1' を上書きしますか?  ●────（「y」の入力で上書き、「n」の入力で中止（「n」と回答））
```

● ディレクトリをコピーする　　−rオプション

ここまでは、cpコマンドでファイルのコピーをしてきましたが、ディレクトリをコピーすることもできます。コピー元には既存のディレクトリ名、コピー先には存在しないディレクトリ名を指定することでディレクトリもコピーできます。ただし、cpコマンドの引数にディレクトリ名を指定するだけでは、次のようにエラーになってしまいます。

```
$ cp dir1 dir3  ●────（そのままではディレクトリをコピーできない）
cp: -r not specified; omitting directory 'dir1'
```

ディレクトリをコピーするには、−rオプションを付ける必要があります。−rは「recursive（再帰的な）」の略で、rmコマンドで見たのと同じく「ディレクトリを再帰的に（その中身も）コピーする」という意味です。

```
$ cp -r dir1 dir3  ●────（-rオプションでディレクトリをコピー）
$ ls -F
cpfile  dir1/  dir2/  dir3/  file1  file2  ●────（dir3が生成されている）
$ ls -F dir1
```

4

```
cpfile
$ ls -F dir3
cpfile
```
　　　　　　　──（dir1と中身が同じ（つまり、コピーされている））

　-r オプションを付けると、コピー元に指定した **dir1** というディレクトリを、コピー先に指定した **dir3** という名前でコピーできるようになります。ディレクトリを削除（**rm**）およびコピー（**cp**）するときは、**-r** オプションを忘れないようにしましょう。

　また、ディレクトリをコピーするときの注意点として、コピー先に存在するディレクトリ名を指定すると、そのディレクトリの中にコピーするという振る舞いになります。これは、先ほどファイルのコピーで見たのと同じです。

```
$ cp -r dir1 dir2
```
　　　　　　　　　──（dir2は既存のディレクトリ）
```
$ ls -F
cpfile  dir1/  dir2/  dir3/  file1  file2
```
　　　　　　　　　　　　　　　　　　　　──（何も増えていない）
```
$ ls -F dir2
dir1/  file1  file2
```
　　　　　　　　　　　──（dir2内にdir1がコピーされている）

4

ファイル操作の
コマンド

| ノック | **4.7**　ファイルやディレクトリをコピーする |

> **ノック 75**　コマンド　カレントディレクトリで「file」というファイルを「cpfile」という名前でコピーする

> **ノック 76**　コマンド　カレントディレクトリで「file1」「file2」という2つのファイルを「dir1」ディレクトリ内にコピーする

> **ノック 77**　コマンド　カレントディレクトリで「dir1」というディレクトリを「dir2」という名前でコピーする

ファイルやディレクトリを移動・改名する

> **ポイント!**
>
> ▶ mvコマンドはファイルやディレクトリの移動 (move) や名前の変更をするコマンド
>
> ▶ 移動先の引数に既存のディレクトリを指定すると、移動の機能になる
>
> ▶ 移動先の引数に存在しない名前を指定すると、名前の変更の機能になる
>
> ▶ -i オプションで上書き前に確認メッセージを対話式 (interactive) で表示できる
>
> ▶ mvコマンドにおいてはディレクトリを操作する際にも -r オプションは不要

続いて、mvコマンドについて学んでいきましょう。mvコマンドはファイルやディレクトリを移動したり、名前を変更したりするコマンドです。mvは「move (動かす)」の略です。

> **書式** mv コマンド：ファイルやディレクトリを移動・改名する
>
> mv ［オプション］ 移動元のファイル名／ディレクトリ名　移動先のファイル名／ディレクトリ名

cpコマンドと同様に、引数には移動元と移動先の2つを指定する必要があり、移動先に指定した名前が存在するかどうかで、振る舞いが変わります。

● ファイルやディレクトリの移動

まずは移動の機能から見ていきましょう。移動先に既存のディレクトリの名前を指定すると、そのディレクトリに移動元に指定したファイルやディレクトリを移動できます。例えば次のように実行すると、cpfileというファイルをdir2という既存のディレクトリ内に移動します。

```
$ ls -F
cpfile  dir1/  dir2/  dir3/  file1  file2
$ ls -F dir2
dir1/  file1  file2
$ mv cpfile dir2  ●────[cpfileをdir2内に移動]
$ ls -F
dir1/  dir2/  dir3/  file1  file2  ●────[cpfileがなくなっている]
$ ls -F dir2
cpfile  dir1/  file1  file2  ●────[dir2内にcpfileが移動している]
```

この場合、移動元に複数のファイルやディレクトリを指定して、移動先に指定したディレクトリにまとめて移すことも可能です。

```
$ ls -F dir1
cpfile
$ mv file1 file2 dir1  ●────[file1とfile2をdir1内に移動]
$ ls -F
dir1/  dir2/  dir3/  ●────[file1とfile2がなくなっている]
$ ls -F dir1
cpfile  file1  file2  ●────[dir1内にfile1とfile2が移動している]
```

4

ファイル操作のコマンド

● 上書き前に確認メッセージを表示する ［-iオプション］

移動先に指定したディレクトリに同名のファイルがあった場合、確認なしに上書きされてしまうので注意が必要です。rmコマンドやcpコマンドと同様に-iオプションを付けると、上書き前に確認メッセージを表示してくれます。

```
$ touch file1 file2
$ ls -F
dir1/  dir2/  dir3/  file1  file2
$ mv -i file1 file2 dir1  ●────[file1とfile2がすでに存在するdir1へファイルを移動]
mv: 'dir1/file1' を上書きしますか? n  ●────[確認メッセージが表示される（「n」と回答）]
mv: 'dir1/file2' を上書きしますか? n  ●────[file2についても確認される（「n」と回答）]
```

● 名前の変更

また、mvコマンドは移動の機能だけでなく、ファイルやディレクトリの名前を変更する機能もあります。移動先に存在しない名前を指定すると、ファイルやディ

レクトリの名前を指定したものに変更できます。例えば次のように実行すると、カレントディレクトリの**file2**というファイルを、**renamedfile**という名前に変更します。

```
$ mv file2 renamedfile ●──(移動先にまだ存在しない名前を指定)
$ ls -F
dir1/  dir2/  dir3/  file1  renamedfile ●──(名前が変わっている)
```

同様に、ディレクトリの名前も変更することもできます。**dir1**ディレクトリを**renameddir**という名前に変更するには、次のように実行します。

```
$ mv dir3 renameddir ●──(移動先にまだ存在しない名前を指定)
$ ls -F
dir1/  dir2/  file1  renamedfile  renameddir/ ●──(dir3がrenameddirになった)
```

注意点としては、**mv**コマンドは、ディレクトリの移動や名前の変更の際に**-r**オプションを付ける必要がないということです。**rm**コマンドや**cp**コマンドとは違って、デフォルトのままでディレクトリもファイルも同様に操作できます。

また、移動先に既存のファイル名を指定した場合には、元のファイルの内容が上書きされて消えてしまう点にも注意が必要です。**-i**オプションを付けたり、慎重に引数を指定したりすることで、ミスが起こらないようにしましょう。

4
ファイル操作のコマンド

ノック	4.8 ファイルやディレクトリを移動・改名する

ノック 78 　**コマンド** カレントディレクトリで「file1」「file2」という2つのファイルを「dir1」という名前のディレクトリに移動する

ノック 79 　**コマンド** カレントディレクトリで「file1」というファイルを「file2」という名前に変更する

4.9

ノック 80 ～ ノック 84　チルダ展開・パス名展開・ブレース展開

楽に引数を指定する方法

ポイント!

▶ チルダ展開とは、コマンドラインにおいて「~（チルダ）」が現在ログインしているユーザーのホームディレクトリの絶対パスに変換される機能
▶ パス名展開とは、*や?のようなパターンでパスを指定することで、既存のファイル／ディレクトリをまとめて複数指定することのできる機能
▶ ブレース展開とは、中かっこ（brace）で複数の文字列を生成することのできる機能

　ここまでファイル操作のコマンドについて、いくつか学んできましたが、基本的にどのコマンドでも引数を指定する必要がありました。複数のファイルやディレクトリを指定するなどで、引数が多くなってくると、引数を指定するのも大変になってきます。そこで、コマンドラインで引数の指定を楽にする方法（チルダ展開・パス名展開・ブレース展開）について学んでおきましょう。

4
ファイル操作の
コマンド

● ホームディレクトリの簡単な表現　　　　　　　　　チルダ展開

　最初は、ホームディレクトリを指定するときに便利な機能であるチルダ展開です。コマンドライン上で「~（チルダ）」を入力すると、「~」がホームディレクトリの絶対パスに置き換わります。次のように、echoコマンドを実行して確認してみましょう。

```
$ echo ~
/home/hiramatsu  ●──「~」ではなく、ホームディレクトリの絶対パスになっている
```

　echoコマンドは、引数に指定した値をそのまま出力するコマンドでした。上のように実行すると「~」が出力されそうなのですが、実際には/home/hiramatsuという、現在ログインしているユーザーのホームディレクトリの絶対パスが出力されています。これはチルダ展開によって、コマンドライン上の「~」が、ホームディ

レクトリの絶対パスに展開されているからです。

　チルダ展開を利用すれば、ホームディレクトリ以下のファイルやディレクトリの絶対パスを短く書けるようになります。例えば、ホームディレクトリにある`work`ディレクトリを指定するには、「`~/work`」と入力するだけです。

```
$ cd /          ←──(ルートディレクトリにカレントディレクトリを移動)
$ pwd
/
$ cd ~/work      ←──(/home/hiramatsu/workをチルダ展開で引数に指定)
$ pwd
/home/hiramatsu/work
```

　「`~`」の他にも、コマンドライン上で特定の意味を持つ記号がいくつかあり、それらの記号を活用すれば、コマンドラインの入力をもっと簡単に行えるようになります。チルダ展開の他に、あと2つほど見ていきましょう。

● ファイルをパターンでまとめて指定する　　パス名展開

　続いては、パス名展開です。パス名展開とは、パターンを表す記号を使うことで、複数ファイルをまとめて指定する機能です。パス名展開でまず覚えるべき記号としては、**表4.3**のようなものがあります。

表4.3 | パス名展開で使う記号

記号	意味
*	任意の文字列
?	任意の1文字

　現在カレントディレクトリには、以下のファイルやディレクトリが入っています。

```
$ ls -F
dir1/  dir2/  file1  renamedfile  renameddir/
```

　例えば次のように書くと、カレントディレクトリ内にある、`renamed`で始まるファイルやディレクトリをまとめて指定することができます。

```
$ echo renamed*    ←──(パス名展開を使って相対パスで指定)
```

```
renamedfile renameddir
```

　「*」はコマンドライン上では「任意の文字列」を表す記号です。つまり、「renamed*」のように相対パスで指定すれば、「カレントディレクトリ内にあるrenamedから始まる名前のファイルやディレクトリ」の意味になります。そのため、renamedfileとrenameddirがechoコマンドの引数に指定されることになります。

　「*」以外にも「?」でパターンを指定する方法もあります。「?」はコマンドライン上で「任意の1文字」を表す記号です。したがって次のように書くと、カレントディレクトリ内にある「dir＋任意の1文字」という名前のファイルやディレクトリを、まとめて指定できます。

```
$ echo dir?  ←─（パス名展開を使って相対パスで指定）
dir1 dir2
```

　「dir?」と指定すると、「カレントディレクトリ内にあるdirから始まる4文字の名前のファイルやディレクトリ」という意味になります。このようにパターンで名前を記述して、複数のファイルやディレクトリを指定する機能がパス名展開です。

　パス名展開を活用すれば、複数のファイルやディレクトリを一括で操作することもできます。例えば次のように実行すると、「dir」から始まる4文字の名前のファイルやディレクトリを、まとめて削除できます。

```
$ rm -r dir?  ←─（dir?はdir1とdir2を指定していることになる）
$ ls -F
file1  renamedfile  renameddir/  ←─（dir1とdir2が削除されている）
```

　また、次のように実行することで、「renamed」から始まる名前のファイルやディレクトリをまとめて削除できます。

```
$ rm -r renamed*  ←─（renamedfileとrenameddirを指定していることになる）
$ ls -F
file1  ←─（renamedfileとrenameddirが削除されている）
```

　ここで注目したいのは、rmコマンドの-rオプションを付けて実行してみると、renamedfileという「ファイル」も削除されていることです。-rオプションを付けると、ファイルもディレクトリも削除できるようになります。

Linuxコマンド全般に言えることですが、疑問に思ったことがあったら、まず実際にシェルで実行して検証してみる癖をつけましょう。自分で検証して発見した知識はあなたの血肉になります。

パス名展開の最後に、理解度チェックのクイズに取り組んでみましょう。

/usr/binディレクトリの中から、「ssh」という文字列から始まるファイルやディレクトリだけを表示するには、どのように書けばよいでしょうか？ ただし、カレントディレクトリは ~/work とします。

一度ご自身で考えてみてから、この下を読むようにしてください。

いかがでしょうか？ 正解は次のようになります。

```
$ ls /usr/bin/ssh*
/usr/bin/ssh            /usr/bin/ssh-agent   /usr/bin/ssh-copy-id
/usr/bin/ssh-keyscan    /usr/bin/ssh-add     /usr/bin/ssh-argv0
/usr/bin/ssh-keygen
```

もし間違えてしまった方は、本節の内容と絶対パス・相対パス（➡ 2.3節）についてもう一度復習してみましょう。

● 複数の文字列を生成する　　　　　　　ブレース展開

最後に見ていくのは、ブレース展開です。ブレース（brace）とは、中かっこ（{ }）の意味です。その名のとおり、ブレース展開とは、{ }を使うことで複数の文字列を生成する機能です。

中かっこ内に記入する記号としては、**表4.4**のようなものがあります。

| 表4.4 | ブレース展開で使う記号

記号	意味
,	複数の要素を指定
..	範囲を指定

ブレース展開は、一部が共通する複数の文字列を生成するときに役立ちます。例えば、file1、file2、file3、file4、file5という5つのファイル名を指定する場合、引数に5つの名前を指定するのは大変ですが、ブレース展開を使うと簡単に指定できます。

```
$ echo file{1..5}
file1 file2 file3 file4 file5
```
数値の範囲指定（1〜5）
5つの文字列が生成されている

範囲指定（..）は、アルファベットに対しても使用できます。ただし、数値やア
ルファベットのような、決まりきった順序があるものにだけ使用できます。

```
$ echo file{A..D}
fileA fileB fileC fileD
```
アルファベットの範囲指定も可能（A〜D）

次のように、複数の要素をカンマ（,）で連続して指定することもできます。

```
$ echo file{1,5,A}
file1 file5 fileA
```
カンマ（,）で複数要素を指定できる

ブレース展開とパス名展開の違いがわかりづらいかもしれませんが、次のよう
にまとめることができます。

- **パス名展開** …… 既存のファイルやディレクトリの文字列だけを展開
- **ブレース展開** …… 既存かどうかは関係なく、指定した文字列を展開

以下の実行結果が理解できれば、パス名展開とブレース展開の違いは理解でき
ているでしょう。もし理解できない行があれば、本節を読み返してみてください。

```
$ ls
file1
$ touch file{2..10}
$ ls
file1  file10  file2  file3  file4  file5  file6  file7  file8  file9
$ echo file?
file1  file2  file3  file4  file5  file6  file7  file8  file9
$ rm file{4..9}
$ ls
file1  file10  file2  file3
$ echo file??
file10
$ rm file*
$ ls
$
```
何も表示されない

　コマンドライン上で特別な意味を持つ記号としては、このほかにも history コマンドの通し番号を指定する「!」（➡ 83ページ）や、変数の意味になる「$」（➡ 10.4節）などもあります。いくつかの文字に意味を持たせることで、さまざまな機能を簡単に使えるようになっているのです。

ノック　**4.9　楽に引数を指定する方法**

ノック 80　[コマンド] カレントディレクトリをホームディレクトリ内にある「work」というディレクトリに変更する

ノック 81　[コマンド] /usr/bin ディレクトリ内の ssh から始まるファイルやディレクトリを一覧表示する

ノック 82　[コマンド] /bin ディレクトリ内の ba から始まる4文字のファイルを一覧表示する

ノック 83　[コマンド] ホームディレクトリに「2023」というディレクトリを作成し、その中に「1」～「12」という12個のディレクトリを作成する。ただし、コマンドは1回しか実行できないものとする

ノック 84　[コマンド] ホームディレクトリに「fileA」「FileA」「FILEA」という3つのファイルを作成する

4

ファイル操作の
コマンド

「~」「*」「{ }」などの文字を展開させずに使う

> **ポイント！**
>
> ▶ そのままでは展開されてしまう特殊な文字を、単なる文字列として扱えるようにすることをエスケープと言う
> ▶ エスケープには「\」「' '」「" "」の記号を用いる
> ▶ 「" "」では「!」「$」「`」の3つの文字は展開される

前節で見たように、「~」「*」「{ }」などの記号は、コマンドライン上で特別な意味を持ちますが、これらの記号を普通の文字列として利用したい場合はどうすればよいのでしょうか？ 例えば、「~」という文字列をechoコマンドで出力しようとして、次のように実行すると、チルダ展開されてしまいます。

```
$ echo ~
/home/hiramatsu ●───（「~」ではなくホームディレクトリの絶対パスになっている）
```

「~」のような特別な意味を持つ文字を、単なる文字列として使えるようにすることをエスケープ（escape）と言います。エスケープには、**表4.5**のような記号を使います。

| 表4.5 | エスケープで使う記号

記号	意味
\	このあとの1文字を展開しない
' '	この中のすべての文字を展開しない
" "	この中の「!」「$」「`」以外の文字を展開しない

 注意　「\（バックスラッシュ）」は、環境によっては「¥（円記号）」で表示されることがありますが、どちらも同じ意味です。

これらの記号を使って実行してみると、「~」がチルダ展開されずに、そのまま

表示されるようになります。

```
$ echo \~
~
$ echo '~'
~
$ echo "~"
~
```

1文字だけエスケープしたいなら「\」、まとめてエスケープしたいなら「' '」か「" "」を使用する、というような使い分けが基本になるでしょう❶。ただし、「" "」では「!」「$」「`」の3つの文字は展開されるので注意が必要です。

```
$ echo ログインシェルは\$SHELLです
ログインシェルは$SHELLです
$ echo 'ログインシェルは$SHELLです'
ログインシェルは$SHELLです
$ echo "ログインシェルは$SHELLです"
ログインシェルは/bin/bashです  ←──（展開されて$がシェル変数の参照の意味になっている）
```

3つ目のコマンドラインだけ、違う結果になっていますが、これは「$」という記号が展開されて、「$SHELL」の部分がシェル変数の参照の意味になっているためです（➡ 3.2節、10.4節）。「!」「$」「`」だけを展開させたい場合には、「" "」を使うようにしましょう。

----

❶ ただ、「\」よりも「' '」や「" "」のほうが可読性が高くなるなどの理由から、1文字だけのエスケープに「' '」や「" "」が使われることも多いです。

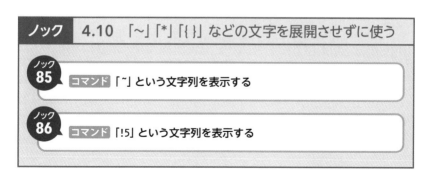

> ノック **4.10** 「~」「*」「{ }」などの文字を展開させずに使う
>
> ノック **85** [コマンド] 「~」という文字列を表示する
>
> ノック **86** [コマンド] 「!5」という文字列を表示する

4

ファイル操作のコマンド

リンクを作成して別名で呼び出せるようにする

ポイント！

▶ リンクとは、1つのファイルやディレクトリを複数の名前で呼び出せるように別名を付ける機能のこと

▶ リンクには、ファイルの実体と名前を結び付けるハードリンクと、名前と名前を結び付けるシンボリックリンクがある

▶ rmコマンドはハードリンクを削除するコマンドで、ハードリンクの数（リンクカウント）が0になった時点でファイルの実体も削除される

▶ ハードリンクはディレクトリに設定できないなど不便な点があるので、実用の場面では基本的にシンボリックリンクが使われる

▶ lnコマンドの−sオプションでシンボリックリンク（symbolic link）を作成することができる

▶ シンボリックリンクによって長いパスを省略できたり、プログラムの変更を減らすことができるようになる

ここからは、リンクという機能について見ていきましょう。リンクとは、ファイルやディレクトリに別名を付ける機能のことです。リンクを作成して別名を付けることで、ファイルやディレクトリを複数の名前で呼ぶことが可能になります。

詳しく学んでいく前に、まずはリンクを実際に作成してみましょう。リンク（link）を作成するには、lnコマンドを使います。

> 書式 **lnコマンド**：ファイルやディレクトリにリンクを作成する
>
> ln［オプション］ファイル名／ディレクトリ名　リンク

まず準備として、/etc/hostname を file1 という名前でコピーしましょう。

```
$ cp /etc/hostname file1
$ ls
file1
```

```
$ cat file1
hiramatsu-VirtualBox
```

この**file1**という名前のファイルを、**file2**という名前でも呼び出せるようにするには、lnコマンドを使って次のように実行します。

```
$ ln file1 file2  ●──（リンクを作成）
$ ls
file1  file2  ●──（file2が追加されている）
$ cat file2
hiramatsu-VirtualBox  ●──（file1と同じ内容が表示される）
```

lsコマンドで表示すると、**file1**に加えて**file2**という別名も表示されるようになりますが、file1とfile2の実体は同じファイルです。これを確かめるために、**file1**の末尾に「Hello」という文字列を追加してみましょう。

```
$ echo Hello >> file1  ●──（Helloをfile1の末尾に追加）
$ cat file1
hiramatsu-VirtualBox
Hello  ●──（Helloが末尾に追加されている）
$ cat file2
hiramatsu-VirtualBox
Hello  ●──（file2の末尾にも追加されている）
```

1行目の**echo**コマンドではリダイレクト（➡ 7.2節）を使っています。詳細は7.2節で解説しますが、このように書くと、**file1**の末尾にHelloという文字を追加できます。**cat**コマンドの出力を見てみると、文字列を追加したのは**file1**だけであるにもかかわらず、**file2**にも同様の内容が追加されています。これは、**file1**と**file2**が同じファイルを指している証拠です。つまり、1つのファイルに「file1」と「file2」という2つの名前が付いているということです。

このように**ln**コマンドでリンクを作成すると、1つのファイルを複数の名前で呼び出せるようになります。

● 2種類のリンク

リンクには大きく分けて、ハードリンクとシンボリックリンクの2種類があります。どちらも別名を付ける機能なのですが、別名を付ける方法に大きな違いが

あります（**図4.4**、**図4.5**）。

- ● ハードリンク

| 図4.4 | ファイルの実体に名前を結び付ける機能

- ● シンボリックリンク

| 図4.5 | 名前に名前を結び付ける機能

● ハードリンク

　まず、先ほど付けた別名は**ハードリンク**と呼ばれるものでした。ハードリンクはファイルの実体に名前を結び付けることで、別名で呼べるようにする機能です。先ほど、**file1**に**file2**という別名（ハードリンク）を付けましたが、これらの名前はどちらも同じファイルと結び付いています（**図4.6**）。

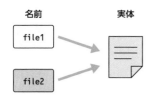

| 図4.6 | ハードリンクはファイルの実体に名前を結び付ける

　ファイルに付いているハードリンクの数を**リンクカウント**と呼び、**ls**コマンドの**-l**オプションで確認できます。

```
$ ls -l
合計 8
-rw-r--r-- 2 hiramatsu hiramatsu 21 10月 24 15:57 file1
-rw-r--r-- 2 hiramatsu hiramatsu 21 10月 24 15:57 file2
```

　左から2番目の数字がリンクカウントです。ファイルの場合は、そのファイルに結び付いているハードリンクの数が記載されており、ディレクトリの場合は、そのディレクトリの中にあるファイルやディレクトリの数が記載されています。上の実行結果を見ると、リンクカウントが2になっていることから、file1とfile2は同一のファイルを指していて、これらが指すファイルには2つのハードリンクがあることがわかります。

● ハードリンクと rm コマンド

　ここでクイズです。次のようにコマンドを実行するとどのようになるでしょうか？

```
$ rm file1   ●──（file1を削除）
$ cat file2  ●──（このコマンドの実行結果は？）

$ ls  ●──（このコマンドの実行結果は？）
```

　正解は次のようになります。予想と一致していたでしょうか？

```
$ rm file1
$ cat file2
hiramatsu-VirtualBox  ●──（表示される）
Hello
$ ls
file2  ●──（file2は残っている）
```

　これまで、rmコマンドはファイルやディレクトリを削除するためのコマンドとして紹介してきました。しかし実際は、ハードリンク（ファイルの名前）を削除するためのコマンドです。ファイルに結び付いているハードリンクの数が0になった時点でファイルの実体も削除されるため、rmコマンドをファイル削除のコマンドとして使えるのです。

　上の実行例では、rmコマンドによってfile1というハードリンクが消えただけで、file2というハードリンクとファイルの実体は残っています。なのでfile2をcatコマンドで指定すれば、ファイルの中身を表示することができます（図4.7）。

名前　　　　　実体

file2

| 図4.7 | rm コマンドが削除するのは実体ではなく名前 (ハードリンク)

● シンボリックリンク

このように、ファイルの実体に複数の名前を紐付けることで、別名を付けるのがハードリンクです。ただハードリンクは、ディレクトリに付けることができないなどの不便な点がいくつかあるため、実用の場面ではシンボリックリンクが使われるのが一般的です。

シンボリックリンクとは、名前と名前を結び付けることで、別名で呼べるようにする機能です。シンボリックリンクを作成するには、ln コマンドの -s オプションを使います。-s は「symbolic (シンボリック)」の略です。

例えば次のように実行すると、file2 という名前のファイルに、file3 というシンボリックリンクを作成できます。

```
$ ln -s file2 file3    ●──(-sオプションを付けてシンボリックリンクを作成)
$ cat file3    ●──(シンボリックリンクで呼び出し)
hiramatsu-VirtualBox    ●──(file2と同様の内容が表示されている)
Hello
$ ls -F
file2  file3@    ●──(@はシンボリックリンクの意味)
```

cat コマンドで file3 を表示すると file2 の内容が表示されることから、別名を設定できていることを確認できます。ls コマンドの -F オプションで、ファイル種別付きで一覧表示してみると「@ (アットマーク)」が名前の末尾に付いていますが、これはシンボリックリンクを表す記号です。

シンボリックリンクは、名前への参照を持っている特殊なファイルです。シンボリックリンク名を指定すると、参照している名前を呼び出すことができます。つまり、file3 という名前のシンボリックリンクは file2 というハードリンクへの参照を持っているので、file3 という名前を指定すると file2 を呼び出すことができるのです (**図4.8**)。

| 図4.8 | file3という名前を指定するとfile2を呼び出すことができる

シンボリックリンクの理解をさらに深めるために、lsコマンドの-lオプションの出力も見てみましょう。

```
$ ls -l
合計 4
-rw-r--r-- 1 hiramatsu hiramatsu 21 10月 24 15:57 file2
lrwxrwxrwx 1 hiramatsu hiramatsu  5 10月 24 16:00 file3 -> file2
```

　先ほど説明したハードリンクでは、リンクを付けたファイルのリンクカウントが2に増えていました。一方、シンボリックリンクの場合は1のままです。また、リンクカウントが増える代わりに「file3 -> file2」という新たなファイルが作成されています。これがまさにシンボリックリンクです。一番左のファイル種別がシンボリックリンクを表す「l」になっており、一番右の「file3 -> file2」という表記からも、file3という名前がfile2という名前を参照していることがわかります。

● シンボリックリンクはディレクトリにも作成可能

　シンボリックリンクが結び付けているのは、あくまでも名前と名前であり、名前がどんなファイル（もしくはディレクトリ）に紐付いているのかは、シンボリックリンクの知るところではありません。そのため、ディレクトリ（に付いている名前）にも設定できます（図4.9）。

| 図4.9 | シンボリックリンクが結び付けているのは名前と名前

シェルで実行して確認してみましょう。

```
$ mkdir dir1        ●――（空のディレクトリを作成）
$ ln dir1 dir2
ln: dir1: ディレクトリに対するハードリンクは許可されていません ●――（ディレクトリにハードリンクは付けられない）
$ ln -s dir1 dir2   ●――（シンボリックリンクなら付けられる）
$ ls -l
drwxrwxr-x 2 hiramatsu hiramatsu 4096 10月 24 16:06 dir1
lrwxrwxrwx 1 hiramatsu hiramatsu    4 10月 24 16:07 dir2 -> dir1
-rw-r--r-- 1 hiramatsu hiramatsu   21 10月 24 15:57 file2
lrwxrwxrwx 1 hiramatsu hiramatsu    5 10月 24 16:00 file3 -> file2
$ cd dir2           ●――（シンボリックリンクを指定してコマンド実行）
$ pwd
/home/hiramatsu/work/dir2  ●――（dir2がカレントディレクトリに）
$ ls -a
.  ..               ●――（dir1の中身が表示される（何も入っていない））
```

　実行結果を見ると、シンボリックリンクならばディレクトリにも設定できることがわかります。また、cdコマンドの引数にdir2というシンボリックリンクを指定すると、「/home/hiramatsu/work/dir2」がカレントディレクトリになりますが、実際にはdir2が指すdir1がカレントディレクトリになっており、lsコマンドではdir1の中身が表示されます。

● シンボリックリンクの削除

　ハードリンクとは異なり、シンボリックリンクはファイルとして用意されているので、シンボリックリンクを削除してもそのファイルが削除されるだけです（図4.10）。リンク先のファイルには何も影響がありません。シンボリックリンクも通常ファイルと同様に、rmコマンドで削除することができます。

```
$ cd ..             ●――（親ディレクトリに移動）
$ pwd
/home/hiramatsu/work
$ rm dir2 file3     ●――（シンボリックリンクを2つとも削除）
$ ls -l
drwxrwxr-x 2 hiramatsu hiramatsu 4096 10月 24 16:06 dir1
-rw-r--r-- 1 hiramatsu hiramatsu 21   10月 24 15:57 file2
```

4　ファイル操作のコマンド

| 図4.10 | シンボリックリンクの削除

● 別名を付けるメリット

ここまでリンクについて学んできましたが、そもそも（シンボリック）リンクを作成して別の名前で呼び出せるようになると何がうれしいのでしょうか？ 主なメリットとしては、以下の2つがあります。

 ① 長いパス名を省略することができる
 ② コマンドラインやプログラムの変更を減らすことができる

① 長いパス名を省略することができる

階層の深いところにあるファイルやディレクトリを指定する場合、パスが長くなりがちです。このような場合には、シンボリックリンクを使用すると、長いパスを短い名前で呼び出すことができます。

```
$ mkdir -p dir1/dir2/dir3/dir4    ●──(深い場所にあるdir4)
$ ln -s dir1/dir2/dir3/dir4 dir4    ●──(シンボリックリンクを設定)
$ mv file2 dir4    ●──(短いシンボリックリンクで呼び出しが可能になった)
$ ls dir1/dir2/dir3/dir4
file2
```

このように、シンボリックリンクはパスの入力の手間を省くことができます。

② コマンドラインやプログラムの変更を減らすことができる

コマンドで指定するファイルの場所が変更された場合、当然そのファイルを呼び出すためのパスも変更しなければなりません。

```
$ cat file2    ●──(移動したので前の呼び出し方ではエラーになる)
cat: file2: そのようなファイルやディレクトリはありません
```

このような場合、次のようにシンボリックリンクを作成することでコマンドライ

ンを再利用することができ、呼び出し方法を変更する必要がなくなります。

```
$ ln -s dir1/dir2/dir3/dir4/file2 file2    ●───（シンボリックリンクを設定）
$ cat file2    ●───（前に実行したコマンドラインをそのまま再利用できる）
hiramatsu-VirtualBox
Hello
```

　シェルでコマンドラインを再利用できるというだけでは、あまりメリットがない
ように思われるかもしれません。しかし、ファイルやディレクトリはコマンドライ
ンから呼び出されるだけでなく、シェルスクリプト（➡第11章）などのプログラム
からも呼び出されることもあります。このような場合、ファイルの場所が移動し
てパスが変わると、プログラム内のパスを書き換えないと正常に動作しませんが、
正常に動作しているプログラムに変更を加えると、バグを追加してしまう可能性
もあるため、できるだけ変更したくありません。そのようなときにシンボリックリ
ンクを使えば、プログラム中の呼び出し方を変えずに、移動したファイルを呼び
出すことができるようになります。

　この場合、シンボリックリンクはアダプター（adapter）のような役割を担って
いると言えます（**図4.11**）。例えば海外旅行に行ったとき、コンセントの電圧や形
状が日本とは異なるため、そのままでは持っていった充電器は使えませんが、ア
ダプターを挟むことで、海外でも日本の充電器を使うことができるようになり
ます。

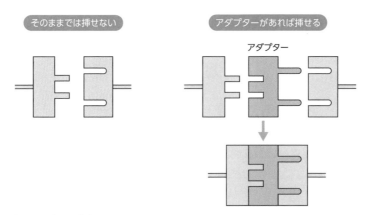

| 図4.11 | アダプターとは

それと同じように、ファイルとそのファイルを呼び出すプログラムの間にシンボリックリンクというアダプターを挟むことで、プログラムを変更せずに利用できるようになっています（図4.12）。

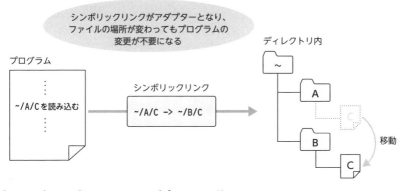

| 図4.12 | シンボリックリンクをアダプターとして使う

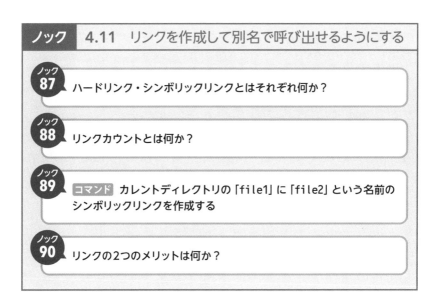

ノック **4.11** リンクを作成して別名で呼び出せるようにする

ノック 87 ハードリンク・シンボリックリンクとはそれぞれ何か？

ノック 88 リンクカウントとは何か？

ノック 89 コマンド カレントディレクトリの「file1」に「file2」という名前のシンボリックリンクを作成する

ノック 90 リンクの2つのメリットは何か？

4.12 ノック91 ノック92 ノック93　findコマンド

ファイルやディレクトリを見つけ出す

ポイント!

▶ findコマンドでファイル/ディレクトリを検索して見つけ出す (find) ことができる

▶ findコマンドの引数には、検索開始ディレクトリ・検索条件・アクションの3つを指定するのが基本

▶ ワイルドカードを使ってパターンで検索文字列を指定することもできる

▶ -a (AND) や -o (OR) を使って複数条件で検索を行うこともできる

　続いては、ファイルやディレクトリを検索するコマンドについて学んでいきましょう。第2章では、cdコマンドやlsコマンドを使ったディレクトリの巡回方法について学びましたが、目当てのファイルやディレクトリを見つけ出すには、ディレクトリを巡回するよりも良い方法があります。それが本節で学ぶfindコマンドを用いた検索です。

　findコマンドは、ディレクトリの中から特定のファイルやディレクトリを検索して探し出すためのコマンドです。ファイルやディレクトリを検索して「見つける (find)」コマンドなので、このような名前が付いています。

 findコマンド：ファイルやディレクトリを見つけ出す

> find 検索開始ディレクトリ 検索条件 アクション

　例えば次のように実行すると、カレントディレクトリ以下から「file」という名前のファイルやディレクトリを検索することができます。

```
$ find . -name file -print
            |         |
          検索条件   アクション
検索開始ディレクトリ
```

findコマンドは、基本的に3つの引数を渡す必要があります。3つそれぞれについて詳しく見ていきましょう。

まず1つ目の引数は検索開始ディレクトリです。ここで指定されたディレクトリよりも下の階層だけを検索します。例えば、検索開始ディレクトリとしてルート（/）ディレクトリを指定した場合、マシン全体から検索を行うことになります。前ページの例では、カレントディレクトリ（.）を指定しています。この指定により、カレントディレクトリ以下を検索することになります。

2つ目の引数は検索条件です。検索条件にはいくつかあり、名前で絞り込むには「-name 検索文字列」と指定します。ファイル種別で絞り込むには「-type ファイル種別」と指定します。ファイル種別は表4.6に挙げている文字で指定するので、例えばディレクトリだけに絞る場合は「-type d」と指定します。

| 表4.6 | findコマンドの検索条件で使う記号

ファイル種別	記号	由来
通常のファイル	f	file
ディレクトリ	d	directory
シンボリックリンク	l	link

前ページの例では「-name file」という条件だけを指定しているので、「file という名前」という条件で絞り込んでいることになります。

3つ目の引数はアクションです。検索でヒットしたファイルやディレクトリに対して、どのような操作を行うのかを指定します。-print なら、ヒットしたものを表示します。-delete なら、ヒットしたものを削除します。今回の例では-print が指定されているので、ヒットしたものを表示します。アクションが-print の場合は、「-print」を省略できます。

それでは、この3つの引数の確認クイズです。~/work以下にあるディレクトリを検索して表示するにはどのように書くでしょうか？

解答は以下です。正解できたでしょうか？

```
$ find ~/work -type d -print❷
/home/hiramatsu/work
/home/hiramatsu/work/dir1
/home/hiramatsu/work/dir1/dir2
```

❷ -print は省略可。以降はアクションが-print の場合は省略します。

```
/home/hiramatsu/work/dir1/dir2/dir3
/home/hiramatsu/work/dir1/dir2/dir3/dir4
```

● ワイルドカードの使用

findコマンドの検索条件の -name では、ワイルドカードを使用して、パターンで名前を指定できます。例えば次のように実行すると、ホームディレクトリ内から、名前の末尾（拡張子）が「.txt」のファイルやディレクトリを検索できます。

```
$ find ~ -name '*.txt'
/home/hiramatsu/.cache/tracker3/files/first-index.txt
/home/hiramatsu/.cache/tracker3/files/locale-for-miner-apps.txt
/home/hiramatsu/.cache/tracker3/files/last-crawl.txt
```

検索開始ディレクトリはホームディレクトリ（~）です。検索条件の「-name '*.txt'」ですが、これは「.txtで終わる名前」という意味になります。「*」はワイルドカードと呼ばれ、findコマンドの -name の検索条件で任意の文字列を意味するパターンです。

ワイルドカードはパス名展開とは異なる機能であることに注意してください。実際にシェルでコマンドを実行しながら、ワイルドカードとパス名展開の違いを理解していきましょう。まず準備として、カレントディレクトリ（~/work）内を空にしてから次のようにファイルを作成します。

```
$ rm -r *        ●──（パス名展開ですべてのファイルやディレクトリを指定して削除）
$ ls             ●──（空になっているので何も表示されない）
$ touch file{1,2}.txt   ●────（ブレース展開）
$ ls
file1.txt  file2.txt
```

そして次のように、エスケープせずに「*」を用いるとエラーになってしまいます。

```
$ find . -name *.txt
find: paths must precede expression: 'file2.txt'
find: possible unquoted pattern after predicate '-name'?
```

なぜエラーになってしまうのでしょうか？ このエラーは、「*」がパス名展開されていることによって起こるエラーです。復習になりますが、パス名展開とは、*や?のようなパターンでパスを指定することで、既存のファイルやディレクトリをまとめて複数指定することのできる機能でした。「既存の」という箇所が非常に大事です。つまり、「find . -name *.txt」というコマンドはパス名展開によって次のコマンドに置き換わっていることになります。

```
$ find . -name file1.txt file2.txt
```

-nameのあとには、検索する文字列を1つしか入れることができないのに、パス名展開によって、2つの文字列が指定されているためエラーが起きているのです。

このように、パス名展開というのは、あくまでも既存のファイルやディレクトリの文字列のリストを簡単に入力するための機能です。パス名展開させず、ワイルドカードとして使用するにはエスケープが必要です。「*.txt」を「' '」や「" "」で囲む必要があります。

ワイルドカードで用いる「*」や「?」といった記号の意味は、パス名展開と同じで表4.7のようになります。

| 表4.7 | ワイルドカードで使う記号

記号	意味
*	任意の文字列
?	任意の1文字

● 条件を組み合わせた検索

これまで-nameオプションを使って名前で検索を行いましたが、次のように、-typeを使ってファイル種別で検索することもできます。

```
$ find ~ -type l  ←──（ホームディレクトリ以下からシンボリックリンクを検索）
/home/hiramatsu/snap/snapd-desktop-integration/14/.local/share/themes
/home/hiramatsu/snap/snapd-desktop-integration/14/.themes
/home/hiramatsu/snap/snapd-desktop-integration/14/.config/gtk-3.0/book⏎
marks
（以下略）
```

ファイル種別の検索を、名前による検索と組み合わせることも可能です。例えば、名前が「file」から始まる「ファイル」を検索するには次のように実行します。

```
$ find ~ -name 'file*' -a -type f    ● ───( -aはANDの意味 )
/home/hiramatsu/work/file2.txt
/home/hiramatsu/work/file1.txt
$ find ~ -name 'file*' -type f    ● ───( -aは省略が可能 )
/home/hiramatsu/work/file2.txt
/home/hiramatsu/work/file1.txt
```

-aはANDの略で、複数の条件をどちらも満たすAND検索を行うことができます。AND検索の場合、-aは省略できます。

どちらかの条件だけを満たせばいいOR検索を行うには、-oを指定します。

```
$ find ~ -name 'file*' -o -type f    ● ───( -oはORの意味 )
/home/hiramatsu/.local/share/gvfs-metadata/root
/home/hiramatsu/.local/share/gvfs-metadata/home-b6897c7c.log
/home/hiramatsu/.local/share/gvfs-metadata/home
(以下略)
```

4

ファイル操作の
コマンド

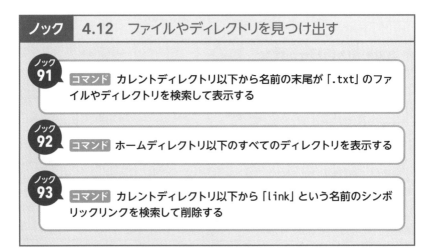

ノック **4.12** ファイルやディレクトリを見つけ出す

ノック 91 [コマンド] カレントディレクトリ以下から名前の末尾が「.txt」のファイルやディレクトリを検索して表示する

ノック 92 [コマンド] ホームディレクトリ以下のすべてのディレクトリを表示する

ノック 93 [コマンド] カレントディレクトリ以下から「link」という名前のシンボリックリンクを検索して削除する

章末ノック

第4章

問題 [解答は347～351ページ]

ノック59

□□□

コマンド カレントディレクトリに「exapmle」というディレクトリを作成する

ノック60

□□□

コマンド カレントディレクトリに「2023/01」というディレクトリの階層を作成する

ノック61

□□□

コマンド カレントディレクトリに「newfile」というファイルを作成する

ノック62

□□□

コマンド カレントディレクトリの「newfile」というファイルを削除する

4

ファイル操作のコマンド

ノック63

□□□

コマンド カレントディレクトリの「newdir」というディレクトリを削除する

ノック64

□□□

コマンド カレントディレクトリの「dir」というディレクトリを削除する（削除前に確認メッセージを表示する）

ノック65

□□□

コマンド カレントディレクトリの「dir」という空のディレクトリを削除する

ノック66

□□□

コマンド 「/etc/crontab」というファイルを表示する

ノック 67
コマンド 「/etc/crontab」というファイルを行番号付きで表示する

□□□

ノック 68
コマンド 「/etc/crontab」というファイルの先頭5行だけを表示する

□□□

ノック 69
コマンド 「/var/log/syslog」というファイルの末尾を監視する

□□□

ノック 70
コマンド カレントディレクトリの「.bashrc」というファイルをスクロール表示する

□□□

ノック 71
lessコマンドのスクロール表示中に、以下の操作を行うためのキーはそれぞれ何か？
- 1画面下に移動
- 1画面上に移動

□□□

ノック 72
lessコマンドのスクロール表示中に、以下の操作を行うためのキーはそれぞれ何か？
- 1行下に移動
- 1行上に移動

□□□

ノック 73
lessコマンドのスクロール表示中に、以下の操作を行うためのキーはそれぞれ何か？
- スクロール表示を終了
- ヘルプを表示

□□□

ノック 74
lessコマンドの実行中に、以下の操作を行うためのコマンドはそれぞれ何か？
- 指定した文字列を検索
- 次の検索結果に移動
- 前の検索結果に移動

□□□

ノック 75
コマンド カレントディレクトリで「file」というファイルを「cpfile」という名前でコピーする

□□□

4
ファイル操作の
コマンド

ノック 76　□□□
コマンド　カレントディレクトリで「file1」「file2」という2つのファイルを「dir1」ディレクトリ内にコピーする

ノック 77　□□□
コマンド　カレントディレクトリで「dir1」というディレクトリを「dir2」という名前でコピーする

ノック 78　□□□
コマンド　カレントディレクトリで「file1」「file2」という2つのファイルを「dir1」という名前のディレクトリに移動する

ノック 79　□□□
コマンド　カレントディレクトリで「file1」というファイルを「file2」という名前に変更する

ノック 80　□□□
コマンド　カレントディレクトリをホームディレクトリ内にある「work」というディレクトリに変更する

ノック 81　□□□
コマンド　/usr/binディレクトリ内のsshから始まるファイルやディレクトリを一覧表示する

ノック 82　□□□
コマンド　/binディレクトリ内のbaから始まる4文字のファイルを一覧表示する

ノック 83　□□□
コマンド　ホームディレクトリに「2023」というディレクトリを作成し、その中に「1」〜「12」という12個のディレクトリを作成する。ただし、コマンドは1回しか実行できないものとする

ノック 84　□□□
コマンド　ホームディレクトリに「fileA」「FileA」「FILEA」という3つのファイルを作成する

ノック 85　□□□
コマンド　「~」という文字列を表示する

4
ファイル操作の
コマンド

86 コマンド 「!5」という文字列を表示する

87 ハードリンク・シンボリックリンクとはそれぞれ何か？

88 リンクカウントとは何か？

89 コマンド カレントディレクトリの「file1」に「file2」という名前のシンボリックリンクを作成する

90 リンクの2つのメリットは何か？

91 コマンド カレントディレクトリ以下から名前の末尾が「.txt」のファイルやディレクトリを検索して表示する

92 コマンド ホームディレクトリ以下のすべてのディレクトリを表示する

93 コマンド カレントディレクトリ以下から「link」という名前のシンボリックリンクを検索して削除する

4

ファイル操作の
コマンド

パーミッションとスーパーユーザー

❷ マルチユーザーシステムを使うための知識

　ここまでで、CLIでの操作にはかなり慣れてきたと思います。ここからは話がガラッと変わり、複数のユーザーが1台のコンピュータを使用する、マルチユーザーシステムについて学んでいきます。

　Linux OSはマルチユーザーシステムを採用しており、特にサーバー用途では、1つのコンピュータに複数のユーザーがログインして操作するのが一般的です。複数人で1台のコンピュータを操作するとなると、1人だけで操作する際には発生しない面倒なことが起こります。例えば、ある人が作成したファイルを他の人が勝手に削除してしまう、といったトラブルなどです。

　このような問題の発生を防ぐための仕組みが、本章で学ぶパーミッションとスーパーユーザーです。これらのマルチユーザーシステムにおける、アクセス権限の基本を学ぶことで、多数のユーザーがサーバーを操作する際にも、トラブルなく安全に利用することができるようになります。

　これまでの章とは少し毛色の違う話になりますが、頭を切り替えて学んでいきましょう。

5.1

パーミッションはなぜ必要なのか?

ポイント!

▶ パーミッションとは「そのファイルに対して誰がどんな操作を行えるのか?」というファイルアクセスの権限をファイルやディレクトリごとに定めることで、行える操作をユーザーごとに変えるための仕組みのこと

▶ 危険な操作を絶対にできないような仕組みにすることで、正しい使用を強制する設計思想のことをフールプルーフ (foolproof) と言う

複数のユーザーがコンピュータを操作しても安全な動作を保証するために、Linux OSにはパーミッションという仕組みが用意されています。パーミッションとは、ユーザーごとに行える操作を変えるための仕組みのことです。どういうことか、詳しく見ていきましょう。

まず、マルチユーザーシステムでは、すべてのユーザーが同じ操作を行えるわけではありません。例えば、ユーザーAはあるファイルの変更、および閲覧ができるが、ユーザーBは変更はできず、閲覧しかできない、といった具合です。なぜこのような仕組みになっているのかというと、ユーザーが行える操作を制限して、より安全にコンピュータを利用できるようにするためです。

もし、すべてのユーザーが同じ操作を行えるようにしてしまうと、トラブルになる可能性がとても高くなります。例えば、ある人が作成したファイルを、他の人が勝手に削除してしまう、といったトラブルが起こるかもしれません。あるいは、知識の浅い人が、マシンの動作に必須のとても重要なファイルを、うっかり削除してしまったり、変更してしまったりするトラブルも考えられます。

そこで、Aさんが作成したファイルは、Aさんだけが変更することができ、BさんやCさんのような他の人は、閲覧しかできないようにすれば、問題は起こりにくくなるはずです。また、重要なファイルは、ベテラン社員のDさんとEさんしか変更できないようにすれば、重要なファイルを削除してしまうようなトラブルを未然に防ぐことができます (**図5.1**)。

| 図5.1 | パーミッションはユーザーごとに行える操作を変えるための仕組み

このように、すべてのユーザーにあらゆる操作を許可するのではなく、ユーザーごとに行える操作を変えることで、マルチユーザーシステムを安全に使うことができるようになります。そして、これを実現するための仕組みがパーミッションです。

パーミッションとは、個々のファイルやディレクトリに設定されている「そのファイルに対して誰がどんな操作を行えるのか？」という、ファイルアクセスの権限を定める情報のことです。パーミッションを適切に設定することによって、ユーザーごとに最適な権限を与えることができます。

パーミッションの詳細については、次節以降で学んでいきます。

● フールプルーフな設計

ここまでの話を聞いて、次のイラストのように思う方もいるかもしれません。

この主張はたしかに一理あるのですが、「ユーザーは十分に思慮深い存在である」という前提の設計は、あまり良い設計とは言えません。どんなに思慮深くても、時にはミスをしてしまうのが人間だからです。それよりは「愚か者が操作しても正しく動作するようにする」という思想で設計されたシステムのほうが、現実に即していて良いシステムと言えます。このような設計思想のことを、フールプルーフ（foolproof）と言います。日本語にすれば、「愚か者にも耐える」という意味です。耐水のことを、ウォータープルーフ（waterproof）と言うのと同じです。

　フールプルーフの思想で作られたものは、私たちの身のまわりにもたくさんあります。例えば、以下のようなものです。

- **電子レンジ** …… ドアを閉めないと運転を開始できない
- **洗濯機** …… 運転中にはドアがロックされる
- **トイレのウォシュレット** …… 座らないと水が出ない

危険な操作を絶対にできないような仕組みにすることで、正しい使用を強制できるのがフールプルーフのメリットです。こうすることで、ユーザーの思慮深さに頼らず、安全に使用してもらえるようになります。

　パーミッションという仕組みも、その背景にはフールプルーフの思想があります。ユーザーは必ずミスをするという前提に立ち、そもそも危険な操作ができないように可能な操作をあらかじめ制限することで、複数のユーザーが安全にコンピュータを操作できるようにしているのです。

　フールプルーフという思想はパーミッション以外にも、ソフトウェア開発の世界では頻繁に登場します。例えば、4.3節で見た `rmdir` コマンドも、フールプルーフの思想を元にして用意されていると言えます（ユーザーが十分に思慮深いなら、`rm` コマンドだけでいいはずです）。今後 Linux やその他の学習を進めていく中でも、フールプルーフの思想を探してみてください。

　本節では、パーミッションについて詳しく学ぶ前に、そもそもなぜパーミッションは必要で、どのような思想に基づいた設計なのかについて見てきました。これだけでは抽象的すぎてよくわからないと思いますので、次節から具体的に学んでいきましょう。

5
パーミッションと
スーパーユーザー

ノック　5.1　パーミッションはなぜ必要なのか？

> *ノック*
> **94** フールプルーフ (foolproof) とは何か？

パーミッションを表示する

パーミッションとは、ファイルやディレクトリごとに設定されている、誰にどんな操作を許可するのかという情報のことでした。ファイルやディレクトリに設定されているパーミッションを確認するためには、ls コマンドの -l オプションを使います。

```
$ ls -l /bin/bash
-rwxr-xr-x 1 root root 1396520  1月  7  2022 /bin/bash
```

3.8 節の復習になりますが、ls コマンドの -l オプションの出力は以下の意味でした。

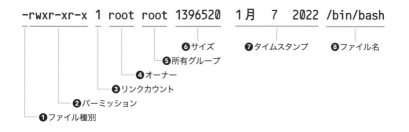

165

ここから学んでいくのは、❷❹❺の3箇所です。まずは❹と❺から見ていきましょう。

● オーナーと所有グループ

❸リンクカウント（前ページの実行結果では「1」）の右側2つには、❹オーナーと❺所有グループが表示されています。それぞれの用語の意味は次のとおりです。

- **オーナー** …… ファイルを所有するユーザーのこと。所有ユーザーとも言う
- **所有グループ** …… ファイルを所有するグループのこと。グループには複数のユーザーを所属させることができる

Linuxのすべてのファイルとディレクトリには、それを所有しているユーザーである「オーナー」と、それを所有するグループである「所有グループ」が設定されています。例えば、**/bin/bash**というファイルにおいては、オーナーは「rootユーザー」、所有グループは「rootグループ」になっています。

グループとはユーザーのまとまりのことで、ユーザーは複数のグループに所属することができます。オーナーになれるのは1人のユーザーだけですが、所有グループには複数のユーザーを所属させることができます。

ユーザーが所属しているグループを確認するには、groupsコマンドを使います。

> **書式** **groups コマンド**：所属グループを一覧表示する
>
> groups ［ユーザー名］

例えば、hiramatsu というユーザーが所属しているグループを調べるには、groupsコマンドの引数にユーザー名を指定して実行します。

```
$ groups hiramatsu  ●──(hiramatsuの所属グループを一覧表示)
hiramatsu : hiramatsu adm cdrom sudo dip plugdev lpadmin lxd sambashare
```

一般ユーザーのデフォルトの所属グループは、環境によって異なります。本書の環境においては、groupsコマンドの出力から、ユーザーhiramatsu は、hiramatsu グループや adm グループに所属していることがわかります。また、groupsコマンドの引数のユーザー名を省略すると、現在ログインしているユー

ザー（今回はhiramatsu）の所属グループが一覧表示されます。

```
$ groups ●──(引数（ユーザー名）を省略)
hiramatsu adm cdrom sudo dip plugdev lpadmin lxd sambashare
```

● パーミッションの単位

　なぜオーナーと所有グループが重要なのかというと、これらがパーミッションを付与する単位になるからです。つまり、オーナーとなっているユーザーができる操作は○○、所有グループに属するユーザーができる操作は△△、その他のユーザーができる操作は××、というように、オーナーと所有グループ（とその他のユーザー）を単位にしてパーミッションは設定されます。

　では、なぜこのような単位でパーミッションを設定するのでしょうか？

　まずオーナーは、ファイルを作成するなどして、そのファイルの所有者になっているユーザーですから、他のユーザーよりも多くの操作を行えるようにするべきです。そのため、オーナーには他のユーザーと異なる強い権限を与えられるように、オーナーがパーミッションの単位になっていると考えられます。実際、オーナーには他のユーザーよりも強い権限が与えられることが一般的です。

　次に所有グループですが、これは複数のユーザーに同一の権限をまとめて与えるための単位です。例えば、重要なファイルがいくつかあり、チーム内の少数のコアメンバーだけが、それらのファイルを操作できるようにしたいとします。これを実現するには、まずleaderグループを作成し、コアメンバーたちをleaderグループに所属させます。その上で、重要なファイルの所有グループをleaderグループに設定し、所有グループにその他のユーザーよりも強い権限を与えることで、leaderグループに所属するコアメンバーたちにまとめて、特別な権限を付与することができます。所有グループには、オーナーよりは弱いが、その他のユーザーよりは強い権限が設定されることが一般的です（図5.2）。

オーナー

所有グループ

ファイルの作者などに
強い権限を与えるための単位

複数のユーザーに
同一の権限をまとめて与えるための単位

| 図5.2 | **オーナーと所有グループ**

● パーミッションの読み方

　オーナーと所有グループが理解できたなら、パーミッションの記述を理解する
のは簡単です。lsコマンドの-l オプションで出力されるパーミッションの記述を
詳しく見ていきましょう。

```
$ ls -l /bin/bash
-rwxr-xr-x 1 root root 1396520  1月  7  2022 /bin/bash
```

　まず一番左に「-rwxr-xr-x」というような文字列が記載されていますが、これ
は大きく「- rwx r-x r-x」という4つの部分に分けることができます。

　先頭の「-」の部分はファイル種別を表しているのでした（➡3.8節）。「-」は通
常のファイル、「d」はディレクトリ、「l」はシンボリックリンクという意味です。ls
コマンドの引数で指定している /bin/bashは通常のファイルなので、通常のファ
イルを意味する「-」がパーミッションの左に付いています。

　続いて、「-」の右側の「rwx r-x r-x」の部分ですが、これがパーミッションの
記述です。この9文字が、このファイルに対して行える操作は何かを教えてくれ
ています。「rwx r-x r-x」は3文字ずつで意味が分かれており、左からオーナー
の権限、所有グループの権限、その他のユーザーの権限を表しています。また、
r/w/xという文字の意味は表5.1のとおりです。

| 表5.1 | アクセス権限を表す文字

文字	意味
r	読み取り (read)、閲覧権限
w	書き込み (wirte)、編集権限
x	実行 (execute)、実行権限

/bin/bashの例では「rwx r-x r-x」となっており、「-」はその権限がないことを意味するので、**表5.2**のようにパーミッションが設定されていることになります。

| 表5.2 | /bin/bash のパーミッション (rwxr-xr-x)

単位	読み取り (r)	書き込み (w)	実行 (x)
オーナー	○	○	○
所有グループ	○	×	○
その他のユーザー	○	×	○

また、/bin/bashというファイルのオーナーは「root」ユーザーで、所有グループは「root」グループなので、より詳しく書くと**表5.3**のようになります。

| 表5.3 | /bin/bash のパーミッション (rootユーザー・グループ)

ユーザー	読み取り (r)	書き込み (w)	実行 (x)
rootユーザー	○	○	○
rootグループに所属するユーザー	○	×	○
その他のユーザー	○	×	○

このように、「そのファイルに対して誰がどんな操作を行えるのか?」という、ファイルアクセスの権限を定めて、ユーザーごとに行える操作を変えるための仕組みがパーミッションです。

● ディレクトリのパーミッション

ファイルと同様に、ディレクトリにもパーミッションが設定されています。例えば、ホームディレクトリのパーミッションを調べると次のようになっています。

```
$ ls -dl ~  ●───（-dオプションでホームディレクトリ自体を表示）
drwxr-x--- 17 hiramatsu hiramatsu 4096 10月 24 12:09 /home/hiramatsu
```

ファイルのパーミッションにおいては、r/w/xはそれぞれ閲覧・編集・実行の権限を意味していましたが、ディレクトリにおいては**表5.4**のようになります。

| 表5.4 | ディレクトリのパーミッション

文字	意味
r	ディレクトリに含まれるファイル一覧を取得できる権限
w	ディレクトリ内でファイル・ディレクトリを作成・削除できる権限
x	ディレクトリをカレントディレクトリに変更できる権限

ホームディレクトリはそれぞれのユーザー専用のディレクトリなので、オーナーにはあらゆる権限（rwx）が与えられていますが、その他のユーザーはすべての権限が与えられていません（---）。

ホームディレクトリだけでなく、/bootディレクトリも見てみましょう。

```
$ ls -dl /boot
drwxr-xr-x 4 root root 4096 10月 22 10:15 /boot
```

/bootディレクトリは、マシンの起動に必要なファイルが入っているので、簡単にファイルを削除できてしまうと非常に危険です。そこで、オーナーであるrootユーザー以外には書き込み（w）の権限を与えないようにすることで、致命的な変更を加えるリスクを抑えることができます。このように、ファイルやディレクトリの用途に応じて、適切なパーミッションを設定することで、複数のユーザーが同じマシンを使っても安全に作業を行うことができるのです。

以上がパーミッションの読み方でした。次ページのノックにも取り組んで、しっかり理解できているか確認しましょう。

ノック 5.2 パーミッションを表示する

ノック 95 パーミッションとは何か？

ノック 96 コマンド hiramatsuというユーザーが所属するグループを一覧表示する

ノック 97 コマンド /bin/bashのパーミッションを確認する

ノック 98 オーナー・所有グループとはそれぞれ何か？

ノック 99 「ls -l」を実行すると、「drwxrw-r-- tanaka teamA ...」と表示された。これはどのような意味か？

ノック 100 「ls -l」を実行すると、「-rwxr-xr-x root root ...」と表示された。これはどのような意味か？

100本ノック達成！

5.3

ノック 101 ~ ノック 105

chmod コマンド

パーミッションを変更する

ポイント！

▶ chmodコマンドはパーミッションを変更する (change mode) ためのコマンド

▶ パーミッションの指定方法には、モードを記号で指定するシンボルモードと、数値で指定する数値モードがある

▶ シンボルモードは局所的な変更が得意で、数値モードは大きな変更が得意

▶ chmodコマンドを使用できるのは、そのファイルやディレクトリのオーナーとrootユーザーのみ

　ファイルのパーミッションを、デフォルトから変更したいときがあります。例えば、touchコマンドでファイルを作成すると、どのユーザーにも実行権限がない (rw-rw-r--) ことになっています。

```
$ touch example.sh
$ ls -l example.sh
-rw-rw-r-- 1 hiramatsu hiramatsu 0 10月 28 15:55 example.sh
```

　実行しないファイルであれば問題ありませんが、例えばシェルスクリプト (➡第11章) として使うには、実行できるようになっている必要があります。こういった、ファイルのパーミッションを変更する必要がある場合に使うのが、chmodコマンドです。

 書式 chomdコマンド：ファイルのパーミッションを変更する

> chmod　モード　ファイル名／ディレクトリ名

　chmodは「change mode (モードを変える)」の略です。モード (mode) は日本語で「状態」という意味で、ファイルなどに設定されているパーミッションのことを指しています。モードの指定方法には、記号で指定するシンボルモードと、数値で指定する数値モードの2種類があります。

5

パーミッションと
スーパーユーザー

● シンボルモード

　まず見ていくのは、シンボルモード（symbol mode）です。これはその名の
とおり、記号（symbol）でモードを指定する方法です。例えば、先ほど作成し
たexample.shにおいて、オーナーに実行権限を追加するには次のように実行し
ます。

```
$ chmod u+x example.sh  ●──（ シンボルモードでオーナーに実行権限を追加 ）
$ ls -l example.sh
-rwxrw-r-- 1 hiramatsu hiramatsu 0 10月 28 15:55 example.sh
```

　「rw-」だったオーナーのパーミッションに実行権限が追加されて「rwx」になっ
ています。1行目のchmodコマンドの引数に「u+x」という記述がありますが、こ
れがシンボルモードの記述になります。シンボルモードでは、**表5.5～表5.7**のよ
うに「誰に」「どの権限を」「どうする」かを指定します。

| 表5.5 | 誰に（chmodコマンド）

記号	意味	由来
u	オーナー、所有ユーザー	所有ユーザー（user）
g	所有グループ	所有グループ（group）
o	その他のユーザー	その他（other）
a	ugoのすべて	すべて（all）

| 表5.6 | どの権限を（chmodコマンド）

記号	意味
r	読み取り（read）、閲覧権限
w	書き込み（wirte）、編集権限
x	実行（execute）、実行権限

| 表5.7 | どうする（chmodコマンド）

記号	意味
+	追加する
-	削除する
=	（等しく）設定する

5

パーミッションと
スーパーユーザー

　つまり「u+x」という記述は、「オーナー（u）に実行の権限（x）を追加する（+）」という意味になるので、オーナーのパーミッションが「rw-」から「rwx」に変更されているのです。

　所有グループとその他のユーザーにも、実行権限を追加してみましょう。

```
$ chmod go+x example.sh
$ ls -l example.sh
-rwxrwxr-x 1 hiramatsu hiramatsu 0 10月 28 15:55 example.sh
```

　「go+x」という記述は、「所有グループ（g）に所属するユーザーとその他のユーザー（o）に実行の権限（x）を追加する（+）」という意味です。シンボルモードではこのように、複数の対象にまとめてパーミッションを設定することも可能です。

　さて、シンボルモードの記法に慣れるために、いくつかのクイズに取り組んでみましょう。以下はそれぞれ、どのような意味でしょうか？

　　① o+w
　　② go-x
　　③ o=rw
　　④ a+x

　正解はそれぞれ次のようになります。わかりましたでしょうか。

　　① その他のユーザー（o）に書き込み権限（w）を追加する（+）
　　② 所有グループに所属するユーザー（g）とその他のユーザー（o）から実行権限（x）を削除する（-）
　　③ その他のユーザー（o）の権限を「rw-」にする
　　④ すべてのユーザー（a）に実行権限（x）を追加する（+）

　このような記法でパーミッションを変更するのが、chmodコマンドのシンボルモードによる指定方法です。シンボルモードには局所的な変更が得意という特徴があります。例えば、オーナーだけに書き込み権限を付与するといった小さい変更は「u+x」のようにシンプルに書くことができます。一方で、オーナーに実行権限を付与して、グループには書き込み権限を付与する、というような比較的大きな変更を行おうとすると、「u+x」と「g+w」をそれぞれ実行する必要があり、手間がかかります。このような大きな変更を行う際には、次に説明する数値モードが役立ちます。

● 数値モード

数値モードとは何かというと、その名のとおり数値でモードを指定する方法のことです。例えば、数値モードを用いて chmod コマンドを実行すると次のようになります。

```
$ touch file
$ chmod 755 file   ←─[数値モードでパーミッションを指定]
$ ls -l file
-rwxr-xr-x 1 hiramatsu hiramatsu 0 10月 28 16:19 file
$ chmod 764 file   ←─[数値モードでパーミッションを指定]
$ ls -l file
-rwxrw-r-- 1 hiramatsu hiramatsu 0 10月 28 16:19 file
```

chmod コマンドの引数に指定している 755 や 764 という数値は何を意味しているのでしょうか？ これらは 3 つの数字に分けることができ、それぞれの数値は「オーナー」「グループ」「その他のユーザー」の権限を表しています。

数値モードでは、それぞれの権限に表 5.8 のような数値が割り振られており、7・5・5 という数値は権限の数値を合計した値になっています。

| 表5.8 | 権限の数値

数値	権限
4	r（読み取り）
2	w（書き込み）
1	x（実行）

このように数値を割り振り、権限なしの「-」を 0 とすれば、

- rwx ➡ 4＋2＋1＝7
- r-x ➡ 4＋0＋1＝5

というように、パーミッションを数字で表現できます。また、chmod コマンドで「764」と指定した場合は、以下のパーミッションを設定したことになります。

- 7 …… オーナーは「rwx」（4＋2＋1）
- 6 …… 所有グループに属するユーザーは「rw-」（4＋2＋0）
- 4 …… その他のユーザーは「r--」（4＋0＋0）

5

　なぜ数値でパーミッションを表現できるのでしょうか？　そもそもパーミッショ
ンには、r/w/xの3つの権限があるか・ないかの2通りずつあるわけなので、2×
2×2＝8通りが存在することになります。つまり数値モードでは、8通りのパー
ミッションを0〜7の8つの数値と対応させることで表現しているわけです。

　数値モードに慣れるために、いくつかのクイズに取り組んでみましょう。以下
それぞれの数値をchmodコマンドの引数に指定した場合、どのようなパーミッショ
ンになるでしょうか？

　　① 254
　　② 142
　　③ 763

　正解は以下です。簡単すぎたでしょうか。

　　① 254　-w-r-xr--
　　② 142　--xr---w-
　　③ 763　rwxrw--wx

　このクイズでのパーミッションは、数値モードの練習として便宜的に用意した
パーミッションであり、オーナーが一番弱い権限になっているなど、実際に登場
する可能性は低いものになっていることに注意してください。

　以上が数値モードによるモードの指定方法でした。シンボルモードと比較して、
オーナー・所有グループ・その他のユーザーにまとめてパーミッションを付与で
きるため、大きな変更がある場合にはシンボルモードよりも便利です。ただ、計
算間違いや書き間違いで、正しくないパーミッションを指定してしまうケースも
多いため、局所的な変更を行うときはシンボルモードのほうが安全でしょう。

　2つのモードの特徴をまとめると**表5.9**のようになります。

| 表5.9 | シンボルモードと数値モードのメリット・デメリット

モード	メリット・デメリット
シンボルモード	・書く手間が大きくなる可能性はあるが、ミスしづらい ・局所的な変更に向いている
数値モード	・書く手間は少ないが、ミスしやすい ・まとめて変更する場合に向く

5

● chmodコマンドの注意点

chmodコマンドによるパーミッションの変更は、あらゆるファイルに対して行えるわけではないことに注意してください。chmodコマンドによってパーミッションを変更することができるのは、そのファイルやディレクトリのオーナーとスーパーユーザー（➡5.4節）のみです。もし誰でもパーミッションを変更できるのであれば、すべての操作が許可されているのと違いがなくなってしまうので、一部のユーザーのみがchmodコマンドを使用できるようになっています。

ノック **5.3 パーミッションを変更する**

ノック 101 コマンド 「example.sh」というファイルに対して、すべてのユーザーに実行権限を追加する

ノック 102 コマンド 「file」というファイルに対して、所有グループに所属するユーザーから書き込み権限を削除する

ノック 103 コマンド 「file」というファイルのパーミッションを「rwx rwx r-x」に変更する

ノック 104 コマンド 「file」というファイルのパーミッションを「r-x r-- ---」に変更する

ノック 105 シンボルモードと数値モードはどのように使い分けるか？

5

パーミッションとスーパーユーザー

5.4 ノック106 ノック107

スーパーユーザーとは

ポイント！

▶ スーパーユーザー（rootユーザー）とは、あらゆる操作が可能な最も強い権限
を持つユーザーのこと

▶ スーパーユーザーに対して、通常の作業に利用するユーザーのことを一般ユー
ザーと言う

▶ 普段は一般ユーザーの制限された権限で操作を行い、強い権限が必要な場面だ
けスーパーユーザーに切り替えて操作を行うようにすることで、安全かつ便利
にマシンを操作できる

パーミッションによって可能な操作が制限されているために、コマンドの実行
が失敗することも当然あります。例えば、/etc/shadowという暗号化されたパス
ワードが記載されたファイルを閲覧しようとすると、次のようにエラーになり
ます。

```
$ cat /etc/shadow
cat: /etc/shadow: 許可がありません    ←──[閲覧に失敗する]    [その他のユーザー
                                                              に閲覧権限がない]
$ ls -l /etc/shadow
-rw-r----- 1 root shadow 1527  7月 23 16:55 /etc/shadow
$ groups    ←──[hiramatsuの所属グループを確認]                [shadowはない]
hiramatsu adm cdrom sudo dip plugdev lpadmin lxd sambashare
```

なぜエラーになっているかというと、閲覧の権限（r）を持っていないからです。
/etc/shadowのパーミッションを見てみると、その他のユーザーには閲覧の権限
が与えられていません。現在ログインしているユーザー（hiramatsu）は、オー
ナー（root）でもなく、所有グループ（shadow）にも属さないその他のユーザーな
ので、catコマンドでの閲覧が失敗しています。

Linuxマシンを使っていると、権限の与えられていない操作を行いたい場面に
遭遇することがあります。そのような場面でよく使われるのが、スーパーユーザー
としてコマンドを実行する方法です。

● スーパーユーザー（rootユーザー）とは

　スーパーユーザーとは、あらゆる操作が可能な最も強い権限を持つユーザーです。ユーザー名がrootであることから、rootユーザー（ルートユーザー）と呼ばれることもあります。またスーパーユーザー（rootユーザー）に対して、これまで使用してきたhiramatsuなど、通常の作業に利用するユーザーのことを一般ユーザーと呼びます。

　スーパーユーザーは、システムの設定ファイルの変更や、アプリケーションのインストールなど、マシンに大きな変更を加える際に利用するユーザーです。一般ユーザーは可能な操作が制限されているため、こういった重大な変更を伴う操作は強い権限を持つスーパーユーザーが行います。

　このとき、いつでもスーパーユーザーで作業をすればいちいち切り替えずに済むと思うかもしれません。しかし、常にスーパーユーザーで作業を行うのはかなり危険が伴います。なぜならスーパーユーザーは、ファイルやディレクトリに設定されているパーミッションに関係なく、あらゆる操作ができてしまうからです。スーパーユーザーを普段使いしていたら、マシンの動作に不可欠なファイルをうっかり削除してしまった、というようなことが起こりかねません。そこでLinuxにおいては、普段は一般ユーザーを利用して、制限された権限で操作を行い、強い権限が必要な場面だけスーパーユーザーに切り替えて操作を行う、という使い方にすることで、安全かつ便利にマシンを操作することができるようにしています（**図5.3**）。

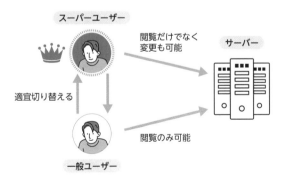

| 図5.3 | スーパーユーザーと一般ユーザーの使い分け

　通常は、スーパーユーザーのパスワードを知っているのはシステム管理者など一部の人のみですが、そういった人でもスーパーユーザーでいきなりログインするわけではありません。システム管理者であっても、コンピュータの起動時には一般ユーザーでログインして、強い権限が必要な場面だけ、シェル上で一時的にスーパーユーザーに切り替わって操作を行い、操作を終えたら一般ユーザーにまた戻る、という運用になります。そうすることで、誤った変更などのトラブルのリスクを最小化しているのです。

　ではどうすれば、一般ユーザーからスーパーユーザーに切り替えることができるのでしょうか？　その方法は、次節以降で学んでいきましょう。

コラム　スーパーユーザーの権限が必要な場面

スーパーユーザーを使用する必要のある場面としては、以下のようなものがあります。

- アプリケーションのインストール
- 重要な設定ファイルの編集
- ユーザーの追加
- グループの追加
- グループにユーザーを追加

たしかにどれも、マシンやアクセス権限に大きな変更を加える操作ですよね。こういった操作は危険が伴うので、スーパーユーザーという強い権限が必要なのです。

5

パーミッションとスーパーユーザー

ノック　5.4　スーパーユーザーとは

106 スーパーユーザー（rootユーザー）・一般ユーザーとはそれぞれ何か？

107 スーパーユーザーと一般ユーザーはどのように使い分けるか？

スーパーユーザーに切り替える

スーパーユーザーに切り替えるためのコマンドが su コマンドです。例えば次のように実行すると、スーパーユーザーに切り替えることが可能です。

```
$ su -   ←(スーパーユーザーに切り替える)
パスワード:   ←(第1章で設定したrootユーザーのパスワードを入力してEnter)
#   ←(プロンプトの右端が「$」から「#」になる)
```

スーパーユーザーに切り替えるには、su コマンドの実行後にスーパーユーザーのパスワードの入力が必要です。1.8節で環境構築したときに設定した、root ユーザーのパスワードを入力しましょう。パスワードを入力しても、端末に入力文字列は表示されませんが、ちゃんと入力されています。入力を完了して Enter キーを押すと、一般ユーザーからスーパーユーザーに切り替わります。プロンプトの右端の部分が「$」から「#」に変わっていますが、これはスーパーユーザーに切り替わった証拠です。

念のため、現在のユーザーが誰になっているかをコマンドで確認してみましょう。現在ログインしているユーザー名を表示するには、whoami コマンド ❶ を使います。

---

❶ 説明不要かもしれませんが、「Who am I?（私は誰？）」が由来です。

```
# whoami          現在ログインしているユーザーを表示する
root              rootユーザー
# pwd
/root             rootユーザーのホームディレクトリ
```

　whoami コマンドの出力を見ると、root ユーザーに切り替わっていることを確認
できます。また、カレントディレクトリが /root に移動していますが、これは root
ユーザーのホームディレクトリです。一般ユーザーのホームディレクトリのパスは、
/home/hiramatsu などの「/home/ ユーザー名」という形式でしたが、root ユーザー
は /root がホームディレクトリになることに注意してください。

　root ユーザーは、すべてのファイルやディレクトリにおいて、あらゆる操作が許
可されているため、一般ユーザーの hiramatsu にはできなかった、/etc/shadow
の閲覧（➡ 5.4 節）も可能です。

```
# cat /etc/shadow
root:$y$j9T$aSXrhqYk5QndgmxDjcRLv.$RIb9X.ux2BVS0Zcf38Q66TbdDyT3vnS9Njc
NAbz1RL5:19274:0:99999:7:::
daemon:*:19213:0:99999:7:::
bin:*:19213:0:99999:7:::
sys:*:19213:0:99999:7:::
（以下略）
```

● 一般ユーザーに戻る

　スーパーユーザーでの操作を終えたら、安全に操作するために一般ユーザーに
戻りましょう。元の一般ユーザーに戻るには、exit とコマンドラインに入力して
実行するか、Ctrl + d を入力します。

```
# exit            スーパーユーザーを終了（Ctrl + dでもよい）
$ whoami
hiramatsu         元の一般ユーザーに戻っている
$ pwd
/home/hiramatsu/work    元のカレントディレクトリに戻る
```

　cat コマンドの引数を省略した場合（➡ 4.4 節）に、Ctrl + d は入力の終了を意
味したのと同様に、スーパーユーザーとしての入力の終了の意味にもなります。

exitと入力するよりも手間が少ないので、ぜひ覚えておきましょう。whoami コマンドの結果からも、一般ユーザーに戻っていますし、カレントディレクトリもスーパーユーザーに切り替える前の位置に戻っていることがわかります。そして、プロンプトのマークが「$」に戻っていることからも、一般ユーザーに戻っていることを確認できます。

　ちなみに、suコマンドの引数に「-」を指定しないと、切り替え前のカレントディレクトリや環境変数（➡ 10.5節）などの状態を引き継いでスーパーユーザーに切り替わります。

```
$ cd /  ←──（カレントディレクトリを変更）
$ su  ←──（状態を引き継いでスーパーユーザーに切り替える）
パスワード：  ←──（rootユーザーのパスワードを入力）
# pwd
/  ←──（カレントディレクトリが引き継がれている）
# cd  ←──（rootユーザーのホームディレクトリに移動）
# pwd
/root
# exit  ←──（スーパーユーザーを終了）
$ pwd
/  ←──（スーパーユーザーに切り替える前のカレントディレクトリ）
```

　切り替え前の一般ユーザーの状態を引き継ぐと、予期せぬ動作になることもあるので、suコマンドには基本的に「-」を付けて実行します。

● ユーザーを切り替える suコマンド

　実は、suコマンドは本来、スーパーユーザーに切り替えるためのコマンドではなく、単にユーザーを切り替えるためのコマンドです。suは「substitute user（代わりのユーザー）」の略で、スーパーユーザーという用語は含まれないことからも、このことがわかります。

> 書式　suコマンド：ユーザーを切り替える
>
> **su ［オプション］［-］［ユーザー名］**

　suコマンドの引数のユーザー名を省略するとスーパーユーザーに切り替わるため、スーパーユーザーに切り替えるコマンドとしても使われるのですが、引数

に既存の一般ユーザー名を指定すれば、一般ユーザーに切り替えることも可能
です。

```
$ su -　●━━━（rootユーザーに切り替え）
パスワード:　●━━━（rootユーザーのパスワードを入力）
# su - hiramatsu　●━━━（hiramatsuに切り替える。rootユーザーなのでパスワード不要）
$ whoami
hiramatsu　●━━━（hiramatsuに切り替わっている）
```

　su コマンドの実行後には基本的に、切り替え先のユーザーのパスワードが求め
られます。ただし、スーパーユーザーが su コマンドを実行する際には、パスワー
ドの入力は不要です。
　このように su コマンドは、本来はユーザーを切り替えるコマンドです。スー
パーユーザーに切り替えるために使われることが多いのですが、本来の機能も
知っておきましょう。

ノック	5.5　スーパーユーザーに切り替える

ノック 108　コマンド　スーパーユーザーに切り替える

ノック 109　コマンド　スーパーユーザーから一般ユーザーに戻る

スーパーユーザーとしてコマンドを実行する

> ▶ suコマンドは、一般ユーザーへの戻り忘れやパスワードの共有の必要性など、フールプルーフの観点からみるとあまり良いコマンドとは言えない
>
> ▶ sudoコマンドは、本来は別のユーザーとしてコマンドを実行する（substitute user do）コマンドだが、主にスーパーユーザーとしてコマンドを実行する用途で使われる
>
> ▶ suコマンドよりもsudoコマンドを使うほうが、パスワードの共有が不要、一般ユーザーへの戻り忘れもない、意識的にスーパーユーザーの権限を使うようになる、などの理由で安全

● suコマンドの問題点

　前節で学んだsuコマンドは、フールプルーフ（➡5.1節）の観点から見ると、あまり良いコマンドとは言えません。なぜなら、一般ユーザーに戻るのを忘れて、スーパーユーザーのまま他のコマンドを実行してしまう恐れがあるからです。

　また、複数人でスーパーユーザーの権限を使いたい場合には、スーパーユーザーのパスワードを共有する必要がありますが、多くの人数で共有するほど、パスワードの流出の危険が増します。そして、スーパーユーザーのパスワードが悪意ある他者に知られてしまうと、システム全体を乗っ取られてしまうため、非常に危険です。そのため最近のLinuxディストリビューションでは、suコマンドの代わりに、sudoコマンドの使用を推奨しているものが多いです。

● sudoコマンドとは

　sudoコマンドとは、スーパーユーザーとしてコマンドを実行するために使われるコマンドです。sudoコマンドなら、スーパーユーザーに切り替えることなく、スーパーユーザーとしてコマンドを実行することができます。

書式 sudoコマンド：スーパーユーザーとしてコマンドを実行する

> **sudo　コマンド**

　例えば次のように実行すると、catコマンドをスーパーユーザーとして実行するので、/etc/shadowを表示することができます。

```
$ sudo cat /etc/shadow ●──（スーパーユーザーとしてコマンドを実行）
[sudo] hiramatsu のパスワード： ●──（一般ユーザーhiramatsuのパスワードを入力）
root:$y$j9T$aSXrhqYk5QndgmxDjcRLv.$RIb9X.ux2BV...RL5:19274:0:99999:7::⏎
:daemon:*:19213:0:99999:7:::
bin:*:19213:0:99999:7:::
sys:*:19213:0:99999:7:::
（中略）
$ whoami
hiramatsu ●──（一般ユーザーのまま）
```

　まず1行目では、sudoコマンドの引数にcatコマンド（cat /etc/shadow）を指定しているので、このコマンドをスーパーユーザーとして実行することになります。sudoコマンドを実行すると、suコマンドと同様にパスワードの入力を求められます。suコマンドでは、スーパーユーザーのパスワードを入力する必要がありましたが、sudoコマンドでは現在作業している一般ユーザーのパスワードを入力します。パスワードを入力してEnterキーを押すと、/etc/shadowが表示されていることから、スーパーユーザーの権限で実行できていることがわかります。

　続いて、whoamiコマンドで現在のユーザーを確認してみると、一般ユーザーhiramatsuのままになっています。また、コマンドの実行後もプロンプトが「$」であることからも、スーパーユーザーに切り替わらず、一般ユーザーのままになっていることがわかります。

　このように、sudoコマンドを使えばスーパーユーザーに切り替えることなく、スーパーユーザーとしてコマンドを実行することができます。

　ちなみに、sudoコマンドもsuコマンドと同様に、本来は別のユーザーとしてコマンドを実行するためのコマンドです。sudoは「substitute user do（代わりのユーザーが実行する）」の略で、suコマンド同様にスーパーユーザーという語は含まれませんが、実用の場面では主にスーパーユーザーとしてコマンドを実行する用途で使われています。

● sudoコマンドのメリット

これまで見てきた特徴を使って、sudoコマンドはsuコマンドの問題点を解決しています。まずsudoコマンドならば、スーパーユーザーとしてコマンドを実行するのに、一般ユーザーのパスワードさえあればよいので、スーパーユーザーのパスワードを複数人で共有する必要がありません。また、コマンド実行後には、引き続き一般ユーザーとして操作を行うことになるので、気づかないうちに強い権限を使ってしまう恐れもありません。さらにsudoコマンドは、スーパーユーザーの権限を使う際に、「sudo」という文字列をコマンド実行のたびに入力する必要があるので、スーパーユーザーの権限を使っていることを意識しやすいというメリットもあるのです（図5.4）。

> スーパーユーザーのパスワードを複数人で共有する必要がない

> 気づかないうちに強い権限を使ってしまう恐れがない

> スーパーユーザーの権限を使っていることを意識しやすい

| 図5.4 | sudoコマンドの3つのメリット

このようなメリットから、最近のディストリビューションにおいては、デフォルトではrootユーザーに切り替えることができないようになっているものも増えています。本書の環境であるUbuntuでも、デフォルトではrootユーザーに切り替えられないようになっていますが、1.8節の環境構築でrootユーザーのパスワードを設定する操作を行うことで、使用できるようにしています（本書ではsuコマンドの学習のために設定しました）。macOSでもデフォルトでは、rootユーザーに切り替えることができないようになっています。

基本的には、スーパーユーザーとしてコマンドを実行するにはsudoコマンドを使うようにしてください。

● sudoコマンドの設定

ここまでの話を聞いて、次のイラストのように思った方もいるかもしれません。

一般ユーザーが自身のパスワードを
入力するだけでスーパーユーザーの権限を使えてしまうなら、
パーミッションの設定ってほとんど意味がないのでは？

　これは核心を突いた疑問です。たしかにここまでの話だけ聞くと、このような疑問が浮かぶのも当然です。一般ユーザーのパスワードを入力しただけで、スーパーユーザーの権限を使えてしまうなら、実質的にすべての一般ユーザーがスーパーユーザーの権限を持っていることになってしまいます。

　実は、一般ユーザーがsudoコマンドで実行できるコマンドは、/etc/sudoersというファイルでユーザーごとに設定できます。このファイルを編集することで、誰にどんなコマンドをsudoで実行することを許可するかを設定できるのです。仕事で使うような場面では、システム管理者が/etc/sudoersを編集して、適切な権限をそれぞれの一般ユーザーに設定しておく必要があります。

　Linux初心者のうちは、/etc/sudoersを編集する機会はないはずです。詳細については他の解説書に譲りますが、このファイルによってsudoコマンドの使用の権限を設定できることは知っておいてください。

注意

/etc/sudoersを編集する際には、vim（vi）コマンド（➡6.1節）を使ってはいけません。誤った書き方で上書き保存してしまうと、どのユーザーもsudoコマンドを使えなくなってしまう恐れがあるためです。vimコマンドの代わりに、上書き保存前に文法チェックを行ってくれる、visudoコマンドという特別なコマンドで編集を行う必要があります。

5

パーミッションと
スーパーユーザー

ノック　　5.6　スーパーユーザーとしてコマンドを実行する

ノック
110

コマンド 「/etc/shadow」というパスワードファイルの内容を、スーパーユーザーとしてcatコマンドを実行することで表示する

ノック
111

suコマンドと比較してsudoコマンドの3つのメリットは何か？

章末ノック

第5章

問題 [解答は351〜353ページ]

ノック 94

フールプルーフ (foolproof) とは何か？

☐☐☐

ノック 95

パーミッションとは何か？

☐☐☐

ノック 96

コマンド hiramatsu というユーザーが所属するグループを一覧表示する

☐☐☐

ノック 97

コマンド /bin/bash のパーミッションを確認する

☐☐☐

ノック 98

オーナー・所有グループとはそれぞれ何か？

☐☐☐

ノック 99

「ls -l」を実行すると、「drwxrw-r-- tanaka teamA ...」と表示された。これはどのような意味か？

☐☐☐

ノック 100

「ls -l」を実行すると、「-rwxr-xr-x root root ...」と表示された。これはどのような意味か？

☐☐☐

ノック 101

コマンド 「example.sh」というファイルに対して、すべてのユーザーに実行権限を追加する

☐☐☐

ノック 102 コマンド 「file」というファイルに対して、所有グループに所属するユーザーから書き込み権限を削除する

ノック 103 コマンド 「file」というファイルのパーミッションを「rwx rwx r-x」に変更する

ノック 104 コマンド 「file」というファイルのパーミッションを「r-x r-- ---」に変更する

ノック 105 シンボルモードと数値モードはどのように使い分けるか？

ノック 106 スーパーユーザー（rootユーザー）・一般ユーザーとはそれぞれ何か？

ノック 107 スーパーユーザーと一般ユーザーはどのように使い分けるか？

ノック 108 コマンド スーパーユーザーに切り替える

ノック 109 コマンド スーパーユーザーから一般ユーザーに戻る

ノック 110 コマンド 「/etc/shadow」というパスワードファイルの内容を、スーパーユーザーとしてcatコマンドを実行することで表示する

ノック 111 suコマンドと比較してsudoコマンドの3つのメリットは何か？

第**6**章

Vim の基本

❶ CLIで操作を行えるようになるための知識

　ここからは、テキストファイルを編集するために使う「Vim」というテキストエディタ（text editor）について学んでいきましょう。これまで見てきたように、Linuxのマシンには多くのテキストファイルが用意されており、その内容を編集する際によく使われるのが、Vimというソフトウェアです。

　Vimは基本的にCLIのテキストエディタなので、直感的に操作できるGUIのものとは異なり、ある程度操作を覚えないとまったく使うことができません。そこで本章では、最低限必要な操作をVimで行えるようになるための基本について学んでいきます。

　Vimの基本をしっかり理解して、シェル上でテキストファイルを編集できるようになっていきましょう。

Vimとは

ポイント！

▶ Vim（ヴィム）は多くのLinuxディストリビューションにデフォルトでインストールされているテキストエディタ

▶ Vimは「Vi improved（改善されたVi）」が名前の由来で、その名のとおりVi（ヴィーアイ）というテキストエディタが改良されたもの

▶ Vimを利用するにはvimコマンドかviコマンドのいずれかを使う

▶ Vimを終了する（quit）には、「:q」と入力する

Vim（ヴィム）は、基本的にCLIで使用するテキストエディタです。ほとんどのLinuxディストリビューションにデフォルトでインストールされていることもあり、多くのユーザーに使われています。

Vimは、GUIのテキストエディタと比べると、直感的には理解しづらい操作性になっています（その理由は後述します）。このため、Vimの基本について知っておかないと、文字の入力や上書き保存など、テキストエディタの超基本の操作すら行うことができません。

そこで本章では、Vimで最低限の操作が行えるようになるための基礎知識について学んでいきます。Linux初心者の方は、Vimの操作に不安を感じることが多いと思いますが、本章で知識を身につけて、自信を持ってVimを操作できるようになっていただきたいと思います。

● Vimのインストール

本書の環境でもVimはデフォルトでインストールされています。確認のために、以下のようにviコマンドに--versionオプションを付けて実行してみましょう。

```
$ vi --version ●───（Vimのバージョンを確認）
VIM - Vi IMproved 8.2 (2019 Dec 12, compiled Apr 18 2022 19:26:30)
Included patches: 1-3995
```

```
Modified by team+vim@tracker.debian.org
Compiled by team+vim@tracker.debian.org
Small version without GUI.  Features included (+) or not (-):
(以下略)
```

　実行結果をよく見てみると、「VIM - Vi IMproved」という記述が最初にあると思います。ここに書かれているとおり、Vimという名前は、Vi（ヴィーアイ）というテキストエディタを改善した（improved）テキストエディタという意味の、Vi improvedが由来となっています。Viは、一昔前に多くのLinuxディストリビューションでデフォルトになっていたテキストエディタなのですが、Vimという上位互換が誕生したために、現在では使われることは基本的にありません。このため現在では、viコマンドを実行すると、ViではなくVimが起動するようになっています。

　また、実行結果の5行目に「Small version」という記述があります。Ubuntuなどのデビアン系のLinuxディストリビューションでは、通常のVimの代わりに、vim-tinyというVimの機能の一部だけを搭載した、いわば低機能版のVimがデフォルトで用意されています。vim-tinyは少々不便なので、以下のコマンドで通常のVimをインストールしておきましょう。

```
$ sudo apt install vim        ←（通常のVimをインストール）
[sudo] hiramatsu のパスワード:   ←（一般ユーザーのパスワードを入力）
パッケージリストを読み込んでいます... 完了
依存関係ツリーを作成しています... 完了
(中略)
続行しますか？ [Y/n] y         ←（「y」(yes) を入力）
```

　ここではsudoコマンドを使ってVimをインストールしています❶。ソフトウェアのインストールは強い権限が必要な操作なので、スーパーユーザーとして実行する必要があります（➡第5章）。一般ユーザーのパスワードを入力してEnterキーを押すと、「続行しますか？ [Y/n]」と聞かれます。「y」(yes) を入力❷してEnterキーを押すとインストールが始まります。完了するまでしばらく待ちましょう。

❶ Ubuntuにおいて「apt install パッケージ名」は、パッケージ（≒アプリケーション）をインストールするためのコマンドです。パッケージのインストール方法は、ディストリビューションによって異なるため、本書では詳しく扱いませんでした。「sudo apt install vim」を実行することで、Vimをインストールしている、ということさえ理解できていれば問題ありません。
❷ 大文字と小文字のどちらで入力してもかまいません。

　インストールが完了したら、再びviコマンドを実行して変化を確認してみましょう。

```
$ vi --version   ●────（Vimのバージョンを確認）
VIM - Vi IMproved 8.2 (2019 Dec 12, compiled Apr 18 2022 19:26:30)
適用済パッチ: 1-3995
Modified by team+vim@tracker.debian.org
Compiled by team+vim@tracker.debian.org
Huge 版 without GUI.  機能の一覧 有効(+)/無効(-)  ●────（「Huge 版」になっている）
（以下略）
```

　実行結果の5行目が「Small version」から「Huge 版」に変わっているのが確認できます。これで、高機能のVimを使用できるようになりました。
　ちなみに、viコマンドではなく、以下のようにvimコマンドでもVimを実行することができます。

```
$ vim --version  ●────（vimコマンドとviコマンドは代替可能）
VIM - Vi IMproved 8.2 (2019 Dec 12, compiled Apr 18 2022 19:26:30)
（以下略）
```

　viコマンドを使ったときとまったく同じ出力になっています。よくある勘違いが、viコマンドではViが起動し、vimコマンドではVimが起動している、というものです。これらのコマンドはどちらもVimを起動するので注意してください❸。

● Vimでファイルを開く

　Vimがインストールできたので、さっそくVimを使ってテキストファイルを編集していきましょう。vimコマンドかviコマンドを実行すると、テキストファイルをVimで開くことができます。本書では、基本的にvimコマンドを利用していきます。

| 書式 | vim (vi) コマンド：Vimでテキストファイルを開く |

> vim テキストファイル名
> vi テキストファイル名

❸ viコマンドを使用すると、代わりにvimコマンドが呼び出されるように、ディストリビューションで設定されているため、このような振る舞いになります。

vimコマンドを実行する前に、作業ディレクトリの中身をすべて削除しておきましょう。

```
$ cd ~/work
$ rm -r *          ← パス名展開（➡ 4.9節）
$ ls          ←  何も表示されない
```

準備ができたら、vimコマンドでVimを使用していきましょう。例えば以下のように実行すると、作成したnewfileというファイルをVimで開くことができます。

```
$ touch newfile    ←  newfileを作成
$ vim newfile      ←  Vimでnewfileを開く
```

実行すると、Vimが開いて、**図6.1**のような画面が開きます。

│ 図6.1 │ Vimの起動画面

Vimでは、何も書かれていない空行を、行頭の「~（チルダ）」で表現します。newfileというファイルは、**touch**コマンドで作成された空のファイルなので、空行を意味する「~」が各行の頭に書かれています。

● Vimを終了する

Vimを終了するには、「:（コロン）」を入力してから「q」を入力します。

6
Vimの基本

```
:q
```

入力すると**図6.2**のように、画面の一番下に入力内容が表示されます。

| 図6.2 | **画面の一番下に入力内容が表示される**

　この状態でEnterキーを押すと、シェルに戻ることができます。qは「quit（終了する）」の略で、「**:q**」と入力することでVimを終了できます。「**:**」の意味については、後ほど詳しく解説します。

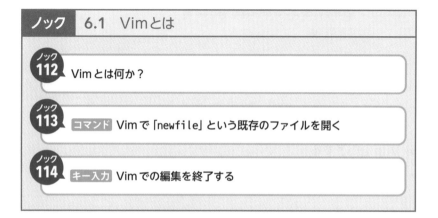

ノック 　6.1　Vimとは

ノック 112 Vimとは何か？

ノック 113 コマンド Vimで「newfile」という既存のファイルを開く

ノック 114 キー入力 Vimでの編集を終了する

6.2

ノック 115 **ノック 116**

Vim とモード

ポイント！

▶ Vim はモード（状態）を持つテキストエディタである

▶ Vim は矢印キーのないキーボードでの操作を前提としており、キーボードのキーの数には限りがあるため、モードを用意することでさまざまな操作ができるようにしている

▶ Vim にはノーマルモード、コマンドラインモード、インサートモード、ビジュアルモードの4つのモードがある

▶ モードごとに可能な操作が異なり、モードを切り替えるには特定のキーを入力する

▶ モードを変更する際には必ずノーマルモードを経由するようにする

Vim を操作するときに絶対に知っておくべきなのが、Vim の4つのモードについてです。Vim は GUI のテキストエディタとは異なり、モードを持つテキストエディタです。ここからは、Vim のモードについて学んでいきましょう。

● モードとは何か？なぜ必要なのか？

まず、モードとは何でしょうか？ 一言で言えば、モードとはシステムが持つ状態のことです❹。モードを用意することで、同じ操作に複数の意味を持たせることができるようになります。

例えば、ドラム式洗濯機なら、洗濯モード・洗濯乾燥モード・乾燥モードなどのモードがあり、モードごとにスタートボタンを押したときの動作が変わります。洗濯モードなら洗濯を開始しますし、乾燥モードなら乾燥を開始するといった具合です。「スタートボタンを押す」という操作は一緒でも、モードが違うので、ボタンを押した結果として生じる動作が変わっているのです。

6

Vimの基本

---

❹ chmod コマンド（➡5.3節）において、モード（mode）はファイルなどに設定されているパーミッションのことを指していました。さまざまな文脈で使われる用語ですが、どれも「状態」の意味だと思っておけば、イメージをつかめるはずです。

　このように複数のモードを用意して、モードごとに動作を変えられるようにすると、ボタンなどインターフェースの部品の数を減らすことができます。1つのボタンの意味をモードごとに変えれば、少ないボタンでさまざまな操作ができるからです。一方で、モードを導入すると操作がわかりづらくなるというデメリットもあります。機能とボタンなどの部品が1対1に対応していないため、モードを意識していないと正しい操作を行えないからです。洗濯機で乾燥をかけるつもりが、モードを間違えて洗濯をしてしまったというミスはよくあると思いますが、これはモードが操作をわかりづらく・間違えやすくしているためです。

　このように、モードにはメリットとデメリットがありますが、Vimはモードを持つテキストエディタです。なぜこのような設計になっているかというと、Vimの元になっているViが誕生した時代には、マウスや矢印キーがそれほど普及していなかった、というのが理由の1つです。つまりViやVimは、矢印キーのないキーボードでの操作を前提として設計されているということです。

　GUIのテキストエディタであれば、ダイアログボックスやドロップダウンメニューなどを使うことによって、非常に多くのボタンを用意することができますが、キーの数に限りがあるキーボードで操作を行うとなると、キーと機能を1対1に対応させるのではキーの数が足りません（**図6.3**）。また、矢印キーが使えないので、文字入力に使うキーを、矢印キーとしても使えるようにする必要があります。そのため、モードを持つ設計になっていると考えられます。

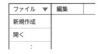

大量のボタンやコマンドもダイアログ
ボックスやドロップダウンメニューで
コンパクトにまとめることができる

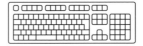

キーの数に限りがあるためモードを
用意しないとキーが足りない

| 図6.3 | GUIとCLI

　また、キーボードだけですべての操作が行えるというのは、プログラマなどのコンピュータの操作に慣れた人々からすれば、マウスに手を移動する必要がなく、むしろ便利に感じるということもあり、マウスや矢印キーが普及した現代でも、モードを持つ設計のままアップデートされています。

● 4つのモード

Vimでは**表6.1**の4つのモードが用意されています。

| 表6.1 | Vimの4つのモード

モード	内容	キー
ノーマルモード	デフォルトのモード	Esc
コマンドラインモード	Vimのコマンドを利用するためのモード	: (コロン)
インサートモード	Vimで開いたファイルに文字を入力するためのモード	i や a など
ビジュアルモード	範囲選択が可能になるモード。「ヤンク」「デリート」「プット」とセットで使われる	v や V など

　それぞれのモードについては、次節から詳しく学んでいきますので、まず現時点で理解していただきたいのは以下の3点です。

- モードによって可能な操作が変わる
- モードを変えるためには特定のキーを入力する
- モードを変える際にはノーマルモードを必ず経由するようにする

　Vimでは、モードによって可能な操作が変わります（**図6.4**）。文字を入力したいなら「インサートモード」、範囲選択したいなら「ビジュアルモード」というように、行いたい操作に応じて適切なモードに切り替える必要があります。また、モードを変更するには特定のキーを用います。「コマンドラインモード」に変えるには、: キーを押します。ノーマルモードに戻るにはEscキーを押します。

　注意点として、モードを変更する際には必ずノーマルモードを経由するようにしましょう。モードの切り替えは非常にややこしいですが、ノーマルモードから各モードへの変更は比較的わかりやすいため、初心者のうちは特に、ノーマルモードに毎回戻る習慣をつけると安心です。

6

Vimの基本

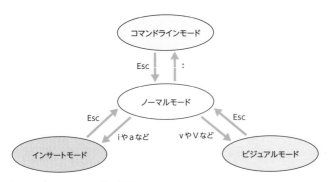

| 図6.4 | Vim のモードの遷移

前節では、「**:q**」と入力することでVimを終了しましたが、そこでは

1. 「**:**」を入力することで、ノーマルモードからコマンドラインモードに切り替え、
2. 「**q**」という終了の意味を持つコマンドを入力することでVimを終了した

というように、モードを切り替えて操作を行っていました。

　本節では、Vimにモードがある理由と、4つのモードの概要について学びました。次節から、それぞれのモードについて詳しく学んでいきますが、モードとキーの関係をしっかり理解していると、Vimの操作がかなりわかりやすくなります。しっかり理解しておきましょう。

ノック 　6.2　Vimとモード

ノック 115　モードとは何か？

ノック 116　Vimにおいて以下のモードはそれぞれどのようなものか？
- ノーマルモード
- インサートモード
- コマンドラインモード
- ビジュアルモード

6.3

ノック **117** ノック **118** ノック **119** ノック **120** ノック **121**

コマンドラインモード

ポイント！

▷ コマンドラインモードは、Vimに用意されているコマンドを利用するためのモード

▷ ノーマルモードからコマンドラインモードに切り替えるには「:」キーを入力する

▷ vimコマンドの引数に存在しないファイル名を指定すると、新規ファイルが作成され、そのファイルをVimで開くことができる

▷ 「:q」で終了、「:q!」で強制終了、「:w」で上書き保存、「:w ファイル名」で名前を付けて保存、「:wq」で上書き保存して終了の意味になる

　Vimのモードのうち、はじめにコマンドラインモードについて学んでいきましょう。コマンドラインモードとは、Vimに用意されているコマンドを利用するためのモードです。これまでシェルで実行してきた、cdコマンドやlsコマンドのようなコマンドとは別に、Vimにも独自のコマンドがいくつか用意されています ❺。

　ノーマルモードからコマンドラインモードに切り替えるには「:」を入力します。「:」から始まる**表6.2**に挙げているコマンドを入力することで、Vimを操作できます。

| 表6.2 | Vimで使うコマンド

コマンド	機能	由来
:q	Vimを終了する（保存されていない変更がある場合は失敗する）	quit（終了する）
:q!	Vimを強制終了する（保存されていない変更を破棄して終了する）	quit（終了する）!は「強制」の意味
:w	上書き保存する	write（書く）
:w ファイル名	名前を付けて保存する	write（書く）
:wq	上書き保存してVimを終了する	wとqの組み合わせ

6

Vimの基本

❺ Vim独自のコマンドは、ここまで学んできたcdコマンドなどとは別の、Vim内部でのみ使えるコマンドです。シェルが実行するのではなく、Vimが実行します。

これら Vim のコマンドを実際に使ってみましょう。ここから、新規ファイルを Vim で作成して、それを保存する操作を行っていきます。

● vim コマンドで新規ファイルを作成する

6.1 節で学んだように、vim コマンドの引数に既存のファイルの名前を指定すると、そのファイルを Vim で開くことができます。実はそれだけでなく、存在しないファイル名を引数に指定すると、そのファイルを作成してから Vim で開くことができます。例えば以下のように、vimfile という存在しない名前のファイルを指定すると、vimfile が作成されて Vim で開きます。

```
$ vim vimfile
```

vimfile を開けたら、「:q」を入力してシェルに戻ってみましょう。ls コマンドで確認してみると、vimfile という名前のファイルは表示されません。

```
$ ls
newfile ●──（vimfileは存在しない）
```

これは、:q には上書き保存の機能はないためです。

● ファイルを上書き保存する

ファイルを上書き保存するには、「:w」と入力する必要があります。:w は「write（書く）」の略なので、上書き保存を意味する記号になっています。もう一度、vimfile を開きます。

```
$ vim vimfile
```

vimfile が開いたら次のように入力し、Enter キーを押してみましょう。

```
:w
```

「:q」を入力して終了したあとで、もう一度 ls コマンドで確認してみましょう。vimfile が作成されています。

```
$ ls
newfile  vimfile  ●────( vimfileが作成されている )
```

また、名前を付けて保存する際には、`:w`の引数にファイル名を指定します。例えば、`newname`という名前で保存したい場合は、次のように実行します。

```
:w newname
```

このようにすると、実行時の内容が記載された、`newname`という名前のファイルが、現在開いているファイルとは別に作成されます。既存のファイルの編集は終了せず、継続できます。

● ファイルに変更を加えた場合の終了方法

文字列を追加するなど、ファイルに対して編集を行った場合には、上書き保存せずに終了しようとすると、次のようなエラーが表示されます。

```
E37: 最後の変更が保存されていません（! を追加で変更を破棄）
続けるにはENTERを押すかコマンドを入力してください
```

このエラーを解決するには、上書き保存するか、もしくは変更を破棄する必要があります。変更を破棄してVimを終了するには、「`:q!`」を入力します。`!`は「強制」の意味を持つことが多い記号なので、quitの`q`と合わせると「強制終了」の意味になります。

```
:q!
```

また上書き保存は、`:q`と`:w`をまとめた`:wq`というコマンドでも可能です。なお`:qw`だとエラーになるので、上書き保存（`w`）したのち終了する（`q`）という、処理の順番どおりに記入するようにしましょう。

```
:wq
```

このように、「`:`」でコマンドラインモードに切り替えた上で、さまざまなコマンドを入力することでVimの上書きや終了の操作が可能になります。ここで紹

6

Vimの基本

介したコマンドは、最も頻繁に使うものだけであり、他にも多くのコマンドが用意されています。まずはVimの終了と上書き保存のコマンドを確実に身につけましょう。

ノック 6.3 コマンドラインモード

ノック 117 キー入力 Vimをノーマルモードからコマンドラインモードに変更する

ノック 118 キー入力 Vimでファイルを上書き保存する

ノック 119 キー入力 Vimでファイルの変更内容を保存せずに強制終了する

ノック 120 キー入力 Vimでファイルに「newname」という名前を付けて保存する

ノック 121 キー入力 Vimでファイルを上書き保存して終了する

　続いて、インサートモードについて学んでいきましょう。インサートモードとは、Vimで開いたテキストファイルに文字を入力するなどの編集を行うためのモードです。文字を挿入する（insert）モードなので、このような名前になっています。テキストファイルに文字を追加するには、ノーマルモードからインサートモードに切り替えた上で、文字入力を行う必要があります。

　ノーマルモードからインサートモードに切り替えるには、**表6.3**に挙げているキーを押します。

| 表6.3 | インサートモードに切り替えるキー

キー	機能	由来
i	インサートモードに切り替え、カーソル位置から入力を開始する	insert（挿入する）
a	インサートモードに切り替え、カーソル位置の1文字右から入力を開始する	append（追加する）

　前節で作成した`newfile`を開いて、インサートモードで編集していきましょう。Vimで`newfile`を開いた状態で、iキーを押すと画面の最下部に**図6.5**のように表示されます。

| 図6.5 | Vimでインサートモードに切り替える

「-- 挿入 --」という文字があることからもインサートモードに切り替わったことがわかります。この状態で文字を入力すると、カーソル位置に文字を記入することができます。

インサートモード中の主な操作として、**表6.4**のようなものがあります。

| 表6.4 | インサートモード中の主なキー操作

キー	機能
矢印キー	カーソル移動
BackSpace	カーソル位置の1文字左の文字を削除
Delete	カーソル位置の文字を削除
Enter	改行

普段使い慣れているGUIのテキストエディタと同様の操作なので、混乱することは少ないでしょう。

インサートモードに切り替えるには、iキー以外にもいくつか方法がありますが、どの位置から文字入力を開始するのか、という違いしかありません。例えばaキーであれば、カーソル位置の1文字右から入力を開始しますし、oキーであれば、新しい行をカーソル位置の下に追加してそこから入力を開始する、といった具合です。矢印キーを使えば、インサートモード中でもカーソルの移動ができます。Enterキーで改行することも可能です。したがって、最初のうちは、iキーだけ覚えておけば十分かと思います。

インサートモードでの文字入力が終了したらEscキーを押して、ノーマルモードに戻るのを忘れないようにしましょう。

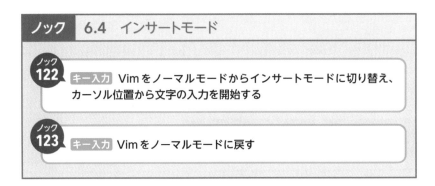

ノック 6.4 インサートモード

ノック 122 キー入力 Vimをノーマルモードからインサートモードに切り替え、カーソル位置から文字の入力を開始する

ノック 123 キー入力 Vimをノーマルモードに戻す

ノーマルモード

> **ポイント！**
>
> ▶ ノーマルモードでは、hjklキーで←↓↑→にカーソル移動ができる
> ▶ ノーマルモードでxキーを押すと、カーソル位置の文字を削除できる
> ▶ ノーマルモードでは、uキーでUndo（元に戻す）、Ctrl＋rでRedo（やり直す）
>   ができる

本節では、ノーマルモードで行える操作について学んでいきます。ノーマルモードで行う代表的な操作には、以下のものがあります。

- 各モードへの切り替え
- カーソル移動
- 文字の削除
- UndoとRedo

1つ目の「各モードへの切り替え」については、6.2節でも学んだので、これ以外の3つの要素について1つずつ見ていきましょう。

● カーソル移動

ノーマルモードでは、カーソル移動を矢印キーで行うことも可能ですが、**表6.5**に挙げているキーを使って移動することも可能です。

| 表6.5 | カーソル移動

キー	操作
h	カーソルを1文字左に移動
j	カーソルを1行下に移動
k	カーソルを1行上に移動
l	カーソルを1文字右に移動

6

Vimの基本

lessコマンドの節（➡4.6節）でも書きましたが、Vimではhjklのキーの並びが、矢印キーの←↓↑→に対応しています。図6.6に示したイメージから、「反転Z形」とでも覚えるとよいでしょう。

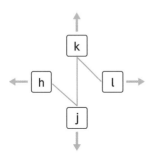

| 図6.6 | hjkl は反転Z形

hjklキーのほうが、矢印キーよりも手に近い位置にあるので、慣れるとhjklを使った操作のほうがやりやすくなります。何度か入力してみて身体で覚えましょう。

● 文字の削除

ノーマルモードでxキーを押すと、カーソル位置の1文字を削除できます（図6.7）。x（エックス）を×（バツ）に見立てて、×から削除を連想すると覚えやすいでしょう。

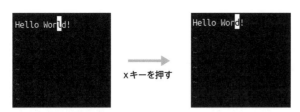

| 図6.7 | 文字の削除

ちなみに、Shift＋xキーでカーソル位置の左の1文字を削除することもできます。こちらは余裕があれば覚えておきましょう。

● Undo と Redo

　直前に行った操作を取り消したいときには、Undo（元に戻す）機能を使います。Vim で Undo を行うには u キーを押します。u は「Undo」の略なので覚えやすいですね。

　一方で、一度 Undo した操作をやり直すには、Redo（やり直す）機能を使います。Vim で Redo を行うには、Ctrl + r キーを使います。r は「Redo」の略ですが、Undo と違って、Ctrl キーを押しながら r キーを押すことに注意しましょう（**図6.8**）。

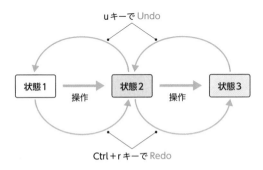

| 図6.8 | Undo と Redo

ポイント！

▶ ビジュアルモードは、Vimで範囲選択を行うためのモード
▶ vキーなどでビジュアルモード（visual mode）に切り替えることができる
▶ xキーで削除、yキーでヤンク（yank）、pキーでプット（put）ができる

Vimの4つ目のモードは、ビジュアルモードです。これは、Vimで範囲選択を行うためのモードです。一般的なGUIのテキストエディタだと、Shiftキーを押しながら矢印キーを押して範囲選択を行えますが、Vimではこのような操作は用意されていません。Vimで範囲選択を行うには、ビジュアルモードに切り替える必要があります。

ビジュアルモードに切り替えるには、**表6.6**に挙げているキーを使います。

| 表6.6 | ビジュアルモードに切り替えるキー

キー	機能
v	カーソル位置から文字単位で範囲選択ができるビジュアルモード
Shift＋v	カーソル位置から行単位で範囲選択ができるビジュアルモード
Ctrl＋v	カーソル位置から長方形の形で範囲選択ができるビジュアルモード

いくつかありますが、まずはvキーだけ覚えておけばよいでしょう。vは「visual（ビジュアル）」の略です。vキーを入力すると、ビジュアルモードに切り替わり、画面の最下部に「-- ビジュアル --」と表示されます。

ビジュアルモード中にカーソルを移動すると、ビジュアルモードの開始時点のカーソル位置から、移動先のカーソル位置の左の1文字までの範囲を選択するこ

とができます（**図6.9**）。ビジュアルモードにおけるカーソル移動の方法は、ノーマルモードと共通で、hjklキーもしくは矢印キーで行います。

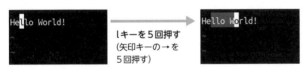

| 図6.9 | ビジュアルモードで範囲指定を行う

● 選択範囲のコピー・削除

そもそもなぜ範囲を選択するのかと言えば、選択した範囲をコピーして別の場所に貼り付けたり、不要な部分をまとめて削除したりするためです。したがって、ビジュアルモードで範囲選択したあとは、その範囲をコピーしたり削除したりするのが基本的な流れになります。

ビジュアルモードで行う主な操作には、**表6.7**に挙げているようなものがあります。範囲を選択してからこれらの操作を行うと、ビジュアルモードが終了してノーマルモードに戻ります。

| 表6.7 | ビジュアルモードで行う主な操作

キー	操作	由来
x	選択範囲を削除する	×（バツ）に似ている
y	選択範囲をヤンクする（コピーする）	yank（ヤンク）
p	削除・ヤンクした文字列をプット（貼り付け）する	put（プット）

ビジュアルモードでもノーマルモードと同様に、選択した範囲をxキーで削除できます。コマンドラインでの削除と同様に、削除した文字を貼り付けることも可能です。削除した文字を貼り付けるには、pキーを押します。pは「put」の略で、Vimでは貼り付け（ペースト）のことをプット（put）と呼びます。また、コピーのことをヤンク（yank）と呼び、yキーでヤンクができます。

非常に混乱しやすいのが、Bashなどのシェルにおいてヤンクは「貼り付け」を意味した（➡3.6節）のに、Vimにおいてヤンクは「コピー」の意味になるということです。yankという英単語は「引っ張る、引っこ抜く」というような意味です。つまり、文字列を引っこ抜いて、別の場所に移動するというようなイメージから、

6

Vimの基本

yankという言葉がコピー＆ペーストの意味で使われています。

つまり、「どこから引っこ抜いたのか？」に着目すれば「コピー」の意味になりますし、引っこ抜いたものを「どこに移動するのか？」に着目すると「ペースト」の意味になります。BashとVimに限った話ではなく、ソフトウェアの開発元が異なれば、同じ単語が別の意味で使われることもあるのです。非常にややこしいところではありますが、この話を覚えておけば混乱はかなり少なくなるでしょう。

注意点として、xキーによる削除やpキーによるプットは、ノーマルモードでも使用できます。ビジュアルモードでのみ使う操作ではないものの、ビジュアルモードで使われることが多いため、本書ではこのようにまとめています。範囲の選択を活用すれば楽になる作業は多いので、主な操作は最低限覚えておきましょう。

コラム	Vim の情報源

本章ではVimの中でも、最も基本的な機能に絞って学びました。Vimは非常に豊富な機能を備えているテキストエディタで、本章で紹介できなかった機能もたくさんあります。Vimを本格的に使用するようになったタイミングで他の便利な機能についても学んでみてください。学ぶための資料として書籍やウェブ記事もよいのですが、一次情報源としては「vim-jp」(https://vim-jp.org/) が参考になると思います。日本語マニュアルをはじめとした、さまざまなリソースがまとまっていますので、ぜひ利用してみてください。

ノック 6.6 ビジュアルモード

ノック127 キー入力 Vimをノーマルモードから、文字単位で範囲選択ができるビジュアルモードに切り替える

ノック128 キー入力 Vimで選択された範囲の文字をヤンクする

ノック129 キー入力 Vimで削除（ヤンク）した文字をカーソル位置にプットする

6 Vimの基本

章末 ノック

第 6 章

問題 ［解答は 353～355 ページ］

ノック **112**

□□□

Vim とは何か？

ノック **113**

□□□

コマンド Vim で「newfile」という既存のファイルを開く

ノック **114**

□□□

キー入力 Vim での編集を終了する

ノック **115**

□□□

モードとは何か？

ノック **116**

□□□

Vim において以下のモードはそれぞれどのようなものか？
● ノーマルモード
● インサートモード
● コマンドラインモード
● ビジュアルモード

ノック **117**

□□□

キー入力 Vim をノーマルモードからコマンドラインモードに変更する

ノック **118**

□□□

キー入力 Vim でファイルを上書き保存する

ノック **119**

□□□

キー入力 Vim でファイルの変更内容を保存せずに強制終了する

6

Vimの基本

ノック 120 キー入力 Vim でファイルに「newname」という名前を付けて保存する
□□□

ノック 121 キー入力 Vim でファイルを上書き保存して終了する
□□□

ノック 122 キー入力 Vim をノーマルモードからインサートモードに切り替え、カーソル位置から文字の入力を開始する
□□□

ノック 123 キー入力 Vim をノーマルモードに戻す
□□□

ノック 124 キー入力 Vim でカーソルを上下左右に移動する
□□□

ノック 125 キー入力 Vim でカーソル位置の文字を削除する
□□□

ノック 126 キー入力 Vim で Undo と Redo を行う
□□□

ノック 127 キー入力 Vim をノーマルモードから、文字単位で範囲選択ができるビジュアルモードに切り替える
□□□

ノック 128 キー入力 Vim で選択された範囲の文字をヤンクする
□□□

ノック 129 キー入力 Vim で削除（ヤンク）した文字をカーソル位置にプットする
□□□

6
Vim の基本

## 第 7 章

標準入出力の活用

❶ CLIで操作を行えるようになるための知識
❸ より高度な操作を実現するための知識

　ここからは、標準入出力について学んでいきましょう。これまで、コマンドの引数にキーボードで値を入力したり、コマンドの実行結果の出力を端末に表示したりしてきましたが、標準入出力とはこのようなコマンドの入力と出力についての話です。

　標準入出力について理解することで、リダイレクトやパイプラインなどの機能を使いこなせるようになります。これらを使うことで、複数のコマンドを組み合わせて、複雑な操作を実現できるようになったり、コマンドの実行結果を端末ではなくファイルに出力したりできるようになります。これらの操作は、CLIを最大限活用する上では欠かせない知識ですので、本章でしっかり理解していきましょう。

　標準入出力を理解することで、CLIの便利さやポテンシャルをこれまで以上に感じられるようになるでしょう。

7.1 ノック130 ノック131

標準入出力 (stdio) とは

> **ポイント！**
>
> ▶ 標準入出力とは、標準入力・標準出力・標準エラー出力の3つの総称
> ▶ 「入出力を何にするか？」という設定をコマンドのプログラム中に書くのではな
>   く、コマンドの利用者に担当させることで、入出力を変えたとしてもコマンドの
>   プログラムを書き換えなくてよくなるのが標準入出力のメリット

　本章では、標準入出力の基本について学んでいきます。まずは入力と出力という用語について考えていきましょう。

● 入力と出力

　コマンドなどのプログラムには、基本的に入力と出力があります。コマンドであれば、「キーボード」が入力になり、「端末」がコマンドを実行した結果の出力先になることが多いですが、これら以外のものが入出力になることもあります。

　例えば、入力がファイルになることもありますし、出力が端末ではなくファイルになったり、別のプログラムの入力になることもあります（**図7.1**）。このように、

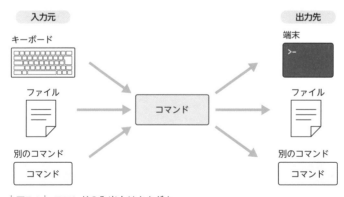

| 図7.1 | コマンドの入出力はさまざま

コマンドなどのプログラムにおいては、入出力を何にするかを選択することができます。

では、どのようにしてプログラムの入出力を指定すればよいのでしょうか?

仮に、入出力を何にするかを、プログラムの中に書いているとしましょう。もしこのような方法で入出力が指定されていた場合、入出力を変えるたびにプログラムを書き換える必要があります（**図7.2**）。

プログラム

| 図7.2 | 入出力がプログラムに書かれている場合

プログラムを変更するのは手間ですし、ある程度のスキルを必要とするため、エンジニアでない一般のユーザーには難しいです。また、プログラムにバグを入れてしまうリスクもありますから、これはあまり良い方法とは言えません。

ここで必要なのは、プログラム中には入出力をどこにつなぐかを記載することなく、入出力を指定できる仕組みです。それが本章で学ぶ、標準入出力という仕組みです。

● 標準入出力 (stdio) のメリット

標準入出力とは、標準入力・標準出力・標準エラー出力の3つの総称で、それぞれは次のような意味です。

- **標準入力 (stdin)** …… プログラムの標準的な入力
- **標準出力 (stdout)** …… プログラムの標準的な出力
- **標準エラー出力 (stderr)** …… プログラムのエラーメッセージの標準的な出力

標準入出力はそれぞれ、「standard input（標準入力）」「standard output（標準出力）」「standard error output（標準エラー出力）」という英語から、stdin・stdout・stdrerrと表記されることもあります。標準入出力は英語で「standard input/output」なので、stdioと表記されます。

　コマンドは標準入力からデータを受け取り、実行結果を標準出力に出力します（**図7.3**）。エラーが発生した場合は、標準エラー出力にエラーを出力します。

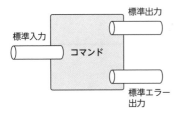

| 図7.3 |　標準入出力

　ここで重要なことは、コマンドは入出力が何になっているかを把握していないということです。コマンドは単に、標準入力から入力を受け取り、標準出力に実行結果を出力し、標準エラー出力にエラーメッセージを出力するだけです。標準入出力が端末につながっているのか、それともファイルにつながっているのか、といったことは、コマンドの知るところではありません。言い換えるならば、コマンドのプログラムの中には、入出力が何なのかは書かれていないのです。

　では、どうやって入出力を指定するのかというと、コマンドの利用時に利用者が指定します。標準入出力の仕組みにおいては、「コマンドの入出力が何か」を管理するのはコマンド自体ではなく、コマンドの利用者の役割です（**図7.4**）。

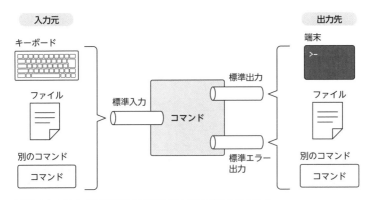

| 図7.4 |　コマンドの利用者が標準入出力をいずれかにつなぐ

　コマンドの利用者がファイルを標準入力につなげば、ファイルからコマンドに入力されます。標準出力を端末につなげば、コマンドの出力が端末に表示されるようになります。デフォルトでは、標準入力はキーボード、標準出力は端末になっているので、ここまで実行してきたコマンドでは、キーボードから入力を行い、端末に出力が表示される、という振る舞いになっていました。

　このように、「入出力を何にするか?」という設定を、コマンドのプログラム中に書くのではなく、コマンドの利用者に担当させることで、入出力を変えたとしても、コマンドのプログラムを書き換えなくてよくなります。これが、標準入出力という仕組みのメリットです。

　このため、コマンドの利用者 (本書を読んでいるあなた) には、コマンドの入出力を適切に設定する責任があるということです。ならば、標準入出力につなぐものを設定するには、一体どうすればよいのでしょうか? その方法は、次節で学んでいきましょう。

ノック ┃ **7.1　標準入出力 (stdio) とは**

標準入出力 (stdio) とは何か?

標準入出力のメリットは何か?

7.2

ノック 132　ノック 133　ノック 134　ノック 135

リダイレクト

ポイント！

▶ 標準入出力を切り替える機能のことをリダイレクトと言う

▶ リダイレクトは主に、標準出力と標準エラー出力を端末からファイルに変更する
用途で使われる

▶ 標準入出力は、標準入力が「0」、標準出力が「1」、標準エラー出力が「2」に対応
しており、0・1・2の3つの整数で表現することができる

▶ ファイルの上書きには「>」、ファイルへの追記には「>>」が使われる

▶ 標準入力のリダイレクトも可能だが、ほとんどのコマンドでは引数でファイルを
渡せるためあまり使われない

　ここからはリダイレクトについて学んでいきます。リダイレクトとは、標準入出
力を切り替える機能のことです。リダイレクトは特に、コマンドの出力先を端末か
らファイルに変更して、コマンドの実行結果をファイルに保存する用途で使われ
ることが多いです。まずは、標準出力のリダイレクトから学んでいきましょう。

● 標準出力のリダイレクト

　デフォルトでは、標準出力は端末につながれているため、コマンドの実行結果
は端末に表示されます。ですが、リダイレクトを使えば、標準出力をファイルに変
更することもできます。例えば、次のように実行すると、historyコマンドの出力
をファイルに保存できます。

```
$ history 3 > histroy.txt      ← 標準出力をファイルへリダイレクト
$ cat history.txt
  165   vim newfile
  166   vim newfile            ← historyコマンドの出力が保存されている
  167   history 3 > history.txt
```

　「>」という記号がリダイレクトの記述です。このように書くことで、標準出力を

「>」の右側に書いた名前のファイルにつなぐことができます。前ページの実行例では、`history`コマンドの実行結果が、端末に表示されていません。これはリダイレクトによって、コマンドの標準出力が端末から`history.txt`というファイルに変更されているからです（**図7.5**）。

標準出力に存在しないファイル名が指定された場合は、その名前のファイルが新規作成されるので、前ページの例では`history.txt`が新規作成されています。このファイルを`cat`コマンドで表示してみると、`history`コマンドの実行結果と同じ内容になっていることを確認できます。

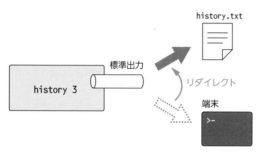

| 図7.5 | 標準出力を端末からファイルに変更

このように、コマンドの実行結果を端末に表示する代わりに、ファイルに保存したい場合、リダイレクトを役立てることができます。

● 出力先に既存のファイルが指定された場合

出力先に既存のファイルが指定された場合、リダイレクトの結果はどのようになるでしょうか？ 例えば、`ls`コマンドの出力を、既存のファイルである`history.txt`にリダイレクトすると、次のようになります。

```
$ ls history.txt > history.txt    ●──（既存ファイルにリダイレクト）
$ cat history.txt
history.txt    ●──（上書きされている）
```

`cat`コマンドの出力を見ると、`history.txt`の内容が上書きされています。このように、リダイレクトで出力先に既存のファイルが指定された場合、「>」を使うとファイルの内容を上書きします。

　ファイルの上書きではなく、ファイルの末尾に追加する方法もあります。次のように実行すると、history.txtの末尾にhistoryコマンドの結果を追加します。

```
$ history 3 >> history.txt   ●──（history.txtの末尾に追加）
$ cat history.txt
history.txt   ●──（元の内容が消えていない）
  169  ls > history.txt
  170  cat history.txt
  171  history 3 >> history.txt
```

　「>>」という記号を使うことで、内容を上書きするのではなく、既存のファイルの末尾に出力を追加することができています。こちらも使えるようになっておきましょう。

● 標準エラー出力のリダイレクト

　ここまで、標準出力のリダイレクトについて見てきましたが、標準エラー出力もリダイレクトが可能です。標準出力と同様に、標準エラー出力もデフォルトでは端末に設定されています。例えばcatコマンドで、存在しないファイルであるnotexist.txtというファイルを指定してみると、次のようにエラーメッセージが表示されます。

```
$ cat notexist.txt   ●──（存在しないファイルを表示）
cat: notexist.txt: そのようなファイルやディレクトリはありません
```

　標準出力と標準エラー出力は、どちらも端末に表示されるので、識別しづらいのですが、リダイレクトを使うと違いがわかりやすくなります。標準エラー出力をリダイレクトするには、「2>」という記号を使います。例えば、標準エラー出力をerror.txtというファイルにリダイレクトするには、次のように実行します。

```
$ cat notexist.txt 2> error.txt   ●──（標準エラー出力をリダイレクト）
$ cat error.txt
cat: notexist.txt: そのようなファイルやディレクトリはありません
```

　先ほど表示されたエラーメッセージが端末には表示されておらず、リダイレクトしたファイルに保存されていることから、標準エラー出力が端末からファイル

にリダイレクトされていることがわかります。

　なぜ「2>」のように、2という数字が登場するのかというと、標準入出力は0・1・2の3つの整数で表現することができるからです。標準入力が0、標準出力が1、標準エラー出力が2に対応しているので、「2>」で「標準エラー出力 (2) をリダイレクト (>)」という意味になります。また、標準出力をリダイレクトするときには、「>」の代わりに「1>」と書くこともできます。

　標準エラー出力のリダイレクト先に、既存のファイル名が指定された場合、標準出力の場合と同様に、ファイルの内容が上書きされます。上書きされると困る場合は、「2>>」という記号を使うとファイルの末尾に追加できます。

```
$ ls notexist.txt 2> error.txt    ← 2>だと上書きされる
$ cat error.txt
ls: 'notexist.txt' にアクセスできません: そのようなファイルやディレクトリはありません
$ cat notexist.txt 2>> error.txt    ← 2>>なら末尾に追加される
$ cat error.txt
ls: 'notexist.txt' にアクセスできません: そのようなファイルやディレクトリはありません
cat: notexist.txt: そのようなファイルやディレクトリはありません    ← 末尾に追加されている
```

● 標準出力と標準エラー出力を両方リダイレクト

　標準出力と標準エラー出力の両方をリダイレクトすることも可能です。どちらもデフォルトでは端末につながれているので、以下のコマンドを実行すると、標準出力と標準エラー出力の両方から端末に出力されます。

```
$ cat /etc/hostname notexist.txt
hiramatsu-VirtualBox    ← 標準出力
cat: notexist.txt: そのようなファイルやディレクトリはありません    ← 標準エラー出力
```

　catコマンドの引数に指定された2つのファイルのうち、/etc/hostnameは存在するファイルなので内容が表示されていますが、notexist.txtは存在しないファイルなのでエラーになっています。このように、標準出力と標準エラー出力の両方に出力がある場合もあります。

　このとき、次のように実行すれば、標準出力と標準エラー出力をそれぞれ別のファイルに保存できます。

```
$ cat /etc/hostname notexist.txt > result.txt 2> error.txt
$ cat result.txt
hiramatsu-VirtualBox  ←──（標準出力が保存されている）
$ cat error.txt                              （標準エラー出力が保存されている）
cat: notexist.txt: そのようなファイルやディレクトリはありません  ←
```

　「> result.txt」の部分では標準出力をリダイレクトしており、「2> error.txt」の部分では標準エラー出力をリダイレクトしています。それぞれの出力が別のファイルに保存されているのです。

　標準出力と標準エラー出力を同じファイルにリダイレクトする場合は、次のように書きます。

```
$ cat /etc/hostname notexist.txt > cat.txt 2>&1
$ cat cat.txt
hiramatsu-VirtualBox
cat: notexist.txt: そのようなファイルやディレクトリはありません
```

　「2>&1」という記述は、「標準エラー出力（2）は、標準出力（1）のリダイレクト先と同じ（&）ものにリダイレクト（>）」という意味になります。このため、どちらの出力もcat.txtに保存されています。

● 標準入力のリダイレクト

　最後に、使う機会は少ないのですが、標準入力をリダイレクトすることも可能です。

```
$ cat < /etc/hostname  ←──（標準入力をリダイレクト）
hiramatsu-VirtualBox
```

　多くのコマンドでは、わざわざリダイレクトを用いなくても、引数にファイルを指定できるので、標準入力のリダイレクトはあまり使われません。とりあえずは、存在を知っておくだけでいいでしょう。

```
$ cat /etc/hostname  ←──（多くの場合は引数に指定すればよい）
hiramatsu-VirtualBox
```

● リダイレクトのまとめ

ここまでの話をまとめると、**表7.1** のようになります。

| 表7.1 | リダイレクトの記号のまとめ

記号	機能
`> FILE`	標準出力をFILEに変更する
`>> FILE`	標準出力の出力をFILEの末尾に追加する
`2> FILE`	標準エラー出力をFILEに変更する
`2>> FILE`	標準エラー出力の出力をFILEの末尾に追加する
`> FILE 2>&1`	標準出力と標準エラー出力の両方をFILEに変更する
`< FILE`	標準入力をFILEに変更する

リダイレクトは基本的に、標準出力と標準エラー出力を端末からファイルに切り替える用途で使われ、コマンドの実行結果をファイルに保存したい場面で役立ちます。しっかり身につけておきましょう。

ノック　7.2　リダイレクト

ノック 132 リダイレクトとは何か？

ノック 133 コマンド カレントディレクトリの中身を一覧表示した結果を「ls.txt」という名前のファイルとして保存する

ノック 134 コマンド カレントディレクトリ内の「file」というファイルの末尾に「Hello」という文字列を追加する

ノック 135 コマンド マシン内から「log」という名前のファイルを検索して、検索結果を「logs.txt」、エラーメッセージを「error.txt」というファイルにそれぞれ保存する

7.3 _{ノック}136 _{ノック}137

/dev/null

▶ /dev/nullは、入力に指定すると何もデータを返さず、出力に指定すると書き
込まれたデータをすべて破棄する、という性質を持つ特殊なファイル

▶ /dev/nullは、標準出力と標準エラー出力のどちらかだけを表示できるように
することで、問題解決をしやすくするために使われる

リダイレクトとセットで使用すると便利なファイルが、/dev/null というファイ
ルです。/dev/nullは「デブヌル」や「ヌルデバイス」と読みます。/dev/nullは、
デバイスファイル（スペシャルファイル）という特殊なファイルの1つで、以下の
ような特徴を持っています。

● 入力に指定すると、何もデータを返さない
● 出力に指定すると、書き込まれたデータをすべて破棄する

例えば、catコマンドの標準出力を/dev/nullにリダイレクトすると、次のよう
になります。

```
$ cat /etc/hostname notexist.txt > /dev/null        ┤エラーメッセージだけが表示される├
cat: notexist.txt: そのようなファイルやディレクトリはありません  ◄─┘
$ cat /dev/null   ◄───┤何も表示されない├
```

実行結果を見てみると、/etc/hostnameの内容は表示されておらず、エラーメッ
セージだけが端末に表示されています。標準出力をリダイレクトしているのでこ
れは当然なのですが、注目すべきは、/dev/nullをcatコマンドで表示した結果
です。これまでの知識から考えると、/dev/nullが上書きされて、/etc/hostname
の内容が表示されるはずですが、何も表示されていません。

これは、/dev/nullの性質によるものです。まず、/dev/nullが出力に指定され
ると、書き込まれたデータをすべて破棄します。このため、上のcatコマンドの
標準出力は、どこにも保存されずに破棄されています。そして、/dev/nullをcat

コマンドで表示しようとしていますが、/dev/null が入力に指定されると、/dev/null は何もデータを返さないので、cat コマンドで表示しようとしても何も表示されません。

● /dev/null の用途

このような特徴のある /dev/null ですが、主に標準出力や標準エラー出力を破棄したい場合に使われます。言い換えると、エラーメッセージだけに注目したい場合や、エラーメッセージを無視したい場合に使われます。

例えば、デバッグをするときに、エラーメッセージさえ見られれば十分な場合は、/dev/null で標準出力を破棄して、標準エラー出力だけを表示するのがおすすめです。なぜなら、人間の注意力には限りがあり、一度に大量の情報を処理することを苦手としているからです。一度に扱う情報量をなるべく小さくすることで、注意力が分散せず、エラーメッセージに集中できるようになるので、問題を解決しやすくなります。

また、標準エラー出力を /dev/null につないで破棄して、標準出力だけに注目するのも、同様の理由で有効な場合があります。つまり、標準出力と標準エラー出力のどちらかだけを表示できるようにすることで、問題解決をしやすくするのが /dev/null の価値ということです。

/dev/null という特殊なファイルも、リダイレクトとあわせて覚えておきましょう。

ノック　7.3　/dev/null

ノック 136　/dev/null とはどのようなファイルか？

ノック 137　**コマンド** ホームディレクトリ以下から名前の末尾が「.sh」のファイルを検索したときの検索結果だけを表示する（エラーメッセージは表示しない）

7.4 ノック 138 ノック 139

パイプライン

▶ パイプラインとはコマンドの標準出力に別のコマンドの標準入力をつなぐ機能のこと

▶ 「｜（パイプ）」でコマンドをつなぐことでパイプラインを実現できる

▶ パイプラインを使えば、複雑な処理を1行のコマンドラインで書けるようになり、操作の再利用がしやすくなる

　ここからは、標準入出力において、リダイレクトと並んで重要な機能であるパイプラインについて学んでいきましょう。パイプラインとは、コマンドの標準出力に別のコマンドの標準入力をつなぐ機能のことです。パイプラインを利用するには、パイプ（｜）と呼ばれる記号を使って複数のコマンドをつないで書きます。

 書式 | パイプライン：コマンドの標準出力に別のコマンドの標準入力をつなぐ機能

```
コマンドA  ｜  コマンドB ［ ｜ コマンドC］ ...
```

　パイプラインは、単に「パイプ」と呼ばれることもありますが、本書では「｜」という記号のことを「パイプ」、パイプを使ってコマンドの標準出力に別のコマンドの標準出力をつなぐことを「パイプライン」と呼ぶことにします（**図7.6**）。

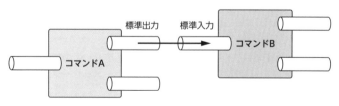

パイプラインとは　コマンドの標準出力に別のコマンドの標準入力をつなぐ機能

$ コマンドA ｜ コマンドB

標準出力　　標準入力

コマンドA　　コマンドB

| 図7.6 | パイプライン

　実際にパイプラインを使ってみましょう。例えば次のように実行すると、 lsコマンドの標準出力をcatコマンドの標準入力につないで、lsコマンドの結果を行番号付きで表示します。

```
$ ls / | cat -n  ●━━━(パイプで2つのコマンドをつなぐ)
     1  bin
     2  boot
     3  cdrom
     4  dev
     5  etc
（以下略）
```

　上の実行例では、lsコマンドとcatコマンドをパイプ（|）でつないで、lsコマンドの標準出力にcatコマンドの標準入力をつなげています。lsコマンド自体には、行番号を付けて表示する機能はありませんが、catコマンドの -n オプションと組み合わせると行番号付きで表示できるのです。パイプラインを使えばこのように、複数のコマンドの機能を組み合わせることが可能になります。

　また、3つ以上のコマンドをパイプでつなぐことも可能です。例えば、次のように実行すると、lsコマンドの出力に行番号を付けて、スクロール表示することができます（4.6節末のコラムも参照してください）。

```
$ ls /  |  cat -n  |  less
  ❶         ❷          ❸
```

　❶　ルートディレクトリの中身を一覧表示
　❷　行番号を付ける
　❸　スクロール表示する

● パイプラインのメリット

　これまで見てきたコマンドは、それぞれはとても小さな機能しか持ちません。しかしパイプを使ってコマンドをつないでいくことで、小さな機能が組み合わさって、複雑な機能を実現することができます。特に、次章で学ぶテキスト処理のコマンドをパイプで組み合わせれば、コマンドの実行結果を自在に整形できるようになります。

　また、パイプラインを使えば、コマンドをいくつ組み合わせたとしても1行のコ

7

標準入出力の活用

マンドラインで処理を書くことができるのは大きなメリットです。つまり、かなり複雑な操作であったとしても、1行のコマンドラインを再利用するだけで、何度でも簡単に操作を繰り返すことができるのです。これはGUIにはない、CLIの強みです。GUIで作業を自動化するためには、ある程度複雑なプログラムを書く必要がありますが、CLIではたった1行のコマンドラインで済んでしまうこともよくあります。

このように、CLIの強みを最大限発揮するための機能がパイプラインです。次章でテキスト処理のコマンドを学びながら、パイプラインについてさらに詳しく見ていきましょう。

ノック 7.4 パイプライン

ノック 138 パイプラインとは何か？

ノック 139 コマンド ルートディレクトリ内のファイルとディレクトリを一覧表示した結果を行番号付きで表示する

章末ノック　第7章

問題　[解答は355、356ページ]

ノック 130

標準入出力 (stdio) とは何か？

ノック 131

標準入出力のメリットは何か？

ノック 132

リダイレクトとは何か？

ノック 133

コマンド カレントディレクトリの中身を一覧表示した結果を「ls.txt」という名前のファイルとして保存する

ノック 134

コマンド カレントディレクトリ内の「file」というファイルの末尾に「Hello」という文字列を追加する

ノック 135

コマンド マシン内から「log」という名前のファイルを検索して、検索結果を「logs.txt」、エラーメッセージを「error.txt」というファイルにそれぞれ保存する

ノック 136

/dev/null とはどのようなファイルか？

ノック 137

コマンド ホームディレクトリ以下から名前の末尾が「.sh」のファイルを検索したときの検索結果だけを表示する（エラーメッセージは表示しない）

7

標準入出力の活用

パイプラインとは何か？

□□□

コマンド　ルートディレクトリ内のファイルとディレクトリを一覧表示した結果を行番号付きで表示する

□□□

## 第 8 章

テキスト処理の基本コマンド

❶ CLIで操作を行えるようになるための知識

❸ より高度な操作を実現するための知識

　ここからは、テキスト処理の基本コマンドについて学んでいきます。テキスト処理とは、テキスト（文字列）に対して操作を行うことです。「並べ替える」「一部だけを取り出す」「置換する」といった操作が、テキスト処理の代表例です。

　テキスト処理ができるようになると、テキストを自在に整形できるようになります。例えば、コマンドの実行結果の出力行数が多すぎる場合、テキスト処理を施して、見たい行だけを取り出せば、実行結果の解釈がしやすくなります。Linuxで扱うファイルやデータのほとんどはテキストで書かれていますから、テキストを自在に処理できることは、とても重要なスキルなのです。

　テキスト処理のコマンドをパイプラインで組み合わせることで、複雑なデータ操作も1行のコマンドラインで行えるようになります。テキスト処理を学ぶことで、CLIのパワフルさを感じてみてください。

8.1

ノック **140** ノック **141**

フィルタとは

ポイント！

▶ フィルタとは、標準入力からデータを受け取り、処理の結果を標準出力へ出力するプログラムのこと

▶ フィルタを通すたびに、元のテキスト（データ）が加工されていく

▶ コマンドの出力結果にテキスト処理を行えば、実行結果を解釈しやすくなる

▶ それぞれのフィルタはとても小さな機能しか持たないが、パイプでつなぐことでデータ集計などの複雑な操作も可能になる

　テキスト処理のコマンドはフィルタ（フィルタコマンドとも言う）として実装されています。フィルタとは、標準入力からデータを受け取り、処理の結果を標準出力へ出力するプログラムのことです（図8.1）。

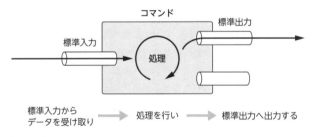

| 図8.1 | フィルタ

　4.5節でも少し触れましたが、これまでに学んだコマンドでは、cat コマンド・head コマンド・tail コマンドはフィルタです。cat コマンドは、標準入力から受け取ったデータをそのまま標準出力へ出力します。head コマンドと tail コマンドは、標準入力から受け取ったデータの先頭だけ、あるいは末尾だけを標準出力へ出力します。

```
$ ls / | cat          標準入力をそのまま標準出力へ出力
bin
boot
(中略)
usr
var
$ ls / | head -n3      標準入力の先頭だけ標準出力へ出力
bin
boot
cdrom
$ ls / | tail -n3      標準入力の末尾だけ標準出力へ出力
tmp
usr
var
```

上の実行例の、それぞれのコマンドラインでは、ls コマンドの出力❶をフィルタに通しています。フィルタに通すことでデータの形が変わり、元の出力の一部だけを取り出すことができるようになります（**図8.2**）。

| 図8.2 | フィルタはデータを加工して出力する

このようにフィルタを通すことで、元のテキスト（データ）を加工していくことをテキスト処理と言います。本章で扱うテキスト処理のコマンドは**表8.1**のとおりで、これらはすべてフィルタとして実装されています。

---

❶ ls コマンドにおいて、-l オプションを指定せず、端末が標準出力になっている場合には、端末の幅に合わせて、ファイルの一覧を複数の列にして表示が行われますが、それ以外の場合は基本的に、ファイルごとに1行の出力になります。

| 表8.1 | テキスト処理の主なコマンド

コマンド	機能
cat	入力をそのまま出力する
head	入力の先頭だけ出力する
tail	入力の末尾だけ出力する
wc	入力の行数や単語数などを出力する
sort	入力を並べ替えて出力する
uniq	入力の重複を取り除いて出力する
tr	入力を置換して出力する
grep	入力からパターンに一致する行だけを取り出して出力する
awk	入力から指定した列だけを取り出す

　CLIにおいて、テキスト処理は非常に重要です。コマンドの実行結果には、大量のテキストが表示されることもあり、その中から必要な情報を探し出すのは、とても大変です。ですが、テキスト処理を行って、そもそも必要な情報しか表示されないようにすれば、より簡単にコマンドの出力を解釈できるようになります。また、複数のフィルタをパイプでつなげば、集計作業などの複雑なデータ操作も可能になります。それぞれのフィルタはとても小さな機能しか持ちませんが、パイプでつなぐことで、複雑な操作を行うこともできるのです。次節以降では、これらのフィルタについて1つずつ学んでいきます。

ノック　8.1　フィルタとは

ノック 140　フィルタとは何か？

ノック 141　テキスト処理はどのような場面で役立つか？

8.2

ノック **142** ノック **143**

wc コマンド

入力の行数や単語数などを出力する

ポイント！

▶ wc コマンドは、入力の行数や単語数 (word count) などを出力するコマンド

▶ オプションなしで実行すると、行数、単語数、バイト数の順番で表示される

▶ 行 (lines) 数だけを出力する−l オプションを使えば、データの件数などをカウントできる

wc コマンドは、入力の行数や単語数などを出力するコマンドです。wc は「word count（単語数）」の略です。

 書式 wc コマンド：入力の行数や単語数などを出力する

> **wc ［オプション］ ファイル名**

例えば、/etc/crontab の行数・単語数・バイト数を表示するには、次のように実行します。

```
$ wc /etc/crontab ←─ 行数・単語数・バイト数をカウント
23  206 1136 /etc/crontab
```

数字が 3 つ並んでいますが、左から行数（23）、単語数（206）、バイト数（1136）という意味です。デフォルトでは、3 つの情報が表示されますが、次のようにオプションを付けることで、それぞれ 1 つだけを表示することもできます。

```
$ wc -l /etc/crontab ←─ 行 (lines) をカウント
23 /etc/crontab
$ wc -w /etc/crontab ←─ 単語 (word) をカウント
206 /etc/crontab
$ wc -c /etc/crontab ←─ バイト (byte) をカウント
1136 /etc/crontab
```

　この中でも特に覚えるべきオプションは、行数を数える-lオプションです。-l
は「lines（行）」の略です。例えば次のように、lsコマンドの出力の行数を数えれ
ば、引数に指定したディレクトリの中にある、ディレクトリやファイルの数を数え
ることが可能です。

```
$ ls /
bin     dev     lib     libx32      mnt     root    snap        sys     var
boot    etc     lib32   lost+found  opt     run     srv         tmp
cdrom   home    lib64   media       proc    sbin    swapfile    usr
$ ls / | wc -l      ●──（フィルタとして使用）
25
```

　特に1行に1件のデータが書かれているファイルを扱う場合、行数を数えるこ
とで、データの件数を数えることができます。これはよく使うことになるので、
まずは-lオプションを覚えておきましょう。

| ノック | 8.2　入力の行数や単語数などを出力する |

コマンド カレントディレクトリの「file」というファイルの行数・単
語数・バイト数を表示する

コマンド ルートディレクトリ内のファイルとディレクトリの数をカウ
ントして表示する

8.3 ノック144 ノック145 sortコマンド

入力を並べ替えて出力する

▶ sortコマンドは、テキストを行単位でソート (sort) するためのコマンド
▶ オプションを付けないと、一番左の列を基準にしてアルファベット順に並べ替える
▶ −rオプションを使うと逆 (reverse) 順に並べ替える
▶ −kオプションを使うと複数列からなるテキストにソートキー (sort key) を指定できる
▶ −nオプションを使うと数値 (number) 順に並べ替える

sortコマンドは、テキストを行単位で並べ替えるためのコマンドです。特定の規則に従ってデータを並べ替えることを、sort（ソート）と言うので、このような名前が付いています。

 書式　sortコマンド：ファイルの中身を並べ替えて表示する

> sort ［オプション］ ファイル名

例えば次のように実行すると、ログインシェルに設定できるシェルのパスが書かれたファイルである /etc/shells を、アルファベット順に並べ替えることができます。

```
$ cat /etc/shells
# /etc/shells: valid login shells
/bin/sh
/bin/bash
/usr/bin/bash
/bin/rbash
/usr/bin/rbash
/usr/bin/sh
/bin/dash
/usr/bin/dash
```

```
$ sort /etc/shells  ●──（アルファベット順にソート）
# /etc/shells: valid login shells
/bin/bash
/bin/dash
/bin/rbash
/bin/sh                              ─（順番が変わっている）
/usr/bin/bash
/usr/bin/dash
/usr/bin/rbash
/usr/bin/sh
```

オプションを付けないとアルファベットの昇順（a→zの順番）でソートされます
が、降順（z→aの順番）にしたい場合は、-rオプションを指定して次のように実
行します。

```
$ sort -r /etc/shells  ●──（アルファベットの降順でソート）
/usr/bin/sh
/usr/bin/rbash
/usr/bin/dash
/usr/bin/bash
/bin/sh
/bin/rbash
/bin/dash
/bin/bash
# /etc/shells: valid login shells
```

-rは「reverse（逆）」の略です。アルファベットに限らず、デフォルトとは逆の
順番に並べ替えることができます。

● 指定した列で並べ替える　　　　　　　　　　-kオプション

lsコマンドの-lオプションの出力のように、複数列からなるテキストもあり
ます。このようなテキストにsortコマンドを使うと、一番左の列（以下の例では
ファイル種別とパーミッションの部分）を基準にソートが行われます。

```
$ ls -l / | sort  ●──（sortコマンドをフィルタとして使用）
-rw-------   1 root root 2243952640 10月  9 11:25 swapfile
dr-xr-xr-x  13 root root          0 10月 21 12:39 sys
dr-xr-xr-x 250 root root          0 10月 21 12:39 proc
（中略）
```

```
lrwxrwxrwx  1 root root         9 10月  9 11:26 lib32 -> usr/lib32
lrwxrwxrwx  1 root root         9 10月  9 11:26 lib64 -> usr/lib64
lrwxrwxrwx  1 root root        10 10月  9 11:26 libx32 -> usr/libx32
合計 2191440
```

複数列からなるテキストをソートする場合、-kオプションを使えば、指定した
列を基準にして並べ替えを行うことができます。例えば次のように実行すると、
一番右（左から9番目）の列を基準にして、アルファベットの降順で並べ替えるこ
とができます。

```
$ ls -l / | sort -k9 -r  ●────（左から9番目の列を基準に逆順でソート）
drwxr-xr-x  14 root root    4096  8月  9 20:54 var
drwxr-xr-x  14 root root    4096  8月  9 20:48 usr
drwxrwxrwt  21 root root    4096 11月  7 11:54 tmp
（中略）
drwxrwxr-x   2 root root    4096 10月  9 11:33 cdrom
drwxr-xr-x   4 root root    4096 11月  3 11:46 boot
lrwxrwxrwx   1 root root       7 10月  9 11:26 bin -> usr/bin
合計 2191440
```

-kオプションは引数を持つオプションで、引数には並べ替えの基準となる列が
左から何番目かを指定します。上の例では9を指定している（-k9）ので、左から
9番目（一番右）の列を基準に並べ替えています。上の例では、わかりやすくする
ために-kオプションと-rオプションを分けていますが、「-rk9」や「-k9r」のよう
にまとめて指定することも可能です。

-kは「key（キー、鍵）」の略です。並べ替えの基準となる項目のことをソート
キー（sort key）と呼ぶことから、-kオプションでソートキーを指定できるように
なっています。

● **数値順に並べ替える**　　　　　　　　　　　　　　　-nオプション

アルファベット順ではなく、数値順に並べ替えることもできます。数値順に並
べ替えるには、-nオプションを使います。-nは「number（数値）」の略です。
例えば、ルートディレクトリ内のファイルやディレクトリをリンクカウント順に並
べ替えるには、次のように実行します。

```
$ ls -l / | sort -nk2    ←──── 左から2番目の列を基準に数値順でソート
-rw-------   1 root root 2243952640 10月  9 11:25 swapfile
lrwxrwxrwx   1 root root          7 10月  9 11:26 bin -> usr/bin
lrwxrwxrwx   1 root root          7 10月  9 11:26 lib -> usr/lib
lrwxrwxrwx   1 root root          8 10月  9 11:26 sbin -> usr/sbin
(中略)
drwxrwxrwt  21 root root       4096 11月  7 11:54 tmp
drwxr-xr-x  33 root root        980 11月  7 09:52 run
drwxr-xr-x 130 root root      12288 11月  4 11:24 etc
dr-xr-xr-x 249 root root          0 10月 21 12:39 proc
合計 2191440
```

リンクカウントは左から2番目の列なので -k2 を指定しています。そこに -n オプションを追加した -nk2 というオプションを指定すると、左から2番目の列を数値順に並べ替えることができます。ちなみに、さらに -r オプションを指定すれば、リンクカウントが大きい順にソートされます。

● **並べ替えて重複を取り除く** ────────────────────── -u オプション

sort コマンドでは、-u オプションもよく使用します。これは、データを並べ替えてから重複を取り除くオプションです。-u オプションは、uniq コマンドを学んでからのほうが理解しやすいので、次節で解説します。

このように、sort コマンドを使うことで、テキストを行単位でソートすることができます。ソートはデータを扱いやすくするのに必須の機能なので、よく使うオプションを含めてしっかり覚えておきましょう。

ノック 8.3 入力を並べ替えて出力する

コマンド 「/etc/shells」というファイルの中身をアルファベット順（昇順）に並べ替えて表示する

コマンド ルートディレクトリ内のファイルやディレクトリをリンクカウント（左から2列目）が大きい順に並べ替えて表示する

8.4

uniqコマンド

入力の重複を取り除いて出力する

ポイント！

▶ uniqコマンドは、連続する重複行を取り除いてただ1つの (unique) 行にする
ためのコマンド

▶ 連続していない重複行を取り除くには、sort コマンドでソートした後にuniqコ
マンドを使うか、sort コマンドの-uオプションを使う

▶ -c オプションを使うと、重複した回数をカウント (count) することができる

▶ uniqコマンドに限らず、テキスト処理の結果を保存するにはリダイレクトを用
いる

---

uniqコマンドは、（連続する）重複行を取り除くためのコマンドです。uniq は
「unique（唯一の、一意の）」の略です。重複を取り除いてただ1つの行にするの
で、このような名前が付いています。

 書式 uniqコマンド：ファイルの連続する重複行を取り除いて表示する

> uniq ［オプション］ ファイル名

まず、次のような内容のファイルを用意しましょう。

```
man
woman
woman
man
other
```

用意するのは、man（男性）・woman（女性）・other（その他）といった性別
(gender) が書かれたファイルです。Vim で作成してもよいですし、cat コマンド
の引数省略（➡116ページ）とリダイレクト（➡7.2節）を組み合わせて、次のよう
に作成してもかまいません。ファイル名は「gender」としています。

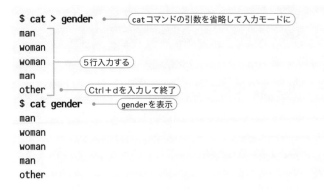

用意したファイルにはいくつか重複する行があります。具体的には、man と woman が2行ずつ重複しています。このような場面で、次のように uniq コマンドを使えば、重複行があるテキストを、重複を取り除いたものに変換して出力できます。

```
$ uniq gender    ●━━━━( genderの重複を取り除く )
man
woman
man
other
```

　出力を確認してみると、woman の重複は取り除かれているものの、man の重複は取り除かれていません。これはなぜかというと、uniq コマンドは「連続する」重複行しか取り除くことができないからです。そのため、連続していない man は重複したままになっています。

　man の重複も取り除くには、どうすればよいでしょうか？　これは、前節で学んだ sort コマンドを使うことで実現できます。

```
$ sort gender | uniq    ●━━━━( ソートした上で重複を取り除く )
man    ●━━━( 重複が取り除かれている )
other
woman
```

　アルファベット順に並べ替えたあとで、uniq コマンドを実行すれば、必ず重複行が連続するので、離れた場所にある重複も取り除くことができます。このため、

8
テキスト処理の
基本コマンド

uniqコマンドはsortコマンドとセットで使われることが多いです。

ちなみに、sortコマンドの-uオプションを使えば、uniqコマンドと組み合わせることなく、同様の操作が可能です。-uは「unique」の略で、「sort | uniq」をsortコマンドだけで実現するためのオプションです。

```
$ sort -u gender  ●────（sort gender | uniqと同じ機能）
man
other
woman
```

● **重複回数をカウントする**   -c オプション

その他の重要なオプションについても見ておきましょう。uniqコマンドで特に重要なのは、-cオプションです。-cオプションは重複した回数を数えるオプションで、「count（数える）」の略です。

例えば、次のように実行すると、重複した回数付きで出力してくれます。

```
$ sort gender | uniq -c  ●────（重複を取り除き、重複回数付きで出力）
   2 man
   1 other
   2 woman
```

-cオプションを使えば、重複がないものは1、重複があるものは2以上の数値が一番左に表示されるので、重複の有無が一目瞭然です。また、それぞれの性別の数をカウントできるので、データの集計などに役立てることもできます。

さらに、この結果をsortコマンドで次のように並べ替えて、多い性別順に表示することもできます。

```
$ sort gender | uniq -c | sort -nr  ●────（重複回数が多い順にソート）
   2 woman
   2 man
   1 other
```

上の実行例では、「sort -nr」をさらにパイプでつなげて、一番左の列を基準にして数値が大きい順に並べ替えています。sortコマンドにおいて、-kオプションの引数が1の場合は省略が可能なので、-nrは-nrk1と指定した場合と同じ振

る舞いになります。

　シンプルな機能のフィルタをパイプでつなぐことで、集計作業のような、ある
程度複雑な操作も可能になることが、おわかりいただけたのではないでしょうか。

● テキスト処理の結果を保存する

　ちなみに、すべてのフィルタで共通ですが、フィルタでテキスト処理を行ったと
ころで、元のファイルは変更されません。

```
$ cat gender    ←  （元ファイルは変更されていない）
man
woman
woman
man
other
```

　もしフィルタでのテキスト処理の結果を保存したい場合は、次のようにリダイ
レクトを使います。

```
$ sort gender | uniq > gendernew   ←  （テキスト処理の結果を保存）
$ cat gendernew
   2 man
   1 other
   2 woman
```

ノック　8.4　入力の重複を取り除いて出力する

146　コマンド　カレントディレクトリの「file」というファイルの内容を重
複行を取り除いて表示する

147　コマンド　カレントディレクトリの「file」というファイルの内容から
重複行を取り除き、重複数が多い順に並べ替えて表示する

テキスト処理の
基本コマンド

8

8.5 ⁿ148 ⁿ149　tr コマンド

入力の文字を置換して出力する

> **ポイント！**
>
> ▶ tr コマンドは文字を置換する (translate) ためのコマンド
> ▶ tr コマンドは、複数の文字からなる文字列の置換ではなく、文字単位での置換を行う
> ▶ tr コマンドでは引数にファイルを指定することができないことに注意
> ▶ -d オプションを使えば、指定した文字の削除 (delete) ができる

tr コマンドは、文字を置換するためのコマンドです。tr は「translate (置き換える)」の略です。

> **書式**　tr コマンド：入力の文字を置換する
>
> tr　置換前の文字　置換後の文字

/etc/passwd という、ユーザーの情報が載っているファイルで試してみましょう。このファイルを表示してみると、次のように「:」で区切られているのを確認できます。

```
$ cat /etc/passwd
root:x:0:0:root:/root:/bin/bash
daemon:x:1:1:daemon:/usr/sbin:/usr/sbin/nologin
bin:x:2:2:bin:/bin:/usr/sbin/nologin
sys:x:3:3:sys:/dev:/usr/sbin/nologin
（以下略）
```

では、tr コマンドを使って「:」を「,」に置換してみましょう。それには、次のように実行します。

```
$ cat /etc/passwd | tr : ,     ←（「:」を「,」に置換する）
root,x,0,0,root,/root,/bin/bash
```

```
daemon,x,1,1,daemon,/usr/sbin,/usr/sbin/nologin
bin,x,2,2,bin,/bin,/usr/sbin/nologin
sys,x,3,3,sys,/dev,/usr/sbin/nologin
(以下略)
```

/etc/passwd中のすべての「:」が「,」に置換されています。tr コマンドを使え
ばこのように、文字の置換を行うことができます。

● 複数文字列の置換

tr コマンドでは、複数の文字を同時に置き換えることも可能です。例えば、次
のように実行することで、aをAに、bをBに、cをCに置換することができます。

```
$ cat /etc/passwd | tr abc ABC    ◀──（abcをABCに文字単位で置換）
root:x:0:0:root:/root:/Bin/BAsh
dAemon:x:1:1:dAemon:/usr/sBin:/usr/sBin/nologin
Bin:x:2:2:Bin:/Bin:/usr/sBin/nologin
sys:x:3:3:sys:/dev:/usr/sBin/nologin
(以下略)
```

非常に間違えやすいのですが、ここでは、abcという文字列を、ABCという文字
列に置換するわけではありません。あくまでも、aをAに、bをBに、cをCにとい
う1文字ずつの置換であることに注意が必要です。文字の集まりである「文字列」
単位での置換を行いたい場合は、tr コマンドを使う代わりに、awk コマンドや sed
コマンド（➡8.7節）を使ったり、Pythonなどのスクリプト言語でプログラムを書
く必要があります（図8.3）。

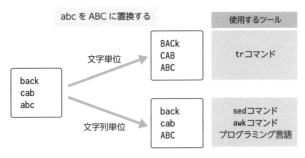

| 図8.3 | tr コマンドは文字単位の置換を行う

　また、次のように書くことで、アルファベットすべてを小文字から大文字に置換することもできます。

```
$ cat /etc/passwd | tr a-z A-Z  ●──（小文字を大文字に置換する）
ROOT:X:0:0:ROOT:/ROOT:/BIN/BASH
DAEMON:X:1:1:DAEMON:/USR/SBIN:/USR/SBIN/NOLOGIN
BIN:X:2:2:BIN:/BIN:/USR/SBIN/NOLOGIN
SYS:X:3:3:SYS:/DEV:/USR/SBIN/NOLOGIN
（以下略）
```

　a-zは小文字のaからzのすべての文字、A-Zは大文字のAからZのすべての文字を意味しています。このような小文字⇆大文字の変換は、tr コマンドでよく行われる操作です。

● ファイルの指定方法

　その他の注意点として、tr コマンドでは引数にファイルを指定できません。ほとんどのテキスト処理のコマンドは、引数にファイルを指定することができますが、tr コマンドでは次のような記述ができません。

```
$ tr : , /etc/passwd  ●──（引数にファイルを指定するとエラー）
tr: 余分な演算子 '/etc/passwd'
Try 'tr --help' for more information.
```

　ファイルの文字列を置換するには、前ページで見たようにcat コマンドの標準出力をパイプでつなぐか、標準入力をリダイレクトして、次のように書く必要があります。

```
$ tr : , < /etc/passwd  ●──（標準入力をファイルにリダイレクト）
root,x,0,0,root,/root,/bin/bash
daemon,x,1,1,daemon,/usr/sbin,/usr/sbin/nologin
bin,x,2,2,bin,/bin,/usr/sbin/nologin
sys,x,3,3,sys,/dev,/usr/sbin/nologin
（以下略）
```

　これは他のテキスト処理のコマンドとは異なる性質なので、特に注意しておきましょう。

8
テキスト処理の
基本コマンド

● 文字の削除 −d オプション

tr コマンドの−d オプションを使うと、指定した文字を削除できます。−d オプションを使用する際には、次のような形式で書きます。

 書式　tr コマンド（−d オプション）：指定した文字を削除する

> tr −d 削除する文字

例えば次のように実行すると、「U」「s」「e」「r」という 4 つの文字が /etc/passwd ファイルから削除されます。

```
$ cat /etc/passwd | tr -d User ●──「U」「s」「e」「r」の4文字を削除
oot:x:0:0:oot:/oot:/bin/bah
damon:x:1:1:damon:/u/bin:/u/bin/nologin
bin:x:2:2:bin:/bin:/u/bin/nologin
y:x:3:3:y:/dv:/u/bin/nologin
（以下略）
```

出力の 1 行目の「root」が「oot」になっているなど、文字が削除されていることがわかります。文字の置換の場合と同様に、「User」という文字列を削除するわけではなく、「U」「s」「e」「r」という 4 つの文字を削除することに注意してください。また、大文字と小文字は区別されるため、小文字の「u」や、大文字の「S」「E」「R」は削除されません。

ノック　8.5　入力の文字を置換して出力する

 ノック 148　コマンド　カレントディレクトリの「file」というファイル内のアルファベットをすべて大文字に置換して表示する

 ノック 149　コマンド　カレントディレクトリの「file」というファイル中のテキストから「U」「s」「e」「r」という4文字を削除して表示する

8.6 ノック150 ノック151 ノック152 grepコマンド

入力から指定した文字列を含む行だけを出力する

ポイント！

▶ grepコマンドは、指定した文字列を含む行だけを出力するコマンド

▶ 検索文字列は正規表現でも指定できる

▶ 正規表現とは、メタ文字と呼ばれる特殊な文字を使って文字列をパターンとして指定できる機能

▶ 正規表現には、基本正規表現(basic regular expression)と拡張正規表現(extended regular expression)の2種類がある

▶ 拡張正規表現を使用するには、grepコマンドに-Eオプションを付けるかegrepコマンドを使用する

grepコマンドは、指定した文字列を含む行だけを出力するコマンドです。テキスト処理のコマンドの中でも、特に頻繁に使われるコマンドですので、詳しく学んでいきましょう。

 書式 grepコマンド：指定した文字列を含む行だけを出力する

```
grep ［オプション］ 検索文字列 ファイル名
```

まずは、grepコマンドがどのような場面で役立つのか見ていきましょう。例えば、ルートディレクトリ内にあるファイルやディレクトリの詳細情報のうち、シンボリックリンクの情報だけに注目したいとします。詳細情報を知るために、lsコマンドを-lオプション付きで実行すると、次のようになります。

```
$ ls -l /
合計 2191440
lrwxrwxrwx  1 root root          7 10月  9 11:26 bin -> usr/bin
drwxr-xr-x  4 root root       4096 11月  3 11:46 boot
drwxrwxrwx  2 root root       4096 10月  9 11:33 cdrom
drwxr-xr-x 19 root root       4160 10月 31 10:09 dev
（以下略）
```

　このままだとシンボリックリンク以外の情報も表示されますが、これらの情報は不要なので表示しないようにしたいところです。このような、一部の行だけを取り出したい場面では、grepコマンドを使いましょう。

　この出力を、grepコマンドの入力にパイプでつなげて次のように書くことで、シンボリックリンクの情報だけを取り出すことができます。

```
$ ls -l / | grep '>'  ←─(「>」を含む行だけを出力)
lrwxrwxrwx  1 root root       7 10月  9 11:26 bin -> usr/bin
lrwxrwxrwx  1 root root       7 10月  9 11:26 lib -> usr/lib
lrwxrwxrwx  1 root root       9 10月  9 11:26 lib32 -> usr/lib32
lrwxrwxrwx  1 root root       9 10月  9 11:26 lib64 -> usr/lib64
lrwxrwxrwx  1 root root      10 10月  9 11:26 libx32 -> usr/libx32
lrwxrwxrwx  1 root root       8 10月  9 11:26 sbin -> usr/sbin
```

　上の例では、grepコマンドの検索文字列として「'>'」を指定しています。これはなぜかというと、シンボリックリンクの行には必ず、「bin -> usr/bin」というように「>」という記号が含まれているからです。「>」はシンボリックリンク以外のファイル種別の行には基本的に登場しない文字なので、この文字を検索文字列に指定すれば、シンボリックリンクの行だけを取り出せます❷。また「>」を「' '」で囲んでいるのは、「>」は通常はリダイレクト（→7.2節）を意味する記号なので、単に文字として扱うためには「' '」などでエスケープ（→4.10節）する必要があるためです。

　このようにgrepコマンドで、表示したい行だけに絞り込めるような検索文字列を指定することで、特定の行だけを取り出して出力できます。

　grepコマンドはtrコマンドのように1文字単位ではなく、文字列単位で検索を行います。このため、次のように実行すると、「bash」という文字列を含む行だけを出力できます。

```
$ cat /etc/shells
# /etc/shells: valid login shells
/bin/sh
/bin/bash
/usr/bin/bash
/bin/rbash
```

❷　もちろん、この検索条件では「>」が名前に含まれる通常ファイルやディレクトリも表示されてしまいます。そのような名前が付けられることは稀なため、実用上の問題はないと思いますが、より確実な方法を次ページで紹介します。

```
/usr/bin/rbash
/usr/bin/sh
/bin/dash
/usr/bin/dash
$ grep bash /etc/shells  ●──（「bash」という文字列を含む行だけ出力）
/bin/bash
/usr/bin/bash
/bin/rbash
/usr/bin/rbash
```

● 正規表現とは

grep は「global regular expression print」の略です。これは日本語で言えば、「ファイル全体 (global) のうち、正規表現 (regular expression) に一致する行を出力 (print)」という意味です。

ここで正規表現という用語が出てきました。正規表現とは何かというと、メタ文字と呼ばれる特殊な文字を使って、文字列をパターンとして指定できる機能のことです。パス名展開 (➡4.9節) やワイルドカード (➡4.12節) で見た、「*」や「?」のような記号を使って文字列を表現するのと同じ考え方です。

この機能を使えば、次のように grep コマンドの検索文字列を正規表現で指定して、シンボリックリンクの行だけを出力できます。

```
$ ls -l / | grep ^l  ●──（lで始まる行だけを出力）
lrwxrwxrwx  1 root root         7 10月  9 11:26 bin -> usr/bin
lrwxrwxrwx  1 root root         7 10月  9 11:26 lib -> usr/lib
lrwxrwxrwx  1 root root         9 10月  9 11:26 lib32 -> usr/lib32
lrwxrwxrwx  1 root root         9 10月  9 11:26 lib64 -> usr/lib64
lrwxrwxrwx  1 root root        10 10月  9 11:26 libx32 -> usr/libx32
lrwxrwxrwx  1 root root         8 10月  9 11:26 sbin -> usr/sbin
```

「^l」は「lで始まる行」という意味の正規表現です。「^」が「行頭」を意味するメタ文字なので、このような意味になります。正規表現はこのように、「^」などの特殊な文字 (メタ文字) を使うことで、文字列をパターンで指定することができるため、より柔軟な指定を可能にしてくれます。

● 正規表現の種類

　正規表現はコマンドラインだけでなく、Vimなどのテキストエディタや、Pythonなどのプログラミング言語など、さまざまな環境で使えますが、すべての環境を包含している標準規格（➡2.7節）は存在しません。このため、使用する環境によって正規表現を表す記法が少し異なります。ただ、LinuxなどのUNIXを元にするOSの間には、POSIX（➡2.7節）によって正規表現の標準規格が定められています。

　POSIXでは、2種類の正規表現が定義されています。従来からある基本正規表現（basic regular expression）と、機能が多い拡張正規表現（extended regular expression）の2つです。grepコマンドにおいては、デフォルトで使用できる正規表現は基本正規表現なので、拡張正規表現を使用するには「extended（拡張）」の略である-Eオプションを付けるか、もしくはgrepコマンドの代わりにegrepコマンドを使用する必要があります。

　例えば、拡張正規表現を使って、/etcディレクトリ内にある「bash」「ssh」のいずれかの文字列が含まれるものだけを表示するには、次のように実行します。

```
$ ls /etc | grep -E 'bash|ssh'   ●──(拡張正規表現を使用してOR検索)
bash.bashrc
bash_completion
bash_completion.d
ssh
$ ls /etc | egrep 'bash|ssh'   ●──(egrepコマンドも使える)
bash.bashrc
bash_completion
bash_completion.d
ssh
```

　ここでの「|」はパイプの意味ではなく、「または」を意味する拡張正規表現です。つまり、grepコマンドの引数に「bash または ssh」という文字列を指定していることになります。エスケープしないと「|」はパイプと認識されてしまうので「' '」で囲んでいます。また、「|」という拡張正規表現のメタ文字を利用するために、grepコマンドに-Eオプションを付けています（egrepコマンドでも可）。

　基本正規表現と拡張正規表現の代表的なメタ文字を表8.2に挙げておきます。

| 表8.2 | 代表的なメタ文字

記号	意味	使用例	一致する文字列の例	基本	拡張
.	任意の1文字	abc.	abcd、abca	○	○
^	行頭	^abc	abcから始まる行	○	○
$	行末	abc$	abcで終わる行	○	○
[ ]	[ ]の中のどれか1文字	[abc]	abcのどれかが含まれる行	○	○
[^]	[ ]の中にない、どれか1文字	[^abc]	abc以外が含まれる行	○	○
*	直前の文字の0回以上の繰り返し	abc*	ab、abc、abcc	○	○
+	直前の文字の1回以上の繰り返し	abc+	abc、abcc、abccc	×	○
		または	ab|bc	abかbcのどちらかが含まれる行	×	○

以下の内容のファイルを作成して、これらの正規表現を試してみましょう。ファイル名は、abc.txtとします。

```
ab
abcc
cabc
dabc
defg
bcac
eabccc
```

実行結果は次のようになります。それぞれのコマンドラインで、正規表現と出力を見比べてみてください。

```
$ grep abc. abc.txt
abcc
eabccc
$ grep ^abc abc.txt
abcc
$ grep abc$ abc.txt
cabc
dabc
$ grep [abc] abc.txt
ab
abcc
cabc
dabc
bcac
```

```
eabccc
$ grep [^abc] abc.txt
dabc
defg
eabccc
$ grep 'abc*' abc.txt
ab
abcc
cabc
dabc
eabccc
$ egrep abc+ abc.txt
abcc
cabc
dabc
eabccc
$ egrep 'ab|bc' abc.txt
ab
abcc
cabc
dabc
bcac
eabccc
```

　これらの記号は無理に覚える必要はまったくありません。必要になったタイミングで、その都度調べながら使ってみてください。

ノック **8.6** **入力から指定した文字列を含む行だけを出力する**

ノック 150 コマンド 「/etc/shells」というファイルから「bash」という文字列を含む行だけを表示する

ノック 151 コマンド ルートディレクトリ内のシンボリックリンクだけを詳細情報付きで表示する

ノック 152 コマンド /etcディレクトリの中から「bash」または「ssh」という文字列を名前に含むものだけを表示する

入力から指定した列だけを出力する

ポイント！

- ▶ awk コマンドはさまざまな機能を持つコマンドで、指定した列だけを出力することもできる
- ▶ -F オプションを使えば、指定した区切り文字 (field separator) で行を分割し、その中から一部だけを取り出すこともできる
- ▶ 複数の列を取り出したり、取り出す順番を変えることもできる

　grep コマンドを使えば、指定した行だけを出力することができるのに対して、指定した列だけを出力するには awk コマンドを使います。コマンドの 3 人の作者の苗字の頭文字をとって、「awk」という名前が付いています ❸。awk コマンドは非常に多機能なコマンドですが、入力から指定した列だけを出力するには、次のように書きます。

> 書式　awk コマンド：入力から指定した列だけを出力する
>
> awk ［オプション］ '{print $フィールド番号, $フィールド番号, ...}'
> ファイル名

　例えば、ls コマンドの -l オプションの出力から、リンクカウント (左から 2 番目の列) だけを取り出したい場合は、次のように実行します。

```
$ ls -l / | grep ^l          ─(シンボリックリンクだけ表示)
lrwxrwxrwx   1 root root        7 10月  9 11:26 bin -> usr/bin
lrwxrwxrwx   1 root root        7 10月  9 11:26 lib -> usr/lib
lrwxrwxrwx   1 root root        9 10月  9 11:26 lib32 -> usr/lib32
(以下略)
$ ls -l / | grep ^l | awk '{print $2}'   ─(左から2列目だけ取り出す)
1
```

❸　アルフレッド・エイホ (Alfred Aho)、ペーター・ワインバーガ (Peter Weinberger)、ブライアン・カーニハン (Brian Kernighan) の 3 人の頭文字が由来。

```
1
1
(以下略)
```

　複数の列を取り出すことも可能です。例えば次のようにすれば、パーミッションとオーナーと所有グループの列だけを出力できます。

```
$ ls -l / | grep ^l | awk '{print $1,$3,$4}'  ←──(1、3、4列目だけ取り出す)
lrwxrwxrwx root root
lrwxrwxrwx root root
lrwxrwxrwx root root
(以下略)
```

● 区切り文字を指定する　　　　　　　　　　　　-Fオプション

　列を取り出すだけでなく、指定した区切り文字で行を分割してから、その中から一部だけを取り出すことも可能です。例えば/etc/passwdにおいては、次のように「:」が区切り文字となって情報が記載されています。

```
$ cat /etc/passwd
root:x:0:0:root:/root:/bin/bash  ←──(:で区切られている)
daemon:x:1:1:daemon:/usr/sbin:/usr/sbin/nologin
bin:x:2:2:bin:/bin:/usr/sbin/nologin
sys:x:3:3:sys:/dev:/usr/sbin/nologin
sync:x:4:65534:sync:/bin:/bin/sync
(以下略)
```

　覚える必要はありませんが、/etc/passwdのそれぞれのフィールドは、左から次のものを表しています。

- ① ユーザー名
- ② パスワード
- ③ ユーザーID
- ④ グループID
- ⑤ コメント
- ⑥ ホームディレクトリ
- ⑦ ログインシェル

　awk コマンドで、/etc/passwd の中からログインシェル（⑦）のフィールドだけ
を取り出すには、次のように -F オプションを使用します。

```
$ awk -F: '{print $7}' /etc/passwd  ●──(:で区切って7番目のフィールドだけを出力)
/bin/bash
/usr/sbin/nologin
/usr/sbin/nologin
/usr/sbin/nologin
/bin/sync
（以下略）
```

　-F は「field separator（フィールド区切り文字）」の略で、その名のとおり、-F
オプションの引数に指定した文字を区切り文字として、複数のフィールド（列）に
分割します。上のように指定すると、「:」を区切り文字として7番目のフィール
ドを取り出すという意味になるので、ログインシェルの情報だけを取り出すこと
ができます。awk コマンドではこのように、指定した区切り文字で分割した上で、
その中から一部だけを取り出すこともできます。

● 複数の列を指定する・順番を入れ替える

　また、取り出す列の表示の順番を変えることも可能です。例えば、次のよう
に実行すると、ユーザー名（①）とユーザー ID（③）だけを取り出すことができ
ます。

```
$ awk -F: '{print $1,$3}' /etc/passwd  ●───(1、3番目のフィールドだけを出力)
root 0
daemon 1
bin 2
sys 3
sync 4
（以下略）
$ awk -F: '{print $3,$1}' /etc/passwd  ●───(順番を入れ替えて出力)
0 root
1 daemon
2 bin
3 sys
4 sync
（以下略）
```

　この他にも、awk コマンドの **-F** オプションを使えば、「**,**（カンマ）」で区切られ
ている CSV（Comma-Separated Values）ファイルから特定の列を取り出せます。
なんらかの文字で区切られた行を分割して一部だけ出力するには、awk コマンド
の **-F** オプションを使いましょう。

　awk コマンドは、本節で紹介した列（フィールド）の抽出機能以外にも、たくさ
んの機能があります。非常に多くの機能を持つことから、厳密にはコマンドでは
なく、プログラミング言語とみなされています。コマンドラインで複雑なテキス
ト処理を行う場面では、awk コマンドは非常に便利ですので、本書の読了後に必
要に応じて学習するとよいでしょう。

コラム　　**sed コマンド**

　コマンドラインで本格的なテキスト処理を行いたい方は、awk コマンドとあわせて、
sed コマンドについても知っておくとよいでしょう。8.5節でも触れたように、主に文字
列の置換に使われるコマンドです。例えば、abc.txt というファイル内の、abc という文
字列を ABC という文字列に置換して表示するには、次のように実行します。

```
$ sed 's/abc/ABC/g' abc.txt
```

　awk コマンドと共に、本書の想定レベルからは少し外れるので扱いませんでしたが、業
務で必要になり次第、ぜひ学んでみてください。

ノック　　**8.7**　入力から指定した列だけを出力する

コマンド「ls -l /」の出力から左から2番目の列だけを取り出して
表示する

コマンド「/etc/passwd」というファイルの行を「:」で区切ったとき
の1番目と7番目のフィールドだけを表示する

**章末
ノック**　第 8 章

問題　[解答は 356〜358 ページ]

フィルタとは何か？

テキスト処理はどのような場面で役立つか？

コマンド カレントディレクトリの「file」というファイルの行数・単語
数・バイト数を表示する

コマンド ルートディレクトリ内のファイルとディレクトリの数をカウント
して表示する

コマンド「/etc/shells」というファイルの中身をアルファベット順（昇
順）に並べ替えて表示する

コマンド ルートディレクトリ内のファイルやディレクトリをリンクカウン
ト（左から2列目）が大きい順に並べ替えて表示する

コマンド カレントディレクトリの「file」というファイルの内容を重複行
を取り除いて表示する

コマンド カレントディレクトリの「file」というファイルの内容から重複
行を取り除き、重複数が多い順に並べ替えて表示する

コマンド カレントディレクトリの「file」というファイル内のアルファベットをすべて大文字に置換して表示する

 コマンド カレントディレクトリの「file」というファイル中のテキストから「U」「s」「e」「r」という4文字を削除して表示する

 コマンド 「/etc/shells」というファイルから「bash」という文字列を含む行だけを表示する

 コマンド ルートディレクトリ内のシンボリックリンクだけを詳細情報付きで表示する

 コマンド /etcディレクトリの中から「bash」または「ssh」という文字列を名前に含むものだけを表示する

 コマンド 「ls -l /」の出力から左から2番目の列だけを取り出して表示する

 コマンド 「/etc/passwd」というファイルの行を「:」で区切ったときの1番目と7番目のフィールドだけを表示する

第 **9** 章

プロセスとジョブ

❷ マルチユーザーシステムを使うための知識
❸ より高度な操作を実現するための知識

　Linuxは、1つのコンピュータに複数のユーザーがログインして作業を行う、マルチユーザーシステムのOSであると同時に、複数のプログラムを同時に動作させることのできるマルチタスクのOSでもあります。このような、複数のユーザーが複数のプログラムを実行するような環境においては、プログラム間での干渉を防ぐなど、プログラムの実行を管理する仕組みが必要です。そのための仕組みが、本章のテーマであるプロセスとジョブです。

　プロセスとジョブは、OSの仕組みに関する話であるため、初心者のうちにはわかりづらい箇所が多いかもしれません。しかし、Linuxの初心者を脱するためには理解しておく必要があります。なぜなら、プロセスとジョブについて理解しておくと、Linuxマシンが予期せぬ動作をしたときにも、裏側の仕組みを理解していることによって、あわてず落ち着いて解決できるようになるからです。それに加えて、複数の作業を並行して進められるようになるため、作業の効率を高めることもできるようになります。

　プロセスとジョブの話は、初めは学ぶ意義を感じづらいかもしれませんが、今後必ず役に立つ知識ですので、基本の知識をしっかりと学んでいきましょう。

プロセスとは

ポイント！

▸ プロセスとは、メモリに格納されてCPUによって実行されている、コマンドな
どのプログラムのこと

▸ psコマンドは現在実行されているプロセスを一覧表示するコマンド

▸ プロセスは、実行されているプログラムに、プロセスIDなどのいくつかの情報
を追加したまとまり

▸ プロセスIDとはプロセスを一意に識別するための値のこと

▸ 実行されているプログラムにいくつかの情報を追加することによって、プログラ
ムの実行を管理しやすくなるのがプロセスのメリット

　まずは、プロセスについて学んでいきましょう。Linuxでは、プログラムの実行
をプロセスという単位で管理しています。プロセスとは、一言で言えば実行中の
プログラムのことです。

　1.2節でも触れましたが、コマンドなどのプログラムは、CPUやメモリをLinux
カーネルが制御することで実行されます。具体的には、実行するプログラムがメ
モリに格納され、その格納された内容に従ってCPUがプログラムを実行します。
このとき、メモリに格納されてCPUによって実行されているプログラムのことを
「プロセス」と呼びます（図9.1）。

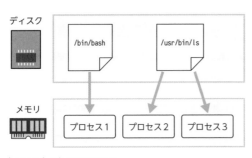

| 図9.1 | プロセスの概念

● **プロセスを一覧表示する**　　　　　　　ps コマンド

プロセスについて理解するために、まずは現在実行中のプロセスを確認してみましょう。ps コマンドを使えば、現在実行しているプロセスを一覧表示することができます。

> 書式　**ps コマンド：現在実行中のプロセスを一覧表示する**
>
> **ps〔オプション〕**

ps は「process status（プロセスの状態）」の略です。その名のとおり、プロセスの状態を確認するためのコマンドです。

ps コマンドをオプションなしで実行してみると、次のように 2 つのプロセスが表示されます。

```
$ ps  ●────（現在実行中のプロセスを表示）
    PID TTY          TIME CMD
   2681 pts/0    00:00:00 bash  ●────（Bashのプロセス）
   2693 pts/0    00:00:00 ps    ●────（psコマンドのプロセス）
```

ps コマンドの出力は表の形式になっていて、4 列それぞれの意味は**表9.1**のとおりです。

| 表9.1 | ps コマンドの出力

列名	意味	由来
PID	プロセス ID	process id
TTY	標準入出力に設定されている端末	teletypewriter
TIME	CPU を使用した時間	time
CMD	プロセスの元となったコマンド（プログラム）名	command

　表示されているのは、現在使っている Bash のプロセスと、ここで実行した ps コマンドのプロセスです。ps コマンド自体のプロセスが、ps コマンドの実行結果に表示されることに違和感を覚えるかもしれませんが、ps コマンドが動作中のプロセスを調べるタイミングには、当然 ps コマンド自体のプロセスも動作していますから、出力として表示されるのです。

　ここで注目すべきは、プロセスにはプロセスの元となったプログラムの情報（CMDの列）だけでなく、それ以外の情報（PIDやTTYなどの列）も追加されているということです。プロセスとはこのように、実行されているプログラムにいくつかの情報を追加したまとまりになっています。

● なぜプロセスでプログラムの実行を管理するのか

　ではなぜ、プロセスには情報が追加されているのでしょうか？ それは、そのほうがプログラムの実行を管理するのに都合が良いからです。どういうことか、詳しく見ていきましょう。

　まずLinuxは、1つのコンピュータに複数のユーザーがログインして作業を行うマルチユーザーシステムのOSであると同時に、複数のプログラムを同時に動作させることのできるマルチタスクOSでもあります。このためLinuxマシン内では、常に複数のプログラムが実行されており、同一のプログラムが別のユーザーによって同時に実行されることもあります。

　このような環境においては、プログラムの実行を適切に管理する必要が出てきます。適切な管理をしないと、他のユーザーに勝手にプログラムの実行を止められてしまったり、データがプログラム間で混ざってしまうなどの危険があるからです（図9.2）。こういったトラブルを防ぐために、Linuxではプログラムの実行をプロセスという単位で管理しています。

プログラムの実行が管理されていないと・・・

| 図9.2 | プログラムの実行を適切に管理する必要性

　プロセスには、実行されているプログラム以外にいくつかの情報が追加されています。例えば、それぞれのプロセスにはプロセスIDという、プロセスを一意に識別するための値が割り振られています。プロセスIDによって、同じプログラム

を実行した場合でも、別のプロセスとして区別することが可能になります。

　そして、プロセスを区別することができれば、そのプロセスが誰のものなのかを管理できるようにもなります。ファイルにパーミッションが設定されているのと同様に、プロセスにもアクセス権限を設定して、他のユーザーに勝手に操作されるのを防ぐことができるのです。

　このように、実行されているプログラムにいくつかの情報を追加することによって、プログラムの実行を管理することができます（**図9.3**）。そのため、Linuxではプログラムの実行をプログラム単位ではなく、プロセスという単位で管理するのです。

プロセス

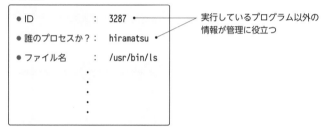

| 図9.3 | プロセスには管理のための情報が付加されている

　プロセスという単位でプログラムの実行を管理する仕組みをプロセス管理と言います。プログラムの実行はLinuxカーネルの役割ですから、プロセス管理もLinuxカーネルの役割になります。

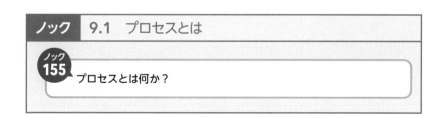

9.2

ノック **156** ノック **157** ノック **158**

psコマンド

psコマンドでよく使うオプション

9

プロセスとジョブ

ポイント！

▶ psコマンドでは、BSDオプションという「-」を使わずに文字だけで指定するオプションがよく使われる

▶ uオプションは詳細情報付きでプロセスを表示するオプション

▶ aオプションはすべてのユーザーのプロセスを表示するオプション

▶ xオプションはデーモンなどの端末を持たないプロセスも含めて表示

▶ デーモン (daemon) とは、端末が設定されておらずバックグラウンドで常時動作しているプロセスのこと

▶ プロセスは実効ユーザー (effective user) の権限で実行されているため、権限を持たないユーザーがプロセスを操作することはできない

　本節では、psコマンドでよく使うオプションについて学んでいきましょう。前節では、psコマンドをオプションなしで実行して、プロセスIDなどのいくつかの情報を確認しました。プロセスに設定されている情報は、前節で紹介したもの以外にたくさんあり、オプションを付けてpsコマンドを実行することで、その他の情報も確認できるようになります。また、オプションを付けて実行すると、オプションなしでは表示されなかったプロセスも表示できるようになります。

● psコマンドのBSDオプション

　psコマンドには、これまで見てきたような「-」から始まるショートオプションや、「--」から始まるロングオプション以外に、BSDオプションと呼ばれるオプションもあります。BSDオプションでは次のように、「-」を付けずに文字だけでオプションを指定します。

```
$ ps a  ●────(BSDオプションを指定)
  PID TTY      STAT   TIME COMMAND
 1836 tty2     Ssl+   0:00 /usr/libexec/gdm-wayland-session env ...
```

● 268 ●

```
1841 tty2     Sl+    0:00 /usr/libexec/gnome-session-binary ...
2681 pts/0    Ss     0:00 bash
2814 pts/0    R+     0:00 ps a
```

前ページのコマンドラインで「a」という文字は引数ではなくオプションであることに注意してください。psコマンドではBSDオプションがよく使われるため、本書ではBSDオプションのみを扱います。

psコマンドのBSDオプションの中でも特によく使うものとして、**表9.2**のようなものがあります。以降ではこれらのオプションについて、1つずつ学んでいきましょう。

| 表9.2 | psコマンドのBSDオプション

オプション	機能	覚え方
a	すべてのユーザーのプロセスを表示	all（すべての）
u	詳細情報付きでプロセスを表示	USERなどの詳細情報も表示
x	端末を持たないプロセスも含めて表示	持たない（×）のでx（エックス）

● 詳細情報付きでプロセスを表示　　uオプション

順番が前後しますが、まずはuオプションから見ていきましょう。uオプションを付けると、詳細情報付きでプロセスを一覧表示することができます。

```
$ ps u  ←── (詳細情報付きで現在動作中のプロセスを表示)
USER       PID  %CPU %MEM    VSZ   RSS TTY   STAT START   TIME COMMAND
hiramat+  1836  0.0  0.2 172260  2000 tty2  Ssl+ 11月10  0:00 /us...
hiramat+  1841  0.0  0.1 232900  1640 tty2  Sl+  11月10  0:00 /us...
hiramat+  2681  0.0  0.2  21068  2912 pts/0 Ss   11月10  0:00 bash
hiramat+  2824  0.0  0.1  22372  1540 pts/0 R+   17:00   0:00 ps u
```

前節で見た、オプションなしでpsコマンドを実行したときと比べて、列の数が増えていることを確認できます。これはuオプションによって、プロセスに含まれている情報を詳細に表示することができるからです。

新たに追加されている列の中でも特に重要なのが、1番左のUSERという列です。USERは実効ユーザー（effective user）と呼ばれているものです。これは「誰の権限で実行されているプロセスか」を表しており、もし実効ユーザーが`hiramatsu` (hiramat+と省略されている）になっていた場合、そのプロセスはhiramatsuの権限で実行されていることになります。プロセスにもアクセス権限が設定されているため、他の人が勝手にプロセスを操作することができないようになっているのです。

● 端末を持たないプロセス（デーモン）も含めて表示　　x オプション

　プロセスの中には、標準入出力に端末が設定されていないものもあります。そういったプロセスも含めて表示するには、x オプションを使います。

```
$ ps x  ●───（端末を持たないプロセスも表示）
    PID TTY       STAT   TIME COMMAND
   1812 ?         Ss     0:11 /lib/systemd/systemd --user
   1813 ?         S      0:00 (sd-pam)
   1819 ?         Ssl    0:00 /usr/bin/pipewire
 (中略)
   2694 ?         Sl     0:00 /usr/lib/ibus-mozc/ibus-engine-mozc --ibus
   2702 ?         Sl     0:00 update-notifier
   2825 pts/0     R+     0:00 ps x
```

　実行結果を見てみると、TTYの値が「?」のプロセスがたくさん表示されています。TTYの列には、標準入出力に設定されている端末が記載されており、「?」という値は端末が設定されていないことを意味します。このような、端末が設定されていないプロセスのことをデーモン（daemon）と呼びます。

　デーモンはバックグラウンドで常時動作しており、必要に応じてサービスの提供などを行います。例えばWebサーバー内では、httpd（HTTPデーモン）のプロセスがバックグラウンドで常時動作しており、いつリクエストが送られてきても、レスポンスを返せるようにしています。デーモン（daemon）は「守護神」という意味です。守護神のように常に見えないところで仕事をしてくれているので、このような名前が付いています。

　psコマンドのx オプションで表示されるデーモンの数を数えてみましょう。

```
$ ps x | awk '{print $2}' | grep '?' | wc -l
76
```

　上のコマンドラインの意味を一応確認しておくと、次のようになっています。

1. プロセスをデーモンを含めて表示（ps x）してから、
2. 左から2列目（TTY の列）だけを切り出して（awk '{print $2}'）、
3. 「?」が含まれる行だけを取り出して（grep '?'）、
4. その行数を数える（wc -l）

　著者の環境では76個のデーモンが動作していることが確認できました。このようにユーザーからは見えないところで数多くのデーモンが動いています。

● すべてのユーザーのプロセスを表示　　a オプション

　u オプションと x オプションを組み合わせて、次のように実行してみましょう。

```
$ ps ux ●──（デーモンも含めて詳細情報付きで表示）
USER       PID %CPU %MEM    VSZ   RSS TTY     STAT START   TIME COMMAND
hiramat+  1812  0.0  0.5  18000  5036 ?       Ss   11月10  0:16 /lib/...
hiramat+  1813  0.0  0.0 171076   232 ?       S    11月10  0:00 (sd-pam)
hiramat+  1819  0.0  0.0  49268   188 ?       Ssl  11月10  0:00 /usr/...
（中略）
hiramat+  2694  0.0  1.1 165024 11788 ?       Sl   12:08   0:00 /usr/l...
hiramat+  2702  0.0  3.3 551036 32792 ?       Sl   12:08   0:00 update...
hiramat+  2883  0.0  0.1  22372  1556 pts/0   R+   12:17   0:00 ps ux
```

　出力を見てみると、実効ユーザー（USER）が hiramatsu のプロセスだけが表示されています。ps コマンドはデフォルトでは、現在ログインしているユーザーのプロセスだけを表示するからです。すべてのユーザーのプロセスを表示するには、a オプションを使います。例えば次のように実行すると、すべてのユーザーのプロセスをデーモンも含めて詳細情報付きで表示します。

```
$ ps aux ●──（すべてのユーザーのプロセスをデーモンも含めて詳細情報付きで表示）
USER       PID %CPU %MEM    VSZ   RSS TTY     STAT START   TIME COMMAND
root         1  0.0  0.8 168076  8476 ?       Ss   10月30  0:21 /sbin...
root         2  0.0  0.0      0     0 ?       S    10月30  0:00 [kthr...
root         3  0.0  0.0      0     0 ?       I<   10月30  0:00 [rcu_gp]
root         4  0.0  0.0      0     0 ?       I<   10月30  0:00 [rcu_...
（中略）
hiramat+  2694  0.0  1.1 165024 11788 ?       Sl   12:08   0:00 /usr/l...
hiramat+  2702  0.0  3.3 551036 32792 ?       Sl   12:08   0:00 update...
hiramat+  2885  0.0  0.1  22372  1544 pts/0   R+   12:17   0:00 ps aux
```

　a オプションを付けずに実行した場合と比べて、表示されるプロセスが増えています。これは a オプションによって、root などの hiramatsu 以外のユーザーのプロセスも表示されているからです。

　a オプションと x オプションを付けると、すべてのユーザーのプロセスをデーモンも含めて表示するため、マシン内のすべてのプロセスが表示されます。

```
$ ps ax  ●────（マシン内のすべてのプロセスを表示）
   PID TTY      STAT   TIME COMMAND
     1 ?        Ss     0:08 /sbin/init splash
     2 ?        S      0:00 [kthreadd]
     3 ?        I<     0:00 [rcu_gp]
(以下略)
$ ps ax | wc -l  ●────（マシン内のプロセスの数を数える）
186  ●────（すべてのプロセス数+1）
```

　「wc -l」のフィルタを通せば、マシン内のすべてのプロセスの数をカウントすることもできます。ただし、PID などの列名が書かれた行もカウントされるので、プロセスの数 +1 が結果として表示されることに注意してください。

　これら 3 つのオプションは、ps コマンドの中でも特によく使うものですので、しっかりと覚えておきましょう。

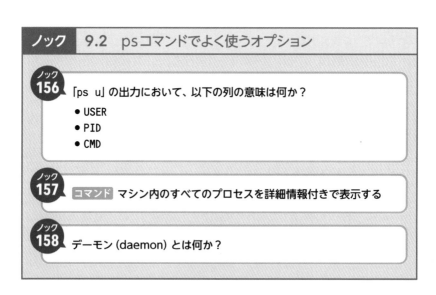

ノック　9.2　ps コマンドでよく使うオプション

ノック 156
「ps u」の出力において、以下の列の意味は何か？
- USER
- PID
- CMD

ノック 157
コマンド マシン内のすべてのプロセスを詳細情報付きで表示する

ノック 158
デーモン (daemon) とは何か？

9
プロセスとジョブ

9.3 ノック159 ノック160

プロセスの親子関係

コマンドラインでコマンドを実行すると、それに応じたプロセスが生成されます。このとき、コマンドのプロセスは、シェルのプロセスを複製し、そのプロセスを上書きすることで作成されています。

例えば、Bashで ls コマンドを実行したときは、以下のような流れで ls コマンドのプロセスが作成されます。

1. bashのプロセスが複製されることで子プロセスが生まれる
2. 子プロセスが ls コマンドのプロセスに上書きされる

つまり、プロセスを新たに作成するには、既存のプロセスを元にして作成する必要があるということです。このとき、元から存在しているプロセスを親プロセス、複製して作られたプロセスを子プロセスと呼びます。プロセスは、既存のプロセスを元にして作られるという性質があり、親子関係を持つのです（**図9.4**）。

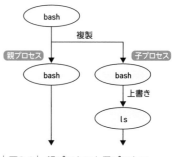

| 図9.4 | 親プロセスと子プロセス

● プロセスが複製によって作成される理由

ではなぜ、複製という手段を用いて新たなプロセスを生成するのでしょうか？

それは、複製したほうが環境の引き継ぎが簡単になるためです。

　例えば、第6章でVimを起動した際にすぐに文字入力ができたのは、親プロセスとなっているシェルから環境を引き継いでいるからです。扱うプロセスが変わっても、端末などの環境はプロセス間でさほど変わらないため、複製して再利用するほうが理にかなっているのです。

● プロセスの親子関係も含めて表示　　　　　fオプション

psコマンドでプロセスの親子関係を確認するには、fオプションを使います。次のように実行すると、プロセスの親子関係を木構造で表示できます。

```
$ ps f  ●────（親子関係も含めてプロセスを表示）
    PID TTY        STAT    TIME COMMAND
   2681 pts/0      Ss      0:00 bash
   2887 pts/0      R+      0:00  \_ ps f
   1836 tty2       Ssl+    0:00 /usr/libexec/gdm-wayland-session env GNO...
   1841 tty2       Sl+     0:00  \_ /usr/libexec/gnome-session-binary --...
```

COMMANDの列を見てみると、bashのプロセスからpsコマンドのプロセスが伸びており、bashが親プロセスで、psが子プロセスであることが一目瞭然です。fは「forest（森）」の略で、プロセスの親子関係を木構造で視覚的にわかりやすく表示してくれます。環境変数（➡10.5節）を扱うときなど、プロセスの親子関係を意識する必要のある場面もいくつかありますので、その際にはfオプションで確認しましょう。

　ここまで、psコマンドの代表的なBSDオプションについて見てきました。その他のオプションについては、manコマンドなどで確認してみてください。

ノック　9.3　プロセスの親子関係

ノック 159　プロセスはどのように新規作成されるか？

ノック 160　[コマンド] 親子関係も含めてプロセスを表示する

9.4

ノック
161

ジョブとは

▶ シェルにおいてジョブとは、実行されているコマンドラインのこと
▶ 1つのジョブには1つ以上のプロセスが含まれる（コマンドラインは1つ以上の
　コマンドからなる）
▶ プロセスはカーネルから見た処理（コマンドの実行）の単位であり、ジョブはシ
　ェル（ユーザー）から見た処理（コマンドラインの実行）の単位である

　続いて、ジョブについて見ていきましょう。一般にジョブとは、コンピュータに
実行させる作業のまとまりのことを指します。特にシェルにおいては、実行され
ているコマンドラインのことをジョブと呼びます。例えば、図9.5のようにコマン
ドラインに記述されていた場合、この1行が1つのジョブになります。

| 図9.5 | ジョブとプロセス

　この例では、1行のコマンドラインにコマンドが3つあるので、ジョブは1つ、
プロセスは3つになります。ジョブはコマンドラインごと、プロセスはコマンドご
とに生成されるためです。このようにジョブとプロセスには、1つのジョブに1つ
以上のプロセスが含まれるという関係があります。

● なぜプロセスとジョブのどちらも必要なのか

　ではなぜ、ジョブという概念が必要なのでしょうか？ プロセスの集まりがジョ
ブならば、要素であるプロセスの概念さえあれば十分な気もしますよね。
　9.1節で学んだように、プロセスとはLinuxカーネルがプログラムの実行を管理

するための単位でした。では、そもそも「単位」とは何でしょうか？

例えば、鉛筆で考えてみましょう。鉛筆の単位としては「1ダース」や「1本」といったものがあります。なぜ複数の単位が用意されているのかというと、誰が鉛筆を扱うのかによって適切な単位が異なるからです。例えば、鉛筆を使う人であれば「本数」が適切な単位ですし、鉛筆を買う人や売る人にとっては「ダース数」が適切な単位です（**図9.6**）。鉛筆を作る人であれば、また別の単位が必要かもしれません。このように、立場によって適切な単位は変わるのです。

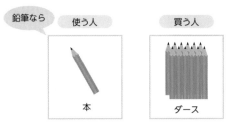

| 図9.6 | 立場によって適切な単位は変わる

Linuxの話に戻りましょう。プロセスとジョブはどちらもマシンが行う処理の単位です。マシンが行う処理も鉛筆と同様に、立場によって適切な単位が異なります。カーネルなら、プログラムの実行の管理が役割なので、プログラムの実行（プロセス）を単位にするのが最適です。またユーザーにとっては、シェルでコマンドラインを実行することで操作を行うため、コマンドラインの実行（ジョブ）を単位にするのが最適でしょう。

- **プロセス** …… カーネルから見た処理（コマンドの実行）の単位
- **ジョブ** …… シェル（ユーザー）から見た処理（コマンドラインの実行）の単位

マシン内の処理も立場によって適切な単位が変わるため、プロセスとジョブの両方が用意されています。ユーザーにとっては基本的に、プロセスよりもジョブで操作を考えるほうがわかりやすいのです。

ノック 　**9.4 ジョブとは**

ノック 161 　**ジョブとは何か？**

9.5
ジョブの一覧を表示する

ノック 162　ノック 163　ノック 164

jobs コマンド

ポイント！

▶ jobsコマンドはジョブの一覧を表示するためのコマンド
▶ Ctrl + z でフォアグラウンドジョブを停止できる
▶ ジョブにはシェル内で一意のジョブ番号が振られている
▶ jobs コマンドの -l オプションはプロセス ID を含めたジョブの一覧を表示する

　ジョブについてさらに理解するために、コマンドでジョブを表示してみましょう。ジョブの一覧を表示するには、jobs コマンドを使います。

書式　jobsコマンド：ジョブを一覧表示する

> jobs〔オプション〕

　次のように jobs コマンドを実行してみると、何も表示されません。

```
$ jobs
$         何も表示されない
```

　プロセスを確認したときには、たくさんのデーモンが裏側で動いていたのに対して、ジョブはユーザーがコマンドラインを実行しない限り存在しません。このことからも、ジョブがユーザーのための単位であることがわかりますね。
　コマンドラインを実行して、新たにジョブを生成してみましょう。まず次のコマンドラインを実行して、man コマンドで bash のマニュアルを表示します。

```
$ man bash         bashのマニュアルをスクロール表示
```

　bash のマニュアルがスクロール表示されたところで Ctrl + z を入力すると、スクロール表示の画面からプロンプトに戻ります。

```
$ man bash
[1]+  停止                        man bash ●──(ジョブが停止する)
$ ●──(プロンプトに戻る)
```

　なぜプロンプトに戻ったのかというと、Ctrl＋zを入力することで、「man bash」というジョブが停止状態に移行したからです。Ctrl＋zはフォアグラウンドジョブ（➡9.6節）を停止するキー操作で、ジョブの実行中に入力することで、ジョブを停止することができます。

　jobsコマンドを再び実行すると、停止中のジョブが表示されるようになります。

```
$ jobs
[1]+  停止                        man bash ●──(ジョブが停止している)
```

　jobsコマンドの出力の左端に[1]という数字が書かれていますが、これはジョブ番号と呼ばれるジョブの通し番号です。これは、プロセスにプロセスIDがあるのと同じです。ただし、プロセスIDはマシン内で一意であるのに対して、ジョブ番号はシェル内で一意であるという違いがあります。つまり、ジョブ番号1のジョブは、このシェル内では「man bash」だけですが、マシン内ではこれだけとは限りません。2つ目の端末を起動するなどして、別のシェルを起動した場合、ジョブ番号1がマシン内（の別のシェル）で重複する可能性があります。これは、プロセス管理がカーネルの役割であるのに対して、ジョブ管理はシェルの役割であることを知っておくと、理解しやすいでしょう。

　なお、ジョブ番号1のジョブは終了しているわけではなく、あくまでも停止しているだけであることに注意してください。終了と停止は、ジョブにおいてはまったく別の状態です。

● プロセスIDも含めて表示   -l オプション

　ジョブに含まれるプロセスを、プロセスIDも含めて表示したい場合には、-lオプションを使います。

```
$ jobs -l  ●──(プロセスIDを含めてジョブを一覧表示)
[1]+ 2889 停止                    man bash
```

　ジョブ番号の右に記載されている2889という数値がプロセスIDです。-l オプ

ションは、lsコマンドなどと同じく「long（長い）」の略で、プロセスIDも含めて長く表示してくれます。

　また、1つのジョブに2つ以上のプロセスが含まれる場合は、プロセスごとにプロセスIDが表示されます。例えば、/etc/crontabに行番号を付けてスクロール表示してからCtrl＋zを入力してジョブを停止して、jobsコマンドに-lオプションを付けて実行すると、次のようになります。

```
$ cat -n /etc/crontab | less        ←  行番号付きでスクロール表示
[2]+  停止              cat /etc/crontab | less    停止したジョブの
                                                   情報が表示される
$ jobs -l
[1]-  2889 停止              man bash        プロセスごとにプロセスIDを表示
[2]+  2905 終了              cat -n /etc/crontab
      2906 停止              | less
```

　上の結果を見ると、ジョブに含まれる2つのプロセスそれぞれに、プロセスIDがあることがわかります（2905と2906）。

　また、ジョブを停止した際に、端末には停止したジョブの情報（ジョブ番号など）が表示されています。ジョブ番号を知りたいだけならば、jobsコマンドで確認しなくても、Ctrl＋zでの停止の際の出力からジョブ番号を確認できます。

9

プロセスとジョブ

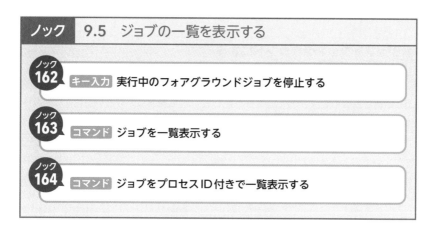

ノック	9.5　ジョブの一覧を表示する

ノック162 キー入力 実行中のフォアグラウンドジョブを停止する

ノック163 コマンド ジョブを一覧表示する

ノック164 コマンド ジョブをプロセスID付きで一覧表示する

9.6

ノック **165** ノック **166** ノック **167**

fg・bgコマンド

フォアグラウンドとバックグラウンド

ポイント！

▶ フォアグラウンドとは、ユーザーからの入力を受け付け、対話的に操作できるジョブの状態のこと

▶ バックグラウンドとは、ユーザーからは見えず、ユーザーが対話的に操作できないジョブの状態のこと

▶ fgコマンドは指定したジョブをフォアグラウンド (foreground) にするコマンド、bgコマンドは指定したジョブをバックグラウンド (background) にするコマンド

▶ 「&」を末尾に付けたコマンドはバックグラウンドで実行され、フォアグラウンドジョブと同時に実行することができる

前節で見た停止状態以外に、ジョブにはフォアグラウンドとバックグラウンドという状態があります。それぞれ、以下のような状態です。

- **フォアグラウンド** …… ユーザーからの入力を受け付け、対話的に操作できる状態
- **バックグラウンド** …… ユーザーからは見えず、ユーザーが対話的に操作できない状態

● ジョブをフォアグラウンドにする

fgコマンド

manコマンドやlessコマンドでスクロール表示を行った場合、「:q」と入力することで終了したり、「/」を入力することで文字列を検索したりといった、ユーザーの操作が可能な状態で実行されますが、こういった実行の状態をフォアグラウンド (foreground) と言います。普通にコマンドラインを実行すると、フォアグラウンドで実行されます。

また、fgコマンドを使えば、停止しているジョブやバックグラウンドのジョブをフォアグラウンドにすることができます。

9

プロセスとジョブ

書式 **fg**コマンド：指定したジョブをフォアグラウンドにする

> **fg** ［%ジョブ番号］

　例えば、ジョブ番号1のジョブをフォアグラウンドにするには、次のように実行します。

```
$ fg %1        ジョブ番号1のジョブをフォアグラウンドに
```

　これを実行すると、前節で停止した「man bash」がフォアグラウンドに戻り、スクロール表示が再び行われるようになります。「:q」を入力してスクロール表示を終了してからjobsコマンドを実行すると「man bash」のジョブが消えていることを確認できます。

```
$ jobs
[2]+  停止                    cat -n /etc/crontab | less
```

　fgコマンドでジョブ番号を省略すると、カレントジョブ（jobsコマンドの出力で+が付いているジョブ）がフォアグラウンドになるので、次のように引数を省略してfgコマンドを実行すると、ジョブ番号2のジョブ（cat -n /etc/crontab | less）がフォアグラウンドになり、スクロール表示が再開されます。

```
$ fg        引数を省略してカレントジョブをフォアグラウンドに
```

　「cat -n /etc/crontab | less」も「:q」を入力して終了しておきましょう。jobsコマンドを実行すると、ジョブがすべて終了していることを確認できます。

```
$ jobs
$        何も表示されない
```

● **ジョブをバックグラウンドにする**　　　　　　**bg**コマンド

　フォアグラウンドに対して、ユーザーからは見えず、対話的な操作ができない状態がバックグラウンド（background）です。ジョブをバックグラウンドで実行するにはbgコマンドを使います。fgコマンドと同様に、「%ジョブ番号」というよう

9

プロセスとジョブ

にジョブを指定します。

> **書式** bgコマンド：指定したジョブをバックグラウンドにする
>
> bg［%ジョブ番号］

例えば、まず次のようなコマンドを実行してから、Ctrl + zを入力してジョブを
停止させます。

```
$ sleep 60
^Z
[1]+  停止                    sleep 60
```

sleepコマンドは、引数に指定した秒数だけ待機するコマンドです。上のよう
に実行すると、60秒間だけ実行してから終了します。Ctrl + zによって停止した
「sleep 60」というジョブ（ジョブ番号は1）を、バックグラウンドで実行するには、
次のように実行します。

```
$ bg %1      ━━━━（ジョブ番号1のジョブをバックグラウンドに）
[1]+ sleep 60 &
```

バックグラウンドにしてからjobsコマンドでジョブを確認してみると、「sleep
60 &」というように「&」がジョブの末尾に付いています。

```
$ jobs
[1]+  実行中                  sleep 60 &   ━━━━（「&」が末尾に付いている）
```

jobsコマンドの出力の中で、バックグラウンドで実行されているジョブには「&」
が末尾に付きます。このことからも「sleep 60」というジョブがバックグラウンド
で実行されていることが確認できます。

ここで注目すべきは、「sleep 60」のジョブが実行されているにもかかわらず、
「jobs」という別のジョブを同じシェルで実行することができている点です。バッ
クグラウンドのジョブはユーザーからは見えない裏側で実行されるため、バック
グラウンドジョブを実行しながらコマンドラインに入力を行い、他のジョブを実行
することも可能です。バックグラウンドジョブを使うと、ジョブを並行して実行す
ることができるため「& (and)」が末尾に付く、と考えると覚えやすいでしょう。

9

プロセスとジョブ

sleepコマンドの実行時間が指定した60秒になると、「sleep 60」のジョブは終了し、jobsコマンドで終了を確認できます。このことからも、バックグラウンドできちんと実行されていたことがわかります。

```
$ jobs
[1]+  終了                    sleep 60    ←（60秒実行すると終了する）
```

● バックグラウンドで実行する &

コマンドを初めからバックグラウンドで実行することも可能です。次のように、実行するコマンドの末尾に「&」を付けると、初めからバックグラウンドで実行できます。

```
$ sleep 60 &    ←（バックグラウンドで実行する）
$ jobs
[1]+  実行中                  sleep 60 &  ←（「&」が末尾に付いている）
```

9　プロセスとジョブ

jobsコマンドの出力で、ジョブの末尾に「&」が付いていることから、バックグラウンドで実行されていることがわかります。バックグラウンドジョブを活用することで、findコマンドによる検索など、実行に時間がかかるジョブを実行しながら別の作業をシェルで行えるようになるので便利です。

その他に、1行のコマンドライン入力で、コマンドの1つをフォアグラウンドで実行しつつ、もう1つをバックグラウンドで実行することもできます。例えば、時間のかかるfindコマンドをバックグラウンドで実行しつつ、manコマンドでBashのマニュアルを見るには「&」を使って次のように実行します。

```
$ find / -name python > python.txt 2> /dev/null & man bash
```

findコマンドは検索完了までにある程度時間がかかるため、バックグラウンドで実行するほうがよい場合が多いです。上の例ではリダイレクトを使って、検索結果をpython.txtに保存し、エラーは破棄しています（これがわからない方は第7章を参照してください）。こうすると、findコマンドがバックグラウンドで実行されると同時に、「&」の右側の「man bash」によってBashのマニュアルがスクロール表示されます。このように「&」の後に続けて、フォアグラウンドで実行するコ

マンドを指定することもできます。

　ここまでの話をまとめると、**図9.7**のようになります。

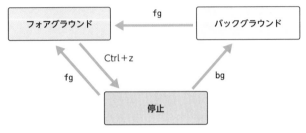

| 図9.7 | フォアグラウンドとバックグラウンド

　ちなみに、GUI環境ではわざわざバックグラウンドで実行しなくても、端末を複数立ち上げることで、複数のジョブを並行して実行できます。とはいえ、バックグラウンドジョブを活用するほうが便利なのは間違いないですし、ジョブの基本について理解していないと、マシンの挙動が理解できずに困る場面もありますので、本書で扱うレベルのジョブの基本はしっかり理解しておきましょう。

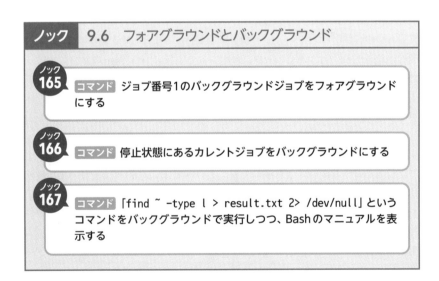

ノック　9.6　フォアグラウンドとバックグラウンド

ノック **165**　コマンド　ジョブ番号1のバックグラウンドジョブをフォアグラウンドにする

ノック **166**　コマンド　停止状態にあるカレントジョブをバックグラウンドにする

ノック **167**　コマンド　「find ~ -type l > result.txt 2> /dev/null」というコマンドをバックグラウンドで実行しつつ、Bashのマニュアルを表示する

9.7

ノック 168 **ノック 169** **ノック 170**

kill コマンド

プロセスとジョブの終了

ポイント！

▶ kill コマンドはプロセスやジョブを終了する
▶ プロセスを終了できるのはプロセスの実効ユーザーと root ユーザーのみ
▶ Ctrl + c でフォアグラウンドジョブを終了できる

　誤った操作を行ってしまった場合や、実行したプログラムの異常で入力を受け付けなくなってしまった場合など、プロセスやジョブを終了させたいケースもあります。本節では、プロセスとジョブの終了方法について学んでいきましょう。

● プロセスを終了する

　プロセスを終了するには、kill コマンドを使います。kill は「殺す」の意味なので、プロセスを殺す（終了する）ことができます。

 書式 kill コマンド：指定したプロセスを終了する

```
kill プロセスID
```

　例えば、バックグラウンドで実行している sleep コマンドのプロセスを終了するには、次のように実行します。

```
$ sleep 60 &    ← sleepコマンドをバックグラウンドで実行
[1] 2907
$ ps
   PID TTY          TIME CMD
  2681 pts/0    00:00:00 bash
  2907 pts/0    00:00:00 sleep    ← sleepコマンドのプロセス
  2908 pts/0    00:00:00 ps
$ kill 2907    ← プロセスIDが2907のプロセスを終了
[1]+  Terminated              sleep 60    ← プロセスが終了している (Terminated)
$ ps
```

9

プロセスとジョブ

```
   PID TTY          TIME CMD
  2681 pts/0    00:00:00 bash
  2910 pts/0    00:00:00 ps
```
→ ⸢sleepが消えている⸣

　注意点としては、プロセスを終了することができるのは、rootユーザーかプロセスの実効ユーザーのみであるということです。例えば、次のようにするとkillコマンドが失敗します。

```
$ ps aux
USER      PID %CPU %MEM    VSZ   RSS TTY   STAT START   TIME COMMAND
root        1  0.0  0.8 168076  8496 ?     Ss   10月31   0:22 /sbin...
root        2  0.0  0.0      0     0 ?     S    10月31   0:00 [kthr...
root        3  0.0  0.0      0     0 ?     I<   10月31   0:00 [rcu_gp]
(中略)
$ kill 1    ⸢プロセスIDが1のプロセスを終了する⸣
bash: kill: (1) - 許可されていない操作です    ⸢失敗する⸣
```

　上の実行例では、プロセスID（PID）が1のプロセスをkillコマンドで終了しようとしていますが、このプロセスの実効ユーザー（USER）はrootユーザーであるため、終了させることができるのはrootユーザーのみです。そのため、一般ユーザーのhiramatsuでは終了することができず、killコマンドが失敗しています。このように、実効ユーザーがプロセスに設定されていることによって、他のユーザーに勝手にプロセスを終了されることを防いでいるのです。なお、rootユーザーはあらゆる権限を持つので、どのユーザーのプロセスであっても終了できます。

● バックグラウンドジョブ・停止中のジョブを終了する

　バックグラウンドジョブや停止中のジョブを終了するには、プロセスの終了と同じくkillコマンドを使います。プロセスの終了と異なるのは、引数にプロセスIDではなく「%ジョブ番号」と指定することです。

⸢書式⸣ killコマンド：指定したジョブを終了する

```
kill %ジョブ番号
```

　例えば、sleepコマンドをバックグラウンドで実行してから、killコマンドでジョブ番号を指定して終了するには、次のように実行します。

```
$ sleep 60 &
[1] 2911
$ kill %1 ●──────（ジョブ番号1のジョブを終了）
$ jobs
[1]+  Terminated              sleep 60 ●──────（終了している (Terminated)）
```

　停止中のジョブを終了する場合も同様です。プロセスの終了とは異なり、ジョブ番号の前に「%」という記号を付けることを忘れないようにしましょう。

● フォアグラウンドジョブを終了する

　フォアグラウンドジョブを終了する場合、killコマンドは使えません。なぜなら、フォアグラウンドジョブが存在していると、別のコマンドを実行することができないからです。そのため、フォアグラウンドジョブを終了するにはkillコマンドではなく、実行中にCtrl + cを入力します。

```
$ sleep 60
^C ●──────（Ctrl + cを入力する）
$ jobs
$ ●──────（何も表示されない）
```

　Ctrl + cを入力するとフォアグラウンドジョブが終了して、コマンドラインへの入力が可能になります。Ctrl + z（ジョブの停止）と混同しないように注意しましょう。

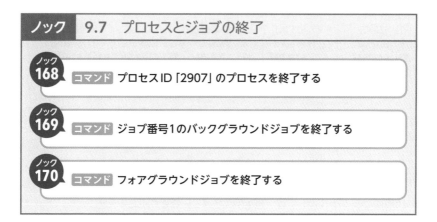

ノック　9.7　プロセスとジョブの終了

ノック168　コマンド　プロセスID「2907」のプロセスを終了する

ノック169　コマンド　ジョブ番号1のバックグラウンドジョブを終了する

ノック170　コマンド　フォアグラウンドジョブを終了する

kill コマンド

シグナルを送信する

ポイント！

▶ kill コマンドはプロセスにシグナルを送信するためのコマンドで、引数に「どのシグナルを送るか？」と「どのプロセスに送るか？」を指定する

▶ シグナルとはプロセスに送信される信号 (signal) のこと。シグナルを送ることでプロセスを操作できる

▶ Ctrl + z では TSTP シグナル、Ctrl + c では INT シグナルが暗黙的にジョブ内のプロセスに送信される

▶ 「kill -9 プロセス ID」で指定したプロセスを強制終了できる

　前節では kill コマンドを、プロセスやジョブを終了するコマンドとして紹介しましたが、より正確に言うと、kill コマンドはシグナルを送信するためのコマンドです。シグナルとは、プロセスに送信される信号 (signal) のことで、シグナルを送ることでプロセスを操作できます。

　シグナルの種類としては、プロセスを終了・停止・強制終了するものなどがあり、kill コマンドの-l オプションを使うことで一覧表示できます。-l は「list signals（シグナルを一覧表示する）」の略です。

```
$ kill -l    ●──── シグナルを一覧表示する
 1) SIGHUP       2) SIGINT       3) SIGQUIT      4) SIGILL       5) SIGTRAP
 6) SIGABRT      7) SIGBUS       8) SIGFPE       9) SIGKILL     10) SIGUSR1
11) SIGSEGV     12) SIGUSR2     13) SIGPIPE     14) SIGALRM     15) SIGTERM
16) SIGSTKFLT   17) SIGCHLD     18) SIGCONT     19) SIGSTOP     20) SIGTSTP
(以下略)
```

　-l オプションの出力では、シグナル名の先頭に SIG が付いています。例えば、INT というシグナルは SIGINT、KILL というシグナルは SIGKILL と表示されています。また、シグナルごとに番号が振られており、名前だけでなく番号でもシグナルを指定できます。

　代表的なシグナルとしては、表9.3 に挙げているものがあります。

| 表9.3 | 代表的なシグナル

番号	シグナル名	機能	由来
2	INT	キーボードからの割り込み、Ctrl + c	interrupt（割り込む）
9	KILL	強制終了	kill
15	TERM	終了、kill コマンドのデフォルト	terminate（終了する）
20	TSTP	停止、Ctrl + z	temporary stop（一時停止）

これらのシグナルをkill コマンドを使ってプロセスに送信することで、プロセスを操作することができます。kill コマンドの引数には「どのシグナルを送るか？」と「どのプロセスに送るか？」を指定します。

 書式　kill コマンド：指定したプロセスにシグナルを送信する

> kill ［-シグナル名／番号］ プロセスID

例えば、バックグラウンドで動作しているsleepコマンドを、一時停止させてから強制終了するには、次のように実行します。

```
$ sleep 60 &      ←（バックグラウンドで実行）
[1] 2912          ←（sleepコマンドのプロセスID）
$ kill -TSTP 2912    ←（TSTPシグナルをIDが2912のプロセスに送信）
$ jobs -l
[1]+ 2912 停止              sleep 60    ←（プロセスが停止する）
$ kill -9 2912    ←（9番のシグナル（KILL）をIDが2912のプロセスに送信）
$ jobs -l
[1]+ 2912 強制終了          sleep 60    ←（プロセスが強制終了する）
```

TSTP シグナルと KILL シグナルを、sleepコマンドのプロセス（ID は 2912）に送ることで、「停止→強制終了」と状態を変更できています。シグナルを指定するときは、「-TSTP」というように「-シグナル名」とするだけでなく、「-20」のように「-シグナル番号」の形式で指定することも可能なので、「-9」は「-KILL」と同じ意味になります。

特に、9番のKILL シグナルはよく使うシグナルです。KILL シグナルを送信すれば、プロセスを強制終了することができるため、異常が発生して TERM シグナルでは終了しなくなってしまったプロセスに対して使用します。

なお、kill コマンドの「シグナル名／番号」は省略できます。省略した場合に

9

プロセスとジョブ

は、15番のTERMシグナルが指定されたことになります。前節で実行したkill
コマンドではシグナルを省略していたため、暗黙的にTERMシグナルがプロセス
に送信されていました。そのため、killコマンドを「プロセスを終了するコマンド」
として扱うことができたのです。

```
$ sleep 60 &  ●────(バックグラウンドで実行)
[1] 2913  ●────(sleepコマンドのプロセスID)
$ kill 2913  ●────(シグナルを省略 (-TERMが指定されてプロセスが終了する))
$ jobs
[1]+  Terminated                sleep 60
```

　また、killコマンドの引数にジョブが指定された場合には、ジョブに含まれる
すべてのプロセスにシグナルが送信されます。ジョブ内のすべてのプロセスが終了
すれば、当然ジョブも終了しますから、killコマンドでジョブを終了させること
もできます。

● キー入力でシグナルを送信する

　ジョブを終了させるには、ジョブ内のすべてのプロセスを終了すればよいので、
これまで学んできたジョブの操作も結局は、プロセスの操作が裏側で行われてい
ます。
　例えば、ジョブを停止するCtrl＋zや、ジョブを終了するCtrl＋cを入力したと
きは、ジョブに含まれるプロセスにシグナルが送信されています。Ctrl＋zでは停
止のTSTPシグナル、Ctrl＋cでは割り込みのINTシグナルが、入力時のフォアグ
ラウンドジョブに含まれるすべてのプロセスに送信されるため、フォアグラウン
ドジョブの停止や終了を行うことができるのです。

ノック	9.8　シグナルを送信する

ノック 171　コマンド プロセスID「2912」のプロセスを強制終了する

**章末
ノック**
第9章
問題 ［解答は358〜360ページ］

9
プロセスとジョブ

**ノック
155**
□□□
プロセスとは何か？

**ノック
156**
□□□
「ps u」の出力において、以下の列の意味は何か？
- USER
- PID
- CMD

**ノック
157**
□□□
コマンド マシン内のすべてのプロセスを詳細情報付きで一覧表示する

**ノック
158**
□□□
デーモン (daemon) とは何か？

**ノック
159**
□□□
プロセスはどのように新規作成されるか？

**ノック
160**
□□□
コマンド 親子関係も含めてプロセスを一覧表示する

**ノック
161**
□□□
ジョブとは何か？

**ノック
162**
□□□
キー入力 実行中のフォアグラウンドジョブを停止する

ノック 163 コマンド ジョブを一覧表示する

□□□

ノック 164 コマンド ジョブをプロセスID付きで一覧表示する

□□□

ノック 165 コマンド ジョブ番号1のバックグラウンドジョブをフォアグラウンドにする

□□□

ノック 166 コマンド 停止状態にあるカレントジョブをバックグラウンドにする

□□□

ノック 167 コマンド 「find ~ -type l > result.txt 2> /dev/null」というコマンドをバックグラウンドで実行しつつ、Bashのマニュアルを表示する

□□□

ノック 168 コマンド プロセスID「2907」のプロセスを終了する

□□□

ノック 169 コマンド ジョブ番号1のバックグラウンドジョブを終了する

□□□

ノック 170 コマンド フォアグラウンドジョブを終了する

□□□

ノック 171 コマンド プロセスID「2912」のプロセスを強制終了する

□□□

9 プロセスとジョブ

## 第 10 章

Bash の設定

❸ より高度な操作を実現するための知識

　本章ではBashの設定について学んでいきます。ここまで、デフォルトの設定のままシェルを使ってきましたが、シェルの設定をユーザーが変更することもできます。設定を変えることで、よく使うコマンドを簡単に実行できるようにしたり、コマンドのデフォルトの振る舞いを変えたりするなど、自分好みにシェルをカスタマイズできます。日常的にシェルを使うのであれば、自分の好みの設定にしたほうが使いやすくなりますし、その結果として生産性も高めることができるでしょう。

　本章では、コマンドに別名を付けるエイリアスという機能や、シェル変数・環境変数といったシェルが持つ変数などの、シェルをさらに使いやすくするための機能について学んでいきます。また、シェルへの設定を保存する設定ファイルについても学びます。設定の仕方はシェルごとに違う部分も少しありますが、本書では最もよく使われているシェルであるBashを題材に学んでいきます。

　Bashの設定を学ぶことで、シェルをさらに使いこなせるようになっていきましょう。

ポイント!

▶ エイリアス (alias) はコマンドに別名を付ける機能

▶ aliasコマンドの引数に「別名='値'」と指定して実行することでエイリアスを設定できる

▶ エイリアスを設定した上で「別名」を実行すると、「別名」の代わりに「値」が実行されるようになる

▶ エイリアスを使えば、常に指定したいオプションを省略したり、オリジナルのコマンドを作成したりできる

▶ aliasコマンドを引数なしで実行すると、設定しているエイリアスを一覧表示できる

▶ ディストリビューションごとにデフォルトでエイリアスがいくつか設定されている

Bashの設定

　シェルを使いやすくする機能のうち、まず最初にエイリアス (alias) について学んでいきましょう。エイリアスとはコマンドに別名を付ける機能です。コマンドに別名を付けると、長いコマンドラインを短く書くことができるようになります。

　エイリアスを設定するには、aliasコマンドを使います。エイリアスを設定した上で「別名」を実行すると、「別名」の代わりに「値」が実行されるようになります。

書式 aliasコマンド：エイリアスを設定する

```
alias  別名='値'
```

　例えば、次のようにエイリアスを設定してから lsコマンドを実行すると、代わりに-Fオプション付きの lsコマンドが実行されるようになります❶。

---

❶ 実際に仮想マシンの端末で実行してみると、出力結果の色分けがされなくなることに気づくと思います。その理由は本節の最後で解説します。

```
$ ls /
bin    etc    lib64       mnt    run    swapfile  var
boot   home   libx32      opt    sbin   sys
cdrom  lib    lost+found  proc   snap   tmp
dev    lib32  media       root   srv    usr
$ alias ls='ls -F'  ←──「ls -F」に「ls」という別名（エイリアス）を付ける
$ ls /  ←──「ls」を実行すると、代わりに「ls -F」が実行される
bin@    etc/    lib64@       mnt/    run/    swapfile  var/
boot/   home/   libx32@      opt/    sbin@   sys/
cdrom/  lib@    lost+found/  proc/   snap/   tmp/
dev/    lib32@  media/       root/   srv/    usr/
```

　2回目に実行した「ls /」では、オプションを付けずに実行しているにもかかわらず、ファイル種別付きで表示されています。これは、alias コマンドでエイリアスを設定したことで、「ls（別名）」の代わりに「ls -F（値）」が実行されているためです。

　ls コマンドは、オプションなしで実行するとファイル種別がわからないため、基本的に -F オプションを付けたほうが出力がわかりやすく、使い勝手も良くなります。そこで、上の実行例のようにエイリアスを設定することで、明示しなくても -F オプションを指定できるようにしています。

　他にも、cp コマンドや mv コマンドの -i オプションも、エイリアスを設定して自動的にオプションが指定されるようにすると便利でしょう。そうすれば、毎回 -i オプションを指定しなくても、上書き前に確認メッセージを表示してくれるようになります。

　このようにコマンドに別名を付けることで、オプション指定の手間などを省き、コマンドを簡単に実行できるようにする機能がエイリアスです。

● コマンドを組み合わせてオリジナルのコマンドを作成する

　alias コマンドの引数の値の部分には、単独のコマンドだけでなく、パイプでつないだ2つ以上のコマンドも指定できます。例えば次のように実行すれば、ls コマンドと grep コマンドをパイプでつないで、カレントディレクトリ内のシンボリックリンクだけを一覧表示する lslink コマンドを自作できます。

```
$ cd /  ←──ルートディレクトリに移動
$ alias lslink='ls -F | grep @$'  ←──エイリアスとして lslink コマンドを定義
$ lslink  ←──シンボリックリンクだけを一覧表示する自作コマンドになる
```

```
bin@
lib@
lib32@
lib64@
libx32@
sbin@
```

grep コマンドの「@$」は、基本正規表現で「@で終わる行」の意味です（➡ 255 ページ）。ls コマンドの -F オプションでは、シンボリックリンクの末尾が @ になるため、grep コマンドのフィルタを通すことで、シンボリックリンクだけを表示できます ❷。エイリアスを使えばこのように、頻繁に実行するコマンドラインに別名を付けて、オリジナルのコマンドとして使えるようになります。

・・・

● 設定されているエイリアスを確認する

引数の別名と値を指定せずに alias コマンドを実行すると、現在設定されているエイリアスを一覧表示します。

```
$ alias  ●──( 引数を指定せずに実行 )
alias alert='notify-send --urgency=low -i "$(⮐
[ $? = 0 ] && echo terminal || echo error)" "⮐
$(history|tail -n1|sed -e '\''s/^\s*[0-9]\+\s⮐
*//;s/[;&|]\s*alert$//'\'')"'
alias egrep='egrep --color=auto'                    ( デフォルトで設定さ
alias fgrep='fgrep --color=auto'                      れているエイリアス )
alias grep='grep --color=auto'
alias l='ls -CF'
alias la='ls -A'
alias ll='ls -alF'
alias ls='ls -F'                                    ( 本節で設定したエイリアス )
alias lslink='ls -F | grep @$'
```

出力のうち、最後の 2 行が本節で設定したエイリアスで、その他はデフォルトで用意されているエイリアスです。ディストリビューションによって、デフォルトで設定されているエイリアスは異なるので、職場などのご自身の利用環境に、どんなエイリアスが設定されているか、一度確認してみるとよいでしょう。

❷ もちろん、この条件では「file@」というような、「@」で終わる名前の通常ファイルも表示されてしまいますが、そのようなファイル名を付けることは稀な上、あくまでもエイリアスの解説のための自作コマンドなので良しとしましょう。

10
Bashの設定

　ちなみに、本書の環境には「ls='ls --color=auto'」というエイリアスがデフォルトで設定されていました。「--color=auto」は、ファイル種別やパーミッションによって、lsコマンドの出力を色分けするための指定です（--colorというロングオプションに、autoという値を渡している）。-Fオプションと同様に、lsコマンドの出力がわかりやすくなるため、エイリアスとしてデフォルトで設定されることも多いです。本節の冒頭のように、「ls='ls -F'」というエイリアスを設定すると、デフォルトの「ls='ls --color=auto'」というエイリアスは消えるため、lsコマンドの出力が色分けされなくなります。色分けとファイル種別の表示の両方を実現するには、次のように実行します。

```
$ alias ls='ls -F --color=auto'
```

　エイリアスにはこのように、2つ以上のオプションを指定することも可能です。本書では簡単のため「ls='ls -F'」というエイリアスを設定しているものとしますが、実用の場面では、上のようなエイリアスを設定しておくと便利だと思います。

10

Bashの設定

ノック　10.1　エイリアスを設定する

172 エイリアスとは何か？

173 コマンド エイリアスを設定することで、mvコマンドの実行時には常に-iオプションが指定されるようにする

174 コマンド 現在設定されているエイリアスを一覧表示する

297

10.2

type コマンド

コマンドの種類を確認する

ポイント！

- ▶ type コマンドはコマンドの種類（type）を確認するコマンド
- ▶ コマンドにはエイリアス、組み込みコマンド、外部コマンドの3種類がある
- ▶ シェルに内蔵されているコマンドを組み込みコマンド、シェルとは別のファイル
  として用意されているコマンドを外部コマンドという
- ▶ シェルごとに組み込みコマンドとして用意されているコマンドは少し異なる
- ▶ type コマンドの-a オプションで、存在するすべての（all）種類のコマンドを表示
  できる

　コマンドがエイリアスかどうかを確認するには、alias コマンドを引数なしで実行する以外に、type コマンドを使う方法があります。type コマンドは、コマンドの種類（type）を確認するコマンドです。

書式　type コマンド：コマンドの種類を確認する

> type　コマンド名

　例えば、ls コマンドにエイリアスが設定されているかを確認するには、次のように実行します。

```
$ type ls ─────（ls コマンドの種類を確認する）
ls は 'ls -F' のエイリアスです ─────（エイリアスであることがわかる）
```

　type コマンドの引数に指定したコマンドがエイリアスだった場合、上の実行例のようにその旨を出力してくれます。エイリアスを活用するようになると、実行しているコマンドがエイリアスなのか、普通のコマンドなのかわからなくなることもあります。そのような場合は、type コマンドで確認するようにしましょう。

● コマンドの3種類

typeコマンドは、エイリアスかどうかを判別するだけではありません。一般に、コマンドには大きく分けて以下の3種類があり、typeコマンドでこれらの種類のうちのどれかを判別できます。

- **エイリアス** …… コマンドの別名
- **組み込みコマンド** …… ファイルとして用意されておらず、シェルに内蔵されているコマンド（例：cd、pwd、historyなど）
- **外部コマンド** …… シェルの外部にファイルとして用意されているコマンド（例：ls、cat、touchなど）

typeコマンドの引数に、エイリアスが設定されていない組み込みコマンドが指定された場合は、組み込みコマンド（シェル組み込み関数）であることを教えてくれます。

```
$ type cd  ●──（組み込みコマンドを引数に指定）
cd はシェル組み込み関数です
```

また、エイリアスが設定されていない外部コマンドが指定された場合は、その外部コマンドのファイルのパスを表示してくれます。そのためtypeコマンドは、外部コマンドのファイルのパスを調べる用途でも使われます。

```
$ type cat  ●──（外部コマンドを引数に指定）
cat は /usr/bin/cat です  ●──（外部コマンドならファイルの絶対パスを表示❸）
```

● すべての種類を表示する　　　　　　　-aオプション

typeコマンドを外部コマンドのパスを調べる用途で使う場合、エイリアスが設定されているとパスが表示されません。

```
$ type ls  ●──（lsコマンドのパスを調べる）
ls は ‘ls -F' のエイリアスです  ●──（エイリアスがあるとパスが表示されない）
```

❸ Bashには、ハッシュテーブルという、外部コマンドのファイルの検索を高速化するための仕組みが用意されているので、「cat はハッシュされています（/usr/bin/cat）」というように表示される場合もあります。

　エイリアスが設定されている外部コマンドのパスを調べるには、**type** コマンドの–aオプションを使います。–aは「all（すべて）」の略で、存在するすべての種類のコマンドを表示するオプションです。

```
$ type -a ls  ●────（lsコマンドのすべての種類を表示）
ls は 'ls -F' のエイリアスです
ls は /usr/bin/ls です ┐
ls は /bin/ls です     ┘─（パスも表示されるようになる）
```

　–aオプションによって、エイリアスだけでなく外部コマンドのパスも表示されるようになっています❹。pwdコマンドでも確認してみましょう。

```
$ type -a pwd  ●───（pwdコマンドのすべての種類を表示）
pwd はシェル組み込み関数です ●──（組み込みコマンドであることがわかる）
pwd は /usr/bin/pwd です ┐
pwd は /bin/pwd です     ┘─（外部コマンドとしても用意されている）
```

　結果を見てみると、pwdコマンドは組み込みコマンドとして用意されているだけでなく、外部コマンドとしても用意されていることがわかります。これは、POSIX（➡ 2.7 節）に準拠するためだけの形式的なファイルであり、外部コマンドのファイルを私たちが使うことは基本的にありません。組み込みコマンドに外部コマンドが用意されていても、あまり気にしないようにしましょう。

❹ パスが2つ出力されていますが、本書の環境では、/binは/usr/binのシンボリックリンクなので、これらは同じファイルを指しています。

ノック　10.2　コマンドの種類を確認する

ノック 175 コマンド lsコマンドにエイリアスが設定されているかを調べる

ノック 176 組み込みコマンド・外部コマンドとはそれぞれ何か？

ノック 177 コマンド lsコマンドのパスを調べる（ただし、lsコマンドにはエイリアスが設定されているとする）

10.3 ノック178 ノック179 ノック180

コマンドの優先度

ポイント！

▶ 実行の優先度はエイリアス、組み込みコマンド、外部コマンドの順に高い
▶ エイリアスではなく元の外部コマンドを実行するには、コマンドのファイルの絶対パスを指定する
▶ 「\コマンド名」とすると、エイリアスの設定を無視してコマンドを実行できる
▶ unaliasコマンドでエイリアスを削除することができる

　同名のコマンドに複数の種類があった場合、シェルはどのコマンドを実行するのでしょうか？　実行するコマンドを明確にするために、コマンドの種類それぞれには実行の優先度が設定されています。優先度が決まっているので、同名のコマンドが別の種類として用意されている場合でも、どれを実行するのかを明確にできます。

　コマンドの実行の優先度は次のようになっており、数字が小さいほうをより優先して実行します。

1. エイリアス
2. 組み込みコマンド
3. 外部コマンド

　lsコマンドを実行したときに、外部コマンド（/usr/bin/ls）のほうではなく、先ほど設定したエイリアス（ls -F）が実行されるのは、エイリアスに外部コマンドよりも高い優先度が設定されているからに他なりません。

```
$ ls /  ────（外部コマンド（/usr/bin/ls）よりもエイリアス（ls -F）が優先して実行される）
bin@     etc/     lib64@       mnt/    run/    swapfile  var/
boot/    home/    libx32@      opt/    sbin@   sys/
cdrom/   lib@     lost+found/  proc/   snap/   tmp/
dev/     lib32@   media/       root/   srv/    usr/
```

　同様に pwd コマンドのような、組み込みコマンドと外部コマンドの両方が用意されている場合は、組み込みコマンドのほうが実行されます。

● 元のコマンドを実行したい場合

　エイリアスは最も優先度が高いので、もし設定されているならエイリアスが実行されます。しかし場合によっては、エイリアスではなく元のコマンドを実行したい場面もあります。その場合は、主に以下の3つの方法で実行することができます。

- ① 絶対パスで指定する（外部コマンドの場合）
- ②「\」を先頭に付ける
- ③ エイリアスを削除する

① 絶対パスで指定する（外部コマンドの場合）

　外部コマンドの場合、実行したいコマンドの絶対パスを指定することで、エイリアスではなく元の外部コマンドを実行することができます。

```
$ /usr/bin/ls /
bin    etc    lib64        mnt    run    swapfile    var
boot   home   libx32       opt    sbin   sys
cdrom  lib    lost+found   proc   snap   tmp
dev    lib32  media        root   srv    usr
```

　上の例では、「ls」と指定するのではなく、「/usr/bin/ls」という外部コマンドの絶対パスを指定することで、元の ls コマンドを実行しています。cd コマンドなどの組み込みコマンドではパスを指定できないので、次の②の方法を取ります。

②「\」を先頭に付ける

　コマンド名の前に「\」を付けると、エイリアスの設定を無視してコマンドを実行できます。こちらは、組み込みコマンドでも使えるので便利な方法です。

```
$ \ls /
bin    etc    lib64        mnt    run    swapfile    var
boot   home   libx32       opt    sbin   sys
cdrom  lib    lost+found   proc   snap   tmp
dev    lib32  media        root   srv    usr
```

10

Bashの設定

注意 ｜ 「\（バックスラッシュ）」は、環境によっては「¥（円記号）」で表示される
ことがありますが、どちらも同じ意味です。

③ エイリアスを削除する

上記2つの方法は、一度だけ元のコマンドを実行する方法でしたが、そもそも
エイリアスが不要になった場合は、unalias コマンドを使ってエイリアスを削除し
ましょう。引数に指定したエイリアスを、削除することができます。

```
$ unalias ls   ●━━━（lsというエイリアスを削除）
$ type -a ls
ls は /usr/bin/ls です ┐（エイリアスが消えて外部
ls は /bin/ls です     ┘ コマンドだけになっている）
```

un は「unfair（不公平）」のような言葉で使われ、「否定、反対」という意味です。
なので、unalias コマンドでエイリアスを削除することができます。

10

Bashの設定

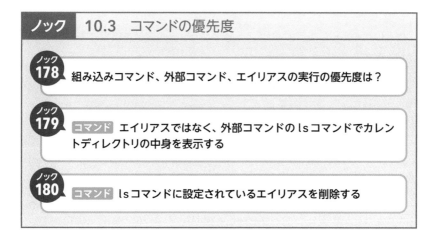

ノック｜**10.3　コマンドの優先度**

ノック 178｜組み込みコマンド、外部コマンド、エイリアスの実行の優先度は？

ノック 179｜ コマンド エイリアスではなく、外部コマンドの ls コマンドでカレン
トディレクトリの中身を表示する

ノック 180｜ コマンド ls コマンドに設定されているエイリアスを削除する

10.4

181 **182** **183** **184**

シェル変数

ポイント!

▶ シェルはシェル変数という変数を持つ
▶ シェル変数を定義するには「変数名=値」、シェル変数を参照するには「$変数名」とする
▶ デフォルトで定義されているシェル変数もあり、それぞれ役割を持つ
▶ set コマンドを引数なしで実行すると、定義されているシェル変数を一覧表示する

　シェルは変数を持ちます。変数とは、文字列や数値などの値を保存する機能のことです。日頃プログラムを書いている方にはお馴染みの機能ですが、シェルでも変数を使うことができます。

　シェルが持つ変数のことをシェル変数と呼びます。シェル変数は、値を保存するためだけのものではなく、変数にどのような値を入れるかによって、シェルの振る舞いや見た目などの設定を変更する役割も持ちます。

　シェル変数の定義と参照はそれぞれ、以下のような形式で行います。

- シェル変数の定義 …… 変数名=値
- シェル変数の参照 …… $変数名

　例えば次のように実行すると、greet というシェル変数を定義して参照することができます。

```
$ greet=Hello     ←──（変数greetに「Hello」を代入して定義）
$ echo $greet     ←──（変数greetをechoコマンドで参照）
Hello   ←──（変数greetの中身が出力される）
```

　1行目の「greet=Hello」という記述は、「変数 greet に Hello という文字列を代入する」という意味です。代入とは、変数に数値や文字列などの値を格納することです。値を代入した変数は、シェル変数として定義されます。注意点として、シェル変数を定義する上では、「greet = Hello」のように「=」の前後にスペース

Bashの設定

を空けてはいけません。必ず「greet=Hello」のように、スペースを空けずに定義
する必要があります。

2行目ではechoコマンドの引数で、シェル変数を参照しています。シェル変数
を参照する際には、「$greet」のように「$変数名」とします。「echo $greet」と
して変数greetを参照すると、「echo Hello」が実行されたことになるため、前
ページのような実行結果になっています。

● シェル変数を一覧する　　　　　　　　　　　　　　　setコマンド

シェル変数には、ユーザーが定義したものだけでなく、デフォルトで用意され
ているものもあります。現状、どんなシェル変数が用意されているのかを確認し
てみましょう。シェル変数を一覧するには、setコマンドを引数なしで実行します。

```
$ set ●───(シェル変数を一覧表示する)
BASH=/usr/bin/bash
BASHOPTS=checkwinsize:cmdhist:complete_fullquote:expand_aliases:extglo➡
b:extquote:force_fignore:globasciiranges:histappend:interactive_commen➡
ts:progcomp:promptvars:sourcepath
BASH_ALIASES=()
BASH_ARGC=([0]="0")
(以下略)
```

出力を見てみると、既存のシェル変数が「変数名=値」という形式で表示され
ています。先ほど定義した変数greet以外のものも表示されていることから、デ
フォルトで定義されているシェル変数がたくさんあることがわかると思います。

setコマンドそのままでは、出力行数が多すぎるので、grepコマンドでgreet
という変数があるのか確認してみましょう。以下の出力を見ると、シェル変数
greetが定義されていることを確認できます。

```
$ set | grep greet
greet=Hello ●───(シェル変数として定義されている)
```

ちなみに、setコマンドはシェル変数だけでなく「シェル関数」も表示します。
シェルでは変数だけでなく、関数を定義することも可能で、シェル関数もデフォ
ルトでいくつか用意されています。シェル関数については本書では扱いませんが、
setコマンドの出力を見たときに混乱しないように、存在だけは知っておいてく

10

Bashの設定

ださい。

```
$ set | tail -n6      ← setコマンドの出力の末尾6行だけを表示
quote_readline ()     ← シェル関数quote_readlineが定義されている
{
    local ret;
    _quote_readline_by_ref "$1" ret;
    printf %s "$ret"
}
```

● 役割を持つシェル変数

　デフォルトで用意されているシェル変数には、それぞれ役割があります。例えば、シェル変数PWDはカレントディレクトリのパスが格納されている変数で、カレントディレクトリが変更されると、この変数の値も変更されます。

```
$ pwd
/home/hiramatsu/work
$ set | grep PWD
OLDPWD=/      ← 1つ前のカレントディレクトリのパスが格納されている
PWD=/home/hiramatsu/work      ← カレントディレクトリのパスが格納されている
$ cd
$ pwd
/home/hiramatsu
$ set | grep PWD
OLDPWD=/home/hiramatsu/work
PWD=/home/hiramatsu      ← パスが変わっている
```

　上の結果を見ると、カレントディレクトリの変更に対応して、PWDの値も変更されていることを確認できます。また「set | grep PWD」の結果として、OLDPWDというシェル変数も表示されていますが、この変数はその名のとおり、1つ前のカレントディレクトリのパス（変数PWDの値）が格納されている変数です。「cd -」を実行すると、カレントディレクトリがOLDPWDの値のパスに変更されます。

　これら以外のシェル変数として、第3章でシェル変数SHELL（→3.2節）を利用したのを覚えているでしょうか？ 変数SHELLはデフォルトで定義されているシェル変数で、ログインシェルの絶対パスが格納されている変数でした。

```
$ echo $SHELL  ●────（ログインシェルを確認する）
/bin/bash      ●────（bashであることがわかる）
```

　このように、シェルやコマンドの機能と密接に関わるような役割を持つシェル
変数も多く存在します。はじめからすべての変数の役割を覚えるのは不可能です
し、覚える必要もありません。今後Linuxの学習を進めていく中で、少しずつ知っ
ていきましょう。

10

ノック　10.4　シェル変数

ノック 181　コマンド　「23」という数値を代入して「x」というシェル変数を定義する

ノック 182　コマンド　「x」という名前のシェル変数に入っている値を出力する

ノック 183　コマンド　設定されているシェル変数を一覧表示する

ノック 184　コマンド　「PWD」という文字列が含まれるシェル変数を一覧表示する

環境変数

▶ 子プロセスにも変数の値が受け継がれるシェル変数を環境変数という（つまり、シェル変数の一部が環境変数）

▶ シェルから起動した子プロセスのシェルのことを「サブシェル」と呼ぶ

▶ printenvコマンドで環境変数を一覧表示（print environment variables）できる

▶ exportコマンドは、引数に指定したシェル変数を環境変数としても定義するコマンド

　シェル変数の他に、シェルが持つ変数として環境変数というものもあります。シェル変数と環境変数はまったく別のものではなく、シェル変数の一部が環境変数としても定義されているという関係性です（**図10.1**）。

| 図10.1 | 環境変数とシェル変数

　シェル変数と環境変数の違いは、子プロセスに変数の値が受け継がれるかどうかです。シェル変数の中でも特に、子プロセスに値が受け継がれる変数を環境変数といいます。環境変数でないシェル変数の値は、子プロセスに受け継がれません。これだけだとわからないと思うので、どういうことか詳しくみていきましょう。

　まず、現在のbashのプロセスを確認すると、次のようになっています。

```
$ ps f  ●────（親子関係がわかるようにプロセスを表示）
   PID TTY     STAT    TIME COMMAND
  2681 pts/0   Ss      0:00 bash  ●───（現在のbashプロセス）
  2917 pts/0   R+      0:00  \_ ps f  ●───（psコマンドのプロセス）
（以下略）
```

現在動作している bash のプロセス ID は 2681 であることが確認できます。その上で、次のように bash コマンドを使用して、新たな bash のプロセスを起動します。

```
$ bash  ●───（bashプロセスを新たに起動する）
$ ps f
   PID TTY     STAT    TIME COMMAND
  2681 pts/0   Ss      0:00 bash  ●───（元のbashプロセス）
  2918 pts/0   S       0:00  \_ bash  ●───（現在のbashプロセス（サブシェル））
  2924 pts/0   R+      0:00      \_ ps f
（以下略）
```

bash コマンドは、現在のシェルの子プロセスとして bash プロセスを起動するコマンドです。bash コマンドを実行すると、元の bash プロセス（ID：2681）の子プロセスとして、新たに bash プロセス（ID：2918）が生成され、そのプロセスでの作業に切り替わります。このような、シェルから起動した子プロセスのシェルのことをサブシェルと呼びます。f オプションを付けた ps コマンドの出力からも、bash の子プロセスに bash があり、そこで ps コマンドが実行されていることが確認できます。

サブシェルの bash では、前節で定義したシェル変数 greet を利用することができません。

```
$ echo $greet
  ●───（何も表示されない）
$ set | grep greet
$  ●───（何も表示されない）
```

echo コマンドで変数を出力しても何も表示されない上、set コマンドの出力にも表示されていません。これはなぜかというと、シェル変数はプロセス固有の設定値であり、子プロセスには受け継がれないからです。つまりシェル変数 greet は、ID が 2681 の bash プロセスで設定された変数なので、その子プロセスである

現在のシェルには受け継がれず、設定されていないことになっているのです。子プロセスにも変数を受け継ぎたい場合は、環境変数として定義する必要があります（図10.2）。

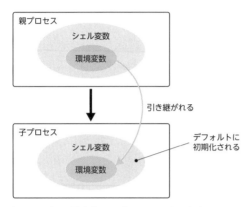

| 図10.2 |　環境変数は子プロセスに受け継がれる

● 環境変数を一覧表示する　　　　　　　　　printenv コマンド

　まずは、現状どのような環境変数が定義されているかを確認してみましょう。環境変数を一覧表示するには、printenv コマンドを使用します。printenv コマンドは「print environment variables（環境変数を表示する）」の略です。

```
$ printenv  ←──（環境変数を一覧表示する）
SHELL=/bin/bash  ←───（シェル変数SHELLは環境変数としても定義されている）
SESSION_MANAGER=local/hiramatsu-VirtualBox:@/tmp/.ICE-unix/38906,unix/ ⏎
hiramatsu-VirtualBox:/tmp/.ICE-unix/38906
QT_ACCESSIBILITY=1
COLORTERM=truecolor
（以下略）
```

　出力を見てみると、1行目に変数SHELL が表示されています。このことから、変数SHELL は環境変数としても定義されているシェル変数であることがわかります。変数SHELL だけでなく、一部のシェル変数がデフォルトで環境変数としても定義されています❺。

---

❺ 前節で学んだ、PWD や OLDPWD は環境変数としても定義されています。

● 環境変数を定義する export コマンド

シェル変数と同様に、環境変数を新たに定義することもできます。環境変数を定義するには、export コマンドを使用します。

 書式 export コマンド：環境変数を定義する

```
export シェル変数名
```

export コマンドでは、引数に指定したシェル変数を環境変数としても定義します。例えばnewgreet という環境変数を定義するには、次のように実行します。

```
$ newgreet=Hi          ━━(シェル変数newgreetを定義)
$ export newgreet      ━━━(シェル変数newgreetを環境変数としても定義する)
```

環境変数の定義は、まずシェル変数として定義してから、そのシェル変数を環境変数としても定義する、という流れで行われます。上の例では、2行で環境変数を定義しましたが、export コマンドの引数に変数の定義を書いて、次のように1行にまとめることも可能です。

```
export newgreet=Hi
```

今回の例であれば、こちらの書き方のほうがシンプルで良いでしょう。次のように実行して、環境変数が正しく定義されたか確認してみましょう。

```
$ printenv | grep newgreet    ━━(newgreetという環境変数があるか確認)
newgreet=Hi
$ set | grep newgreet          ━━(newgreetというシェル変数があるか確認)
newgreet=Hi
```

環境変数として定義されると同時に、シェル変数としても定義されていることが確認できます。シェル変数の一部が環境変数なので、すべての環境変数はシェル変数でもあるのです。

「WordのファイルをPDFとしてエクスポートする」などと言いますが、「シェル変数を環境変数としても使えるようにエクスポート（export）する」ためこのような名前になっています。

10

B
a
s
h
の
設
定

● 環境変数は子プロセスにも受け継がれる

環境変数newgreetは、次のように子プロセスでも使用できます。環境変数は子プロセスにも引き継がれるため、サブシェルとして起動したbashプロセスでも利用できます。

```
$ bash  ●──(bashをサブシェルとして起動)
$ ps f
    PID TTY        STAT    TIME COMMAND
   2681 pts/0     Ss      0:00 bash
   2918 pts/0     S       0:00  \_ bash  ●──(newgreetを定義したシェル)
   2928 pts/0     S       0:00      \_ bash  ●──(現在のシェル)
   2934 pts/0     R+      0:00          \_ ps f
(以下略)
$ echo $newgreet  ●──(子プロセスでも使えるか確認)
Hi  ●──(子プロセスに変数の値が引き継がれている)
```

ただし、環境変数を定義したプロセスの親プロセスで使用することはできません。確認のため、Ctrl＋dを2回入力して最初のプロセス（環境変数を定義したプロセスの親プロセス、ID：2681）に戻ってみましょう。Ctrl＋dは「入力の終了」を意味するキー入力（➡4.4節、5.5節）なので、現在のbashの入力を終了させ、プロセスも終了することができます。

```
$  ●──(Ctrl＋dを入力)
exit  ●──(PIDが2928のシェルを終了)
$  ●──(Ctrl＋dを入力)
exit  ●──(PIDが2918のシェルを終了)
$ ps f
    PID TTY        STAT    TIME COMMAND
   2681 pts/0     Ss      0:00 bash
   2935 pts/0     R+      0:00  \_ ps f
(以下略)
$ echo $newgreet
  ●──(何も表示されない)
```

環境変数newgreetをechoコマンドで指定しても、何も表示されていません。環境変数はあくまでも、定義したプロセスの子プロセスで使用できる変数であり、親プロセスでは使用できないためです。これはプロセスが複製によって生成される（➡9.3節）ことを知っていれば、さほど混乱しないかと思います。

● 環境変数のメリット

　環境変数のメリットは、シェルのプロセスに環境変数を設定しておけば、シェルで実行されるコマンドなどのプログラムすべてで、環境変数の値を利用できるという点にあります。同じシェルで実行されるプログラムなら、必要とする環境も基本的には近いはずなので、変数の値を受け継げたほうがはるかに効率が良いのです。

　以降本書では、環境変数として定義されているシェル変数を「環境変数」と呼び、環境変数として定義されていないシェル変数を「シェル変数」と呼ぶことにします。

ノック | **10.5　環境変数**

ノック 185
環境変数とは何か？　また、シェル変数と比較してどのようなメリットがあるか？

ノック 186
コマンド 設定されている環境変数を一覧表示する

ノック 187
コマンド 自作のシェル変数「x」を環境変数としても定義する

ノック 188
コマンド 「20」という値を代入して「y」という環境変数を定義する

10.6 ノック189 ノック190 ノック191

代表的な環境変数

ポイント！

- ▶ LANGはロケール (locale) を設定するための環境変数
- ▶ ロケールとは、ソフトウェアにおける言語や国・地域の設定のことで、ロケールの設定によって言語や日付の書式が変わる
- ▶ シェルは環境変数PATHに記載されているディレクトリのパスからコマンドを探し出す
- ▶ 環境変数PATHに新たなパスを追加して、ファイル名だけで実行できるようにすることを「パス (PATH) を通す」と言う

　ここまで見た以外の重要な変数について最後に見ておきましょう。本節で学ぶのは次の2つの環境変数です。

- ● LANG …… ロケール
- ● PATH …… シェルがコマンドを探す際にチェックするディレクトリのリスト

● ロケールを設定する　　　　　　　　　　　　　　　LANG

　ロケール (locale) とは、ソフトウェアにおける言語や国・地域の設定のことです。ロケールの設定によって、言語や日付の書式が変わります。本書の環境では、エラーメッセージなどが主に日本語で表示されていましたが、これはロケールがそのように設定されているからです。

```
$ cat notexist
cat: notexist: そのようなファイルやディレクトリはありません ●──── 日本語で表示
```

　ロケールはLANGという環境変数で指定されています。現在のロケールを表示してみると、次のように「ja_JP.UTF-8」という値に設定されています。

```
$ echo $LANG
```

```
ja_JP.UTF-8
```

第1章の環境構築で言語を日本語に設定したので、本書の環境ではロケールが「ja_JP.UTF-8」という日本語のものに設定されています。日本語ではなくアメリカ英語で表示するには、次のようにLANGを設定します。

```
$ LANG=en_US.utf8   ●────（ロケールを変更する）
$ echo $LANG
en_US.utf8
$ cat notexist
cat: notexist: No such file or directory   ●────（英語で表示される）
```

使用できるロケールの一覧を表示するには、localeコマンドに-aオプションを付けて実行します。言語を切り替えたい場合には、この中から適切なロケールを選択して、環境変数LANGに設定しましょう。

```
$ locale -a   ●────（ロケールを一覧表示する）
C
C.utf8
POSIX
en_AG
（以下略）
```

本書では日本語環境で実行するので、次のように実行してLANGを日本語に戻します。

```
$ LANG=ja_JP.UTF-8
```

● コマンドを検索するディレクトリのパス   `PATH`

続いては、環境変数PATHです。シェルは、PATHに記載されているディレクトリのパスからコマンドを探し出します。第3章では、シェルがコマンドを実行する流れについて、lsコマンドを題材にして以下のように解説しました（➡3.4節）。

① シェルが端末を通じて、キーボードから「ls」という文字列を受け取る

② シェルが「ls」という名前のコマンドを探し出し、Linuxカーネルに実行を依頼する

③ LinuxカーネルがCPUやメモリなどのハードウェアを利用してコマンドを実行する

④ コマンドの実行結果がシェルに返され、端末に表示される

②のプロセスにおいて、組み込みコマンドを実行する場合は、シェルに内蔵されているのでシェル内を探せばよいのですが、外部コマンドを実行する場合はマシン内からファイルを探し出す必要があります。このときシェルは、マシン内のすべてのディレクトリを調べるわけではなく、環境変数PATHに記載されたディレクトリだけを調べています。

環境変数PATHを表示してみると、次のようにディレクトリのパスが「:」で区切られて複数記載されています。

```
$ echo $PATH
/home/hiramatsu/bin:/usr/local/sbin:/usr/local/bin:/usr/sbin:/usr/bin:/ ⏎
sbin:/bin:/usr/games:/usr/local/games:/snap/bin:/snap/bin ← 複数のパスが「:」で区切られている
```

シェルは外部コマンドを実行する際に、環境変数PATHに設定されているディレクトリからコマンドを探します。環境変数PATHには、/usr/binというパスが記載されているため、単に「ls」と指定するだけで、/usr/bin/lsというファイルを探し出すことができるのです。逆に言えば、PATHに設定されていない場所にある外部コマンドを実行するには、コマンドのファイルを絶対パスで指定する必要があります。

例えば次のように、lsコマンドのファイルをコピーしたmylsコマンドを、カレントディレクトリのホームディレクトリに作成してから実行してみましょう❻。

```
$ cp /usr/bin/ls ~/myls ← lsコマンドをmylsという名前で~にコピー
$ myls / ← コピーしたコマンドを名前だけで実行すると
コマンド 'myls' が見つかりません。もしかして: ← エラーになる
(以下略)
$ ~/myls ← 絶対パスで指定すると動作する
bin  cdrom  etc  lib  lib64  lost+found  mnt  proc  run  snap
(以下略)
```

mylsコマンドはホームディレクトリ（/home/hiramatsu）に入っているファイル

---

❻ 自作のコマンドは~/binというディレクトリに置くことが一般的ですが、ここでは説明のためにホームディレクトリ（~）に置いています。実用の場面では、~/binに置くようにしてください。

ですが、このディレクトリは環境変数PATHに含まれていません（前ページを参照）。そのため、mylsコマンドを実行するには、前述の例のように絶対パスで指定するか、環境変数PATHに~を追加する必要があります❼。

```
$ PATH=$PATH:~    ●────（~をPATHに追加すると、）
$ echo $PATH
/home/hiramatsu/bin:/usr/local/sbin:/usr/local/bin:/usr/sbin:/usr/bin⮕
:/sbin:/bin:/usr/games:/usr/local/games:/snap/bin:/snap/bin:/home/hir⮕
amatsu    ●────（/home/hiramatsu が末尾に追加されている）
$ myls /    ●────（名前だけで実行できるようになる）
bin   cdrom   etc   lib   lib64   lost+found   mnt   proc   run   snap
（以下略）
```

　PATHに新しいパスを追加するには、「新しいPATH＝今までのPATH : 追加するパス」という形で書きます。したがって、「PATH=$PATH:~」と書けば、~をPATHに追加できます。もし「PATH=~」と書いた場合は、デフォルトで設定されていたパスがすべて消えて、~だけになってしまいます。注意してください。

　~がPATHに追加されたことで、絶対パスを指定することなくmylsコマンドを呼び出せるようになっていますが、このように環境変数PATHに新たなパスを追加して、ファイル名だけで実行できるようにすることを「パスを通す」と言います。もし外部からインストールしたコマンドを実行できなかった場合は、まずはパスが通っているかを確認するようにしましょう。

❼　他にも、「./」を省略しない相対パスで「./myls」というようにする方法もあるのですが、他の場面での相対パスの指定と混乱するのを避けるため、本書では扱いませんでした。

ノック　10.6　代表的な環境変数

189　ロケール (locale) とは何か？

190　「パスを通す」とは何か？

191　[コマンド] 環境変数PATHに「~」を追加する

10.7 ノック192 ノック193

Bashの設定ファイル

ポイント!

▶ エイリアスや環境変数などのbashへの設定はプロセス固有のものなので、別の
bashプロセスには反映されない

▶ `~/.bashrc`はbashプロセスの起動時に自動的に読み込まれて実行されるファイル

▶ `~/.bashrc`にすべてのbashプロセスに反映したい設定を記載することで、毎回
設定し直す必要がなくなる

▶ `~/.bashrc`の「rc」は「run command (コマンドを実行する)」の略

▶ `~/.bashrc`以外の設定ファイルも存在する

● 設定はプロセス固有のもの

ここまでエイリアスや環境変数などを設定してきましたが、これらはすべて
操作中のbashプロセスに対する設定であり、別のbashプロセスには反映されま
せん。例外として、環境変数だけは子プロセスに受け継がれますが、それ以外の
プロセスの間では設定は共有されないのです。

これを確かめるために、いったん端末を閉じてから再び起動し、bashプロセス
を新しく立ち上げてみましょう。新しく立ち上げたbashプロセスでいくつかのコ
マンドを実行してみると、次のように、前節までに行ったエイリアスや環境変数
などの設定がされていないことがわかります。

```
$ ps
    PID TTY          TIME CMD
   2980 pts/0    00:00:00 bash      ← 新しいbashプロセス
   2989 pts/0    00:00:00 ps
$ lslink      ← 10.1節で設定したエイリアス
lslink: コマンドが見つかりません      ← エイリアスが消えている
$ echo $PATH      ← 10.6節で設定した環境変数PATH
/home/hiramatsu/bin:/usr/local/sbin:/usr/local/bin:/usr/sbin:/usr/bin: ⏎
/sbin:/bin:/usr/games:/usr/local/games:/snap/bin:/snap/bin      ←
                                      /home/hiramatsuが消えている
```

　これは、エイリアスや環境変数などのシェルの設定は、あくまでもプロセス固有のものであり、別プロセスのシェルには反映されないためです。そのため、端末を再起動して新たに立ち上げた bash プロセスには、これまでの設定が反映されません。

　それでは、bash プロセスが変わるたびに、エイリアスや環境変数を再設定しなければいけないのでしょうか？ その答えは Yes でもあり No でもあります。つまり、毎度再設定を行う必要はあるものの、設定はシステムによって自動的に行われるため、ユーザーは ~/.bashrc などのファイルに設定を一度記述するだけで OK です。

● ~/.bashrc とは

　~/.bashrc とは Bash の設定ファイルの 1 つで、bash のプロセスの起動時に読み込まれて実行されます。そのため、~/.bashrc に設定を記述しておけば、bash プロセスが起動するたびに設定を読み込んで自動的に反映してくれるので、実質的に設定を保存することができます。

　~/.bashrc を表示してみると、さまざまな設定が行われています。

```
$ cat ~/.bashrc
# ~/.bashrc: executed by bash(1) for non-login shells.  ●──（コメント）
# see /usr/share/doc/bash/examples/startup-files (in the package bash-⏎
doc)
# for examples

# If not running interactively, don't do anything
case $- in
    *i*) ;;
      *) return;;
esac

# don't put duplicate lines or lines starting with space in the history.
# See bash(1) for more options
HISTCONTROL=ignoreboth
（以下略）
```

　行の頭に「#」から始まる記述がたくさんありますが、これはコメントという機能です。コメントとは、コンピュータに処理されない、人間のための注釈のことです。「#」の右側の記述をコンピュータは無視するので、そこにプログラムの説明など人間のための記述を挿入することができます。コメントは、日頃プログラ

10

Bash の設定

ミングをしている方にはお馴染みの機能だと思いますが、~/.bashrcやシェルスクリプト（➡第11章）でも使用することができます。

　出力が長すぎるので、次のようにgrepコマンドで「alias」という文字列を含む行だけに絞り込んでみましょう。

```
$ grep alias ~/.bashrc     ←──（「alias」という文字列を含む行だけ出力）
# enable color support of ls and also add handy aliases
    alias ls='ls --color=auto'
    #alias dir='dir --color=auto'
    #alias vdir='vdir --color=auto'
    alias grep='grep --color=auto'     ←──（aliasコマンドが複数記述されている）
    alias fgrep='fgrep --color=auto'
    alias egrep='egrep --color=auto'
# some more ls aliases
alias ll='ls -alF'
alias la='ls -A'
alias l='ls -CF'
（以下略）
```

　出力を見てみると、aliasコマンドでエイリアスがいくつか定義されています。10.1節でエイリアスについて学んだ際に、デフォルトで設定されているものがいくつかあることを確認しましたが、なぜデフォルトで定義されていたのかというと、~/.bashrcに記載されているためです。~/.bashrcに記載されているコマンドは、新たなbashプロセスの起動時に自動的に実行されるため、使用していたbashプロセスに、エイリアスがデフォルトで定義されていたのです。~/.bashrcの「rc」は「run commands（コマンドを実行する）」の略であることを知っておくと、bashプロセスの起動時に実行されるということを覚えやすくなるでしょう。

　それでは、デフォルトで定義されているエイリアスの下に、Vimを使って次のように追記しましょう。

```
# my aliases
alias ls='ls -F'  ┐
alias cp='cp -i'  ├──（aliasコマンドを3行記入）
alias mv='mv -i'  ┘
```

　このように修正してから現在の端末を閉じ、新しい端末でbashを起動してみます。すると、エイリアスを使用できるようになっているはずです。そして、今後起動するすべてのbashプロセスで、これらのエイリアスを使用できるようになり

ます。

```
$ type ls
ls は 'ls -F' のエイリアスです
```

　もちろんエイリアスだけでなく、exportコマンドで環境変数を定義することも可能です。コマンドラインで実行できるものは基本的に~/.bashrcに書くことができます。bashプロセスの起動時に自動的に実行したいコマンドは~/.bashrcに記載するようにしましょう。

● ~/.bashrc以外の設定ファイル

　~/.bashrcはbashプロセスの起動時に実行されるファイルであるため、当然ですがbashプロセスが起動しないと実行されません。そのため、GUI環境でBashを使わずに起動するアプリケーションがある場合や、Bash以外のシェルにも共通して行いたい設定がある場合など、一部のケースでは~/.bashrcで設定を行うことが適切でない場合があります。

　その場合は、~/.profileなどの別の設定ファイルに記述するのですが、この話は入門書で扱うには細かすぎる話なので、~/.bashrcに書くのではうまくいかない状況に遭遇した際に詳しく調べてみてください。現時点では、bashプロセスに行いたい設定は~/.bashrcに記述するのだ、と思っておいてください。

10

Bashの設定

ノック | **10.7　Bashの設定ファイル**

192　~/.bashrcとはどのようなファイルか？

193　[コマンド] エイリアスを設定することで、cpコマンドの実行時には常に-iオプションが指定されるようにする（ただし、bashを起動し直しても設定が保たれるようにする）

章末ノック 第10章

問題 ［解答は 360〜362ページ］

ノック 172
□□□
エイリアスとは何か？

ノック 173
□□□
コマンド エイリアスを設定することで、mvコマンドの実行時には常に-iオプションが指定されるようにする

ノック 174
□□□
コマンド 現在設定されているエイリアスを一覧表示する

ノック 175
□□□
コマンド lsコマンドにエイリアスが設定されているかを調べる

ノック 176
□□□
組み込みコマンド・外部コマンドとはそれぞれ何か？

ノック 177
□□□
コマンド lsコマンドのパスを調べる（ただし、lsコマンドにはエイリアスが設定されているとする）

ノック 178
□□□
組み込みコマンド、外部コマンド、エイリアスの実行の優先度は？

ノック 179
□□□
コマンド エイリアスではなく、外部コマンドのlsコマンドでカレントディレクトリの中身を表示する

10

Bashの設定

ノック
180
□□□
コマンド lsコマンドに設定されているエイリアスを削除する

ノック
181
□□□
コマンド 「23」という数値を代入して「x」というシェル変数を定義する

ノック
182
□□□
コマンド 「x」という名前のシェル変数に入っている値を出力する

ノック
183
□□□
コマンド 設定されているシェル変数を一覧表示する

ノック
184
□□□
コマンド 「PWD」という文字列が含まれるシェル変数を一覧表示する

ノック
185
□□□
環境変数とは何か？　また、シェル変数と比較してどのようなメリットがあるか？

ノック
186
□□□
コマンド 設定されている環境変数を一覧表示する

ノック
187
□□□
コマンド 自作のシェル変数「x」を環境変数としても定義する

ノック
188
□□□
コマンド 「20」という値を代入して「y」という環境変数を定義する

ロケール (locale) とは何か？

「パスを通す」とは何か？

[コマンド] 環境変数PATHに「~」を追加する

~/.bashrc とはどのようなファイルか？

[コマンド] エイリアスを設定することで、cp コマンドの実行時には常に -i オプションが指定されるようにする（ただし、bashを起動し直しても設定が保たれるようにする）

10

Bashの設定

## 第 11 章

シェルスクリプト入門

❸ より高度な操作を実現するための知識

　本章では、シェルスクリプトの超基本について学んでいきましょう。シェルスクリプトとは、複数のコマンドラインを記述したファイルのことで、コマンドラインを変数や制御構文と組み合わせるなどの高度な処理を、簡単に再利用することが可能になります。

　シェルスクリプトを最大限活用するためには、文法など数多くのことを学ぶ必要があるので、本章だけですべてを解説することは到底できません。そこで本章では、シェルスクリプトとはどういうもので、どのように役立つのかといった、シェルスクリプトを活用する際の前提の部分についてのみ学んでいきます。

　シェルスクリプトは、これまで学んできた知識の集大成とも言える、とてもパワフルな機能ですので、しっかりと基本を理解しておきましょう。

11.1

シェルスクリプトとは

> **ポイント！**
>
> ▶ シェルスクリプトとは、複数のコマンドラインを記述した、シェルで実行できるファイルのこと
>
> ▶ シェルスクリプトでは、コマンドラインを複数並べるだけでなく、制御構文などのプログラミング言語で使われる機能を使って複雑な処理を実現できる
>
> ▶ シェルスクリプトのメリットとして、操作の再利用性が高まる、操作のミスが起こりづらくなる、ほとんどのLinux環境で実行することができる、などがある

　ここまで学んできたあなたはすでに、CLIのパワフルさについては理解していることでしょう。CLIでは、たった1行のコマンドラインであったとしても、パイプラインを利用することで複雑な操作が可能で、コマンドラインを再利用すれば同じ操作を何度でも再現できます。

　もっと複雑な操作をするとなると、複数行のコマンドラインを実行する場面も出てきます。仮に、ある操作を完了するのに5行のコマンドラインを実行する必要があるとしましょう。このとき、その操作を行うたびに、コマンドラインを1行ずつ、5回入力して実行するのはなかなか手間ですし、入力するコマンドラインや入力の順番を間違えるなど、操作のミスが発生する可能性もあります。

　決まりきった操作の場合、複数のコマンドをパイプを使って1つのコマンドラインにまとめたように、複数のコマンドラインを1つにまとめることができると便利です。これを実現するのが、本章のテーマであるシェルスクリプトです。

● シェルスクリプトとは

　シェルスクリプトとは、複数のコマンドラインを記述した、シェルで実行できるファイルのことです。複数のコマンドラインをまとめて1つのファイルにすることで、シェルスクリプトを実行するだけで複数のコマンドラインをまとめて実行できるようになります（図11.1）。

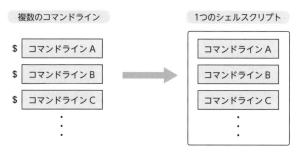

| 図11.1 | 複数のコマンドラインを1つのシェルスクリプトにまとめる

　シェルスクリプトでは、ただコマンドラインを複数並べるだけでなく、制御構文などのプログラミング言語のような機能を使って、より複雑な処理を実現することも可能です（**図11.2**）。

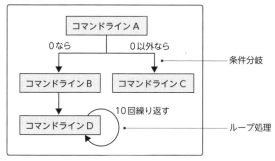

| 図11.2 | 条件分岐やループ処理なども行える

● シェルスクリプトのメリットと用途

　シェルスクリプトのメリットは、なんと言っても操作の再利用性が高まることです。一度シェルスクリプトを書いてしまえば、それ以降はシェルスクリプトを実行するだけで、何度でも同じ操作を再現できます。そのため、定期的に実行する作業の手間を大きく削減できたり、書いたシェルスクリプトを別の環境で別のユーザーが利用したりすることも可能です。

　また、一度正しいシェルスクリプトを書いてしまえば、その都度コマンドラインを書くよりも操作のミスが起こりづらくなるのも大きなメリットです。先ほどの5行のコマンドラインを実行する例で言うと、5行の実行順をシェルスクリプトに正

しく書いておけば、その後はシェルスクリプトを実行するだけで必ず正しい順番で実行されるようにできます。

　また、シェルスクリプトは多くの場合Bashで実行されるため、ほとんどのLinux環境で実行することができるというのも大きなメリットです。シェルスクリプトで実現できることは、Pythonのようなプログラミング言語でも基本的に実現できますが、環境によってはPythonの実行環境が用意されていないこともあります。その点、BashはほとんどのLinux環境に用意されていますから、シェルスクリプトは環境をまたいでの互換性・再利用性が特に優れているのです（**図11.3**）。

| 操作の再利用性が高まる |
| 操作のミスが起こりづらくなる |
| ほとんどのLinux環境で実行することができる |

| 図11.3 | シェルスクリプトの3つのメリット

　シェルスクリプトはこのようなメリットを活かし、一定の操作を再利用・自動化する場面で使われます。具体的には、毎週行うログの集計作業、毎月末に行うデータのバックアップなどの定期的な実行が必要な操作や、AWSやGCPのインフラ設定における決まりきった操作などを自動化・再利用する場面などです。

　ちなみに、前章で学んだ~/.bashrcも、aliasコマンドなどのコマンドラインを記入することができたり、シェルスクリプトと同様に制御構文などを使用できることから、広義のシェルスクリプトとして分類されることもあります。厳密には、~/.bashrcにはシバン（➡11.2節）がないため、シェルスクリプトではないのですが、同じような書き方ができると思っておきましょう。

11
入門 シェルスクリプト

| ノック | 11.1　シェルスクリプトとは |

ノック
194　シェルスクリプトとは何か？

ノック
195　シェルスクリプトの3つのメリットは何か？

11.2 ノック196

シェルスクリプトを作成してみよう

ポイント！

▶ シェルスクリプトの名前の末尾には慣例的に「.sh」が付けられることが多い

▶ shebang（シバンもしくはシェバン）とは、そのファイルをどのシェルで実行するかを指定するための記述

▶ シェルスクリプトの1行目には必ず、「#!/bin/bash」のようにシェルのファイルがシバンで指定されている

▶ hash（#）とbang（!）を組み合わせた記号（#!）を使うことから、shebangと呼ばれる

▶ シェルスクリプトでは、引数を受け取るための機能である位置パラメータや、if文やfor文などの制御構文を使って、複雑な操作を実現できる

　シェルスクリプトについてさらに理解するために、簡単なシェルスクリプトを実際に書いてみましょう。ここからは、引数に指定したディレクトリ内の、シンボリックリンクだけを一覧表示する機能を持ったシェルスクリプトを作成していきます。シェルスクリプトの名前の末尾（拡張子）には、シェルスクリプトであることがわかりやすいように、慣例的に「.sh」が付けられることが多いため、名前は「lslink.sh」としましょう。

　lslink.shの機能は、次のようなパイプライン処理で実現できます。

```
$ ls -F / | grep @$ | tr -d @ ●──（ルートディレクトリのシンボリックリンクを一覧表示）
bin
lib
lib32
lib64
libx32
sbin
```

　上のコマンドラインでは、ルートディレクトリのシンボリックリンクを表示しています。具体的には、lsコマンドの-Fオプションの出力のうち、末尾に@が付い

ているものだけをgrepコマンドで絞り込み、trコマンドで@を削除しています。このコマンドラインの意味がわからない場合は、第8章を復習しましょう（➡8.5節、8.6節）。

　このコマンドラインをシェルスクリプトとして用意します。まずは、シェルスクリプトになるファイルをVimで開いて新規作成します。

```
$ mkdir ~/bin        ●──（シェルスクリプト置き場を用意）
$ vim ~/bin/lslink.sh    ●──（~/binディレクトリ内に作成して編集）
```

　Vimを開いたら、iキーやaキーを押してインサートモードに切り替え、次のように入力します。

```
#!/bin/bash    ●──（シバン）
ls -F $1 | grep '@$' | tr -d @    ●──（コマンドライン）
```

　1行目の「#!/bin/bash」という記述はshebang（シバンもしくはシェバン）と呼ばれるもので、そのファイルをどのシェルで実行するかを指定するための記述です❶。シバンの書き方は、「#!」に続いてシェルスクリプトを実行するシェルの絶対パスを書きます。上の「#!/bin/bash」という記述は「/bin/bashで2行目以降の記述を実行する」という意味になります。ちなみに、hash (#) と bang (!) を組み合わせた記号 (#!) を使うことから、shebang という名前が付いています。この由来を知っておくと、書き順を間違えづらくなるため、ぜひ覚えておきましょう。

　つまり、シェルスクリプトは次のような形式で書くということです。

```
シバン
コマンドライン
コマンドライン
：（続く）
```

　また、Vimに入力する記述の2行目では、先ほど見たコマンドラインと比較して、lsコマンドの引数の「/」が「$1」に変更されています。これは、シェルスク

---

❶　ここでは簡単のため「どのシェルで実行するか」という表現をしていますが、シバンで指定できるのはシェルだけではありません。例えば「#!/usr/bin/python3」のようなシバンを指定すると、2行目以降の内容をPythonで実行することができます。より正確な表現をするなら「そのファイルをどのインタプリタ (interpreter) で実行するかを指定するための記述」がシバンです。

リプトの位置パラメータという機能です。位置パラメータとは、実行時にシェルスクリプトに引数を渡せるようにするための機能で、シェルスクリプトに渡された1つ目の引数を「$1」、2つ目の引数を「$2」という変数として、シェルスクリプト内で扱うことができるようになります。

次のように lslink.sh に引数を渡して実行すると、シェルスクリプト内の「$1」が1つ目の引数の値「/」に置き換わり、ls コマンドの引数に「/」が指定されたことになるため、ルートディレクトリ内のシンボリックリンクが一覧表示されます。

```
$ lslink.sh /   ←――（「/」という引数を渡すことができる）
bin
lib
lib32
lib64
libx32
sbin
```

● シバンとシェルスクリプト

シバンが「#!/bin/bash」ならば /bin/bash（Bash のファイル）で2行目以降が実行されますし、「#!/bin/sh」ならば /bin/sh（Bourne Shell のファイル）で実行されます❷。どのシェルを指定することもできるのですが、互換性などを重視して /bin/bash が指定されるケースが最も多いです。

また、シェルスクリプトでは必ずシバンにシェルのファイルを指定します。前節で ~/.bashrc はシェルスクリプトではないという話をしましたが、これは ~/.bashrc がシバンを持たないためです。シバンの有無でどのような違いが生まれるのかについては次節で学びます。

```
$ head -n3 ~/.bashrc   ←――（~/.bashrcの先頭3行を表示）
# ~/.bashrc: executed by bash(1) for non-login shells.  ←――（シバンがない）
# see /usr/share/doc/bash/examples/startup-files (in the package bash-⤵
doc)
# for examples
```

---

❷ Ubuntu においては、/bin/sh は /bin/dash のシンボリックなので、「#!/bin/sh」というシバンの場合、Bourne Shell ではなく、Dash（Debian Almquist shell）というシェルで実行されます。

● シェルスクリプトのその他の機能

シェルスクリプトでは、if文やfor文などの制御構文を使用することも可能です。次のように、for文でループ処理を行うことも可能ですし、

```
#!/bin/bash
for i in 1 2 3        for文でループ処理
do
    echo $i
done
```

~/.bashrcでも使われているように、case文で条件分岐を行うことも可能です。

```
$ cat -n ~/.bashrc
(省略)
     5  # If not running interactively, don't do anything
     6  case $- in        case文で条件分岐
     7    *i*) ;;
     8      *) return;;
     9  esac
(省略)
```

コマンドラインとこれらの制御構文を組み合わせれば、さらに複雑な処理を行うことができます。シェルスクリプトの文法については、本書では詳しく扱いませんが、本書の学習後に必要に応じて学んでみてください。

11
入門
シェルスクリプト

ノック　11.2　シェルスクリプトを作成してみよう

ノック 196　shebang（シバンもしくはシェバン）とは何か？

11.3 ノック197 ノック198 ノック199 ノック200

シェルスクリプトを実行してみよう

ポイント！

▶ シェルスクリプトの実行方法には、①ファイル名を指定して実行、②bashコマンドを利用して実行、③sourceコマンドか「.」コマンドを利用して実行、という3つがある

▶ ファイル名で実行するには、chmodコマンドで実行権限を付与する必要がある

▶ 互換性と再利用性に優れるため、ファイル名で実行する方法が一般的

▶ sourceコマンドは~/.bashrcの設定を現在のbashプロセスに反映する目的で使われる

▶ シェルスクリプトの置き場にはパスを通しておくと便利

前節で作成した、~/bin/lslink.shというシェルスクリプトを実行してみましょう。

● シェルスクリプトの3つの実行方法

シェルスクリプトを実行するには、主に以下の3つの方法があります。

① ファイル名を指定して実行

```
$ ~/bin/lslink.sh
```

② bashコマンドを利用して実行

```
$ bash ~/bin/lslink.sh
```

③ sourceコマンドか「.」コマンドを利用して実行

```
$ source ~/bin/lslink.sh
$ . ~/bin/lslink.sh
```

11

入門 シェルスクリプト

それぞれの方法について、1つずつ見ていきましょう。

① ファイル名を指定して実行

1つ目の方法は、多くのコマンドと同様に、シェルスクリプトのファイル名を指定して実行する方法です。これが最もよく使われる方法になります。

次のように、ファイル名を絶対パスで指定するだけで実行できるはずなのですが、いざ実行してみるとエラーになります。

```
$ ~/bin/lslink.sh
bash: /home/hiramatsu/bin/lslink.sh: 許可がありません
```

これは、~/bin/lslink.shに実行権限が付与されていないからです。

```
$ ls -l ~/bin/lslink.sh
-rw-rw-r-- 1 hiramatsu hiramatsu 43 12月  3 10:47 /home/hiramatsu/bin/ ⬅
lslink.sh
```

~/bin/lslinkをコマンドとして実行できるようにするには、chmodコマンド (➡ 5.3節) を使って次のように実行権限を付与する必要があります。

```
$ chmod a+x ~/bin/lslink.sh     ●──(すべてのユーザー (a) に実行権限 (x) を付与)
$ ls -l ~/bin/lslink.sh
-rwxrwxr-x 1 hiramatsu hiramatsu 43 12月  3 10:47 /home/hiramatsu/bin/ ⬅
lslink.sh
```

chmodコマンドで、すべてのユーザー (a) に実行権限を追加 (+x) しています。もう一度ファイル名を指定して実行すると、今度は実行することができます。

```
$ ~/bin/lslink.sh
bin
lib
lib32
lib64
libx32
sbin
```

ファイルの絶対パスを指定することで実行できるのは、エイリアスが設定されている外部コマンドのオリジナルを実行する場合 (➡ 10.3節) と同じですね。

② bashコマンドを利用して実行

2つ目の方法は、bashコマンドを利用する方法です。bashコマンドの引数にファイルを指定すると、そのファイルをbashで実行することができます。この場合、lslink.shに実行権限が付与されていなくても実行できます。

```
$ bash ~/bin/lslink.sh  ──(bashコマンドの引数に指定する)
bin
lib
lib32
lib64
libx32
sbin
$ chmod a-x ~/bin/lslink.sh  ──(すべてのユーザーの実行権限を削除)
$ bash ~/bin/lslink.sh  ──(実行権限がなくてもよい)
bin
lib
lib32
lib64
libx32
sbin
```

注意点としては、この方法で実行した場合、1行目のシバンは単なるコメントとして認識されるということです。よく見てみると、シバンは「#!/bin/bash」というように「#」から始まるので、基本的にはファイル中に書かれたコメントとして認識されます（➡10.7節）。①のようにファイル名を指定して実行した場合のみ、シバンとして認識されるのです。

③ sourceコマンドか「.」コマンドを利用して実行

3つ目の方法は、sourceコマンドや「.」コマンドを利用する方法です。この2つのコマンドは同じ機能を持ち、代替が可能です。これらのコマンドは、引数に指定したファイルを現在のシェルのプロセスで実行するコマンドなので、ファイル中に書かれたコマンドラインを実行することができます。

```
$ source ~/bin/lslink.sh  ──(引数のファイルを現在のシェルで実行する)
bin
lib
lib32
lib64
libx32
```

```
sbin
$ . ~/bin/lslink.sh ●——( sourceコマンドと同じ機能 )
bin
lib
lib32
lib64
libx32
sbin
```

source コマンドのほうが可読性が高く、使われることも多いため、以降本書では source コマンドを使用していきます。

● 3つの方法の違いとベストな実行方法

3つのシェルスクリプトの実行方法を紹介しましたが、これらにはどのような違いがあるのでしょうか？ これらのコマンドの動作の違いは、プロセスの単位で考えるとわかりやすいです。

プロセスをわかりやすくするために、以下の内容のシェルスクリプト「ps.sh」を~/bin ディレクトリに作成しましょう。

```
#!/bin/bash
ps f
```

このシェルスクリプトを3つの方法で実行した際に、どのような違いが出るかみてみましょう。実行権限はすでに付与しているものとします。

```
$ ~/bin/ps.sh ●——( ①の方法：ファイル名を指定して実行 )
  PID TTY      STAT   TIME COMMAND
 2923 pts/0    Ss     0:00 bash
 3626 pts/0    S+     0:00  \_ /bin/bash /home/hiramatsu/bin/ps.sh
 3627 pts/0    R+     0:00      \_ ps f
(以下略)
$ bash ~/bin/ps.sh ●——( ②の方法：bashコマンドを利用して実行 )
  PID TTY      STAT   TIME COMMAND
 2923 pts/0    Ss     0:00 bash
 3635 pts/0    S+     0:00  \_ bash /home/hiramatsu/bin/ps.sh
 3636 pts/0    R+     0:00      \_ ps f
(以下略)
$ source ~/bin/ps.sh ●——( ③の方法：sourceコマンドか「.」コマンドを利用して実行 )
  PID TTY      STAT   TIME COMMAND
```

```
2923 pts/0    Ss     0:00 bash
3640 pts/0    R+     0:00  \_ ps f
```
（以下略）

　まず、③だけ他と違うことがわかります。①と②ではサブシェル（➡ 10.5節）で「ps f」が実行されているのに対して、③だけが現在のbashプロセスで実行されています。このようにsourceコマンドは、現在のシェルで引数のファイルを実行するという特徴があります。

　現在のシェルで実行するということは、現在のシェルのシェル変数やエイリアスなどの環境が、シェルスクリプトの実行に影響することになります（一方、環境変数はどの方法でもシェルスクリプトのプロセスに影響を与えます）。先ほど、シェルスクリプトのメリットは、さまざまな環境で実行できる高い互換性・再利用性にあると書きました。しかし、実行したシェルの設定に影響を受けて、ある環境では動くが別の環境では動かないとなると、互換性の観点からは望ましくありません。そのため、sourceコマンドは基本的にシェルスクリプトの実行には使われません。

　逆に言えば、現在のシェルで実行するということは、現在のシェルの設定を変更できるということです。そのため、sourceコマンドは主に、~/.bashrcで行った設定を現在のシェルに反映する目的で使われます。10.7節では~/.bashrcの設定を反映させるために端末を再起動しましたが、sourceコマンドを使って次のように実行すれば、端末を再起動せずに現在のbashプロセスに設定を反映できます。

```
$ source ~/.bashrc ●───( ~/.bashrcの設定を現在のbashプロセスに反映 )
```

　では、①と②の方法の違いは何かというと、実行するシェルを誰が指定するかに違いがあります。①の方法ではシバンで「シェルスクリプトの作者」が指定するのに対して、②の方法ではコマンドラインで「シェルスクリプトの実行者」が指定します。

　例えば、次のようにshコマンドを使えば、シバンで /bin/bash が指定されていても、/bin/shで実行されます。①以外の方法では、シバンは単なるコメントです。

```
$ sh ~/bin/lslink.sh ●───( /bin/shで実行する )
```

　シェルスクリプトはシェルに依存する機能も多いので、bash用に書かれたシェ

11

入門 シェルスクリプト

ルスクリプトは**bash**で、**sh**用に書かれたシェルスクリプトは**sh**で実行する必要があります。このため②の方法は、シェルスクリプトの作者がシバンで指定したシェル以外で実行されてしまう可能性があり、正常に動作しない恐れがあります。その点①の方法は、シェルスクリプトのユーザーがどんな種類のシェルを使っていようとも、シバンで指定したシェルのプロセスが生成され、そこで実行されることになります。このため①の方法が、最も互換性・再利用性を高めることができるのです。

　こういった理由から、シェルスクリプトを実行するときは①の方法が最もよく使われます。②と③の方法は、実行権限を付与せずともファイルを実行できるので、その点では楽なのですが、逆に言えば一度実行権限を付与するだけで高い互換性が得られる①の方法は、非常に優れているのです。

● シェルスクリプト置き場にパスを通す

　実用の場面では、`~/bin`ディレクトリなどを自作のシェルスクリプト置き場にして、そこにパスを通しておくと楽にシェルスクリプトを実行することができます。本書の環境では、デフォルトで`~/bin`にパスが通っていますが、別の環境でパスが通っていない場合には、次の記述を`~/.bashrc`に追加しましょう。

```
PATH=$PATH:$HOME/bin
```

　環境変数**PATH**への追加は第10章でも扱ったので、ここでは新たに環境変数HOMEを使用してみました。これは、ホームディレクトリの絶対パスが記載されている環境変数なので、「`$HOME`」と書いた部分がホームディレクトリのパスに置き換わります。したがって、次のように記載するのと同じ意味になります。

```
PATH=$PATH:~/bin
PATH=$PATH:/home/hiramatsu/bin
```

　パスを追加できたら、次のように**source**コマンドを使って、現在動作中のシェルに反映しましょう。すると、絶対パスを指定しなくてもシェルスクリプトを実行できるようになり、その他多くのコマンドと同様の使用感で扱えるようになります。

```
$ source ~/.bashrc  ●───（設定を現在のシェルに反映する）
$ lslink.sh  ●───（絶対パスで指定しなくても実行が可能になる）
bin
lib
lib32
lib64
libx32
sbin
```

ノック 11.3 シェルスクリプトを実行してみよう

ノック 197 空のシェルスクリプトを作成する手順は？

ノック 198 コマンド ~/.bashrcに新たに追加した設定を現在のbashプロセスに反映する

ノック 199 シェルスクリプトのファイル名を指定して実行する方法のメリットは何か？

ノック 200 コマンド 「~/bin/example.sh」というシェルスクリプトを「example.sh」と入力するだけで実行できるようにする

200本ノック 達成！

11

入門 シェルスクリプト

章末ノック 第11章

問題 ［解答は362、363ページ］

ノック 194
☐☐☐
シェルスクリプトとは何か？

ノック 195
☐☐☐
シェルスクリプトの3つのメリットは何か？

ノック 196
☐☐☐
shebang（シバンもしくはシェバン）とは何か？

ノック 197
☐☐☐
空のシェルスクリプトを作成する手順は？

ノック 198
☐☐☐
コマンド ~/.bashrc に新たに追加した設定を現在のbashプロセスに反映する

ノック 199
☐☐☐
シェルスクリプトのファイル名を指定して実行する方法のメリットは何か？

ノック 200
☐☐☐
コマンド 「~/bin/example.sh」というシェルスクリプトを「example.sh」と入力するだけで実行できるようにする

11
入門 シェルスクリプト

章末ノック

全200本

解答

解答1
「Linux」という言葉は、以下の2つの意味で使われる。
- Linux OS
- Linuxカーネル

基本的には、Linux OSの意味で使われることのほうが多い。

解説は1.1節

解答2
OSとは、コンピュータを動作させるための土台となる基本のソフトウェア群。OSの役割は主に以下の2つ。
- アプリケーションを動作させるための土台
- デスクトップ環境やファイルシステムなど、あって当たり前の機能の提供

解説は1.1節

解答3
カーネルとは、OSの中核（kernel）となるソフトウェアのこと。カーネルの主な役割は、プログラムを実行するためのプロセス管理とメモリ管理。

解説は1.2節

解答4
Linuxカーネルはオープンソースとして開発されており、次のような特徴がある。
- Linux OSは低コストで利用可能
- 有志で開発が継続されているため高品質

解説は1.2節

解答5
Linuxディストリビューションとは、Liinuxカーネルとその他のソフトウェアをパッケージにして、Linux OSとしてすぐに使用できるようにしたもの。Linux OSとほぼ同義語。

解説は1.3節

解答6
Linuxディストリビューションの主な系列は、CentOSなどRed Hat系と、UbuntuなどのDebian系の2つ。系列が同じだと操作も近くなる。

解説は1.3節

解答7
サーバーとは、Webサイトやデータベースなどのサービスを提供しているコンピュータのこと。供給（serve）するコンピュータなので、サーバー（server）と呼ばれる。

解説は1.4節

解答8
IaaSとは、Amazon/Google/Microsoft社などが保有するサーバーを間借りして、サーバーなどのインフラを用意するためのサービスのこと。初期投資の低さや、保守運用が楽などのメリットから、サーバーは自社で保有せずに、AWS/GCP/AzureなどのIaaSを利用することも多い。

解説は1.4節

- GUI（Graphical User Interface）…… マウスでアイコンをクリックするなどして操作するインターフェース。簡単な操作しか行わない一般のユーザー向け
- CLI（Command Line Interface）…… コマンド（ライン）という文字列を実行することで操作するインターフェース。複雑な操作や自動化などを行いたい開発者などのユーザー向け

解説は1.5節

サーバーは基本的に、パソコンから遠隔ログインしてCLI（Command line Interface）で操作する。サーバーは複雑な操作や自動化が必要なので、GUIよりもCLIのほうが向いている。

解説は1.5節

サーバーにはLinux OSが使われていることが多く、サーバーはコマンド（CLI）で操作されることが多いため、サーバー操作を日常的に行うエンジニアはLinuxコマンドを知っている必要がある。開発環境にLinuxが使われることも多い。

解説は1.6節

- 物理マシンは、普通のコンピュータ
- 仮想マシンは、物理マシンと同じ機能をソフトウェアで実現したもの

解説は1.7節

- ホストOSは、物理マシンのOSのこと
- ゲストOSは、仮想マシン上で稼働するOSのこと

解説は1.7節

- インターフェースの違い …… パソコンはGUIだが、サーバーは基本的にCLIで操作する
- 利用するユーザー数の違い …… パソコンは基本的に1台を1人だけで使用するが、サーバーは複数人で使用する

解説は1.8節

ルートディレクトリとは、Linuxマシンのすべてのファイルやディレクトリが入っている最上位のディレクトリのこと。パスでは「/」で表現される。

解説は2.1節

カレントディレクトリとは、現在作業中のディレクトリのこと。パスでは「.」で表現される。

解説は2.1節

pwd …… 「print working directory（作業ディレクトリを表示する）」の略。pwdコマンドを実行すると、カレントディレクトリの絶対パスが表示される。

解説は2.2節

パスとは、あるファイルやディレクトリにたどり着くまでの経路（path）を表した文字列のこと。ルートディレクトリを起点にした絶対パスと、カレントディレクトリを起点にした相対パスがある。

解説は2.2節

解答 19
ホームディレクトリとは、ユーザーごとに用意されている、ユーザーが自由に変更を加えることのできるディレクトリのこと。ホームディレクトリのパスは「/home/ ユーザー名」。

解説は2.2節

 解答 20
- 絶対パスは、ルートディレクトリを起点として表記するパス
- 相対パスは、カレントディレクトリを起点として表記するパス

解説は2.3節

 解答 21
- 絶対パスは、曖昧さはないが長くなりがちで環境に依存する
- 相対パスは、短く書けて環境にも依存しづらいが、カレントディレクトリがわからないと指定場所がわからない

解説は2.3節

 解答 22
ls …… lsコマンドは、引数に指定したディレクトリの中身を一覧表示する (list) コマンド。引数に何も指定しないとカレントディレクトリの中を一覧表示する。

解説は2.4節

 解答 23
ls /bin …… lsコマンドは、引数に指定したディレクトリの中身を一覧表示するコマンド。lsコマンドに限らないが、引数は絶対パスでも相対パスでも指定可能。

解説は2.4節

 解答 24
cd .. …… cdコマンドは、カレントディレクトリを変更する (change directory) ためのコマンド。相対パスにおいて、1つ上のディレクトリ (親ディレクトリ) は「..」で表現する。

解説は2.5節

 解答 25
cd …… cdコマンドは、カレントディレクトリを変更する (change directory) ためのコマンド。引数を省略すると現在ログインしているユーザーのホームディレクトリに移動する。

解説は2.5節

 解答 26
cd - …… cdコマンドは、カレントディレクトリを変更する (change directory) ためのコマンド。引数に「- (ハイフン)」を指定すると、1つ前のカレントディレクトリに戻る。

解説は2.5節

 解答 27
UNIXは、Linuxの元になったOS。UNIXを元にして作られたOSには、大きくSystem V系列とBSD系列の2つがある。Linuxは両方の系列の特徴を受け継ぐ、ゼロから開発されたOS。

解説は2.6節

 解答 28
標準規格に準拠すると、以下のようなメリットがある。
- 互換性の向上
- 品質の確保
- 開発コストの削減

解説は2.7節

解答 29
FHS (Filesystem Hierarchy Standard) とは、Linux (などのUNIX系OS) の標準的なディレクトリ構成を定めた標準規格のこと。

解説は2.7節

 解答 30
シェルとは、コマンドを実行するためのソフトウェア。Linuxカーネルを殻 (shell) のように包み込む動作をすることが名前の由来。

解説は3.1節

 解答 31
端末とは、本来はキーボードやディスプレイなど、ユーザーがコンピュータに入出力する際に利用するハードウェアのこと。端末の機能をソフトウェアで実現した「端末エミュレーター」を指して「端末」と呼ぶことも多い。

解説は3.1節

 解答 32
ログインシェルとは、ログイン後すぐに暗黙的に起動されるシェルのこと。変数 SHELL に設定されている。

解説は3.2節

 解答 33
echo $SHELL …… echo コマンドは、引数に指定した文字列を標準出力に出力するためのコマンド。シェル変数を参照するには「**$変数名**」とする。

解説は3.2節

 解答 34
Bashとは「Bourne-again shell」の略で、Bourne Shellを改良したシェル。Bashは多くのLinuxディストリビューションでデフォルトのログインシェルになっている。

解説は3.2節

 解答 35
プロンプトとは、コマンドの入力を促す部分のこと。「hiramatsu-VirtualBox:~$」など。

解説は3.3節

 解答 36
コマンドラインとは、プロンプトの右側のコマンド入力部分のこと。もしくは、そこに入力されたコマンドや引数からなる文字列のこと。

解説は3.3節

 解答 37
以下のような流れで実行される (lsコマンドの場合)。
① シェルが端末を通じて、キーボードから「ls」という文字列を受け取る
② シェルが「ls」という名前のコマンドを探し出し、Linuxカーネルに実行を依頼する
③ Linuxカーネルが CPU やメモリなどのハードウェアを利用してコマンドを実行する
④ コマンドの実行結果がシェルに返され、端末に表示される

解説は3.4節

 解答 38
抽象化とは、複雑な詳細を隠すことで簡単なインターフェースを提供すること。OSは抽象化の階層からなる。

解説は3.5節

解答39

システムコールとは、カーネルの機能を関数として呼び出すことのできるインターフェースのこと。

解説は3.5節

解答40

- 1文字左に移動する
  Ctrl + b もしくは ←キー　……「backward（後方に）」の「b」
- 1文字右に移動する
  Ctrl + f もしくは →キー　……「forward（前方に）」の「f」

解説は3.6節

解答41

- 左端に移動する
  Ctrl + a　……「ahead（前方へ）」、もしくは「頭（atama）」の「a」と覚えよう
- 右端に移動する
  Ctrl + e　……「end（末端）」の「e」

解説は3.6節

解答42

- カーソル位置の左の文字を削除する
  BackSpace または Ctrl + h　……hidari（左）の「h」と覚えよう
- カーソル位置の文字を削除する
  Delete または Ctrl + d　……「delete」の略
- カーソル位置から単語の先頭までを削除
  Ctrl + w　……「word」の略

解説は3.6節

解答43

- カーソル位置から左端までを削除
  Ctrl + u
- カーソル位置から右端までを削除
  Ctrl + k

キーボードでのuとkの位置関係で覚えよう。

解説は3.6節

解答44

Ctrl + y　……シェルにおいてヤンク（yank）は貼り付けという意味。

解説は3.6節

解答45

Tabキー　……入力補完の機能なので「多分（Tabun）これかな？」のTabと覚えよう。

解説は3.6節

解答46

- 1つ前のコマンド履歴に移動する
  ↑キー または Ctrl + p　……「previous（前の）」の略
- 次のコマンド履歴に移動する
  ↓キー または Ctrl + n　……「next（次の）」の略

解説は3.6節

history 5 …… historyコマンドは、引数に指定した数の直近のコマンド履歴を表示するためのコマンド。引数を省略すると、すべてのコマンド履歴が表示される。

解説は3.6節

!10 ……「! 番号」と実行することで、指定した番号のコマンド履歴を再利用することができる。

解説は3.6節

- ショートオプション
  「-（ハイフン1つ）」+「アルファベット1文字」（-aや-l など）
  …… 入力は楽だが、意味がわかりづらい
- ロングオプション
  「--（ハイフン2つ）」+「文字列」（--widthや--classifyなど）
  …… 入力は大変だが、意味はわかりやすい

解説は3.7節

ls -w30 または **ls --width=30**
オプションが引数を持つ場合

- ショートオプションなら「-w30」のようにオプションを引数とくっつける
- ロングオプションなら「--width=30」のようにオプションと引数を「=」でつなぐ

解説は3.7節

ドットファイルとは、名前が「.（ドット）」から始まる、デフォルトのlsコマンドでは表示されないファイルのこと。重要なファイルや変更されることが少ないファイルは、普段はユーザーから見えないようにしていたほうが、予期せぬ削除・変更などのリスクが小さくなるため、隠しファイルとして設定されていることがある。

解説は3.8節

ls -a または **ls -A**
-aは「all」の略、隠しファイルも含めてすべて（all）ということ。-Aはカレントディレクトリ（.）と親ディレクトリ（..）を除いて表示する。

解説は3.8節

ls -l …… -lは「long」の略、長く詳細に表示するオプション。-l オプションで、パーミッションやファイルのオーナーなどの情報も表示できる。

解説は3.8節

ls -F …… -Fは「classify（分類する）」の略。-F オプションを付けると、「bin@」や「home/」のようにファイル種別が名前の末尾に付く。

解説は3.8節

lsコマンドの-Fオプションにおいて、ファイル種別と末尾に付く記号の対応は以下のとおり。

- 通常ファイル …… なし
- ディレクトリ …… 「/」
- 実行可能ファイル …… 「*」
- シンボリックリンク …… 「@」

解説は3.8節

 ls -dl / …… -dは「directory（ディレクトリ）」の略で、引数に指定したディレクトリ自体を表示するオプション。引数のないショートオプションであれば、「-dl」のようにまとめて書くとシンプルで良い。

解説は3.8節

 ls --help …… 多くのLinuxコマンドでは、--helpオプションでヘルプメッセージを見ることができる。ヘルプメッセージには、コマンドの使用方法や概要、オプションの一覧などが書かれている。

解説は3.9節

 man ls …… 「man」は「manual」の略で、ヘルプメッセージよりも詳細なマニュアルを見ることができる。manコマンドを使うと、lessコマンドでマニュアルがスクロール表示される。

解説は3.9節

 mkdir example …… mkdirコマンドは、引数に指定した名前のディレクトリを作成するコマンド。mkdirは「make directory」の略。

解説は4.1節

 mkdir -p 2023/01 …… -pオプションは、引数に指定したディレクトリを親ディレクトリもまとめて作成するためのオプション。-pは「parent（親）」の略、「親ディレクトリ（parent）もまとめて」ということ。

解説は4.1節

 touch newfile …… touchコマンドは、中身が空のファイルを作成するコマンド。本来は、引数に指定されたファイルやディレクトリのタイムスタンプを変更するコマンド。「現在時刻に触れる（touch）」と覚える。

解説は4.2節

 rm newfile …… rmコマンドは、引数に指定したファイルやディレクトリを削除するコマンド。rmは「remove（削除する）」の略。

解説は4.3節

 rm -r newdir …… rmコマンドでディレクトリを削除するには-rオプションを付ける。-rは「recursive（再帰的な）」の略、再帰的にディレクトリを削除する。

解説は4.3節

 rm -ir dir …… -iオプションは、削除前に確認メッセージを表示するオプション。-iは「interactive（対話的の）」の略、対話形式で確認してから削除する。ディレクトリの削除なので、-rオプションも必要。

解説は4.3節

rmdir dir …… rmdir コマンドは、空のディレクトリを削除するコマンド。rmdir は「remove directory」の略。中身のあるディレクトリを削除する危険がないため rm コマンドよりも安心して使える。

解説は4.3節

cat /etc/crontab …… cat コマンドは、ファイルの中身を（連結して）表示するコマンド。cat は「concatenate（連結する）」の略。

解説は4.4節

cat -n /etc/crontab …… cat コマンドは、ファイルの中身を（連結して）表示するコマンド。-n は「number」の略、行"番号"のこと。

解説は4.4節

head -n5 /etc/crontab …… ファイルの先頭（head）だけを表示するには head コマンド、末尾（tail）だけを表示するには tail コマンドを使う。-n オプションの引数に指定した行数だけ表示される。

解説は4.5節

tail -f /var/log/syslog …… tail コマンドの -f オプションで、ログファイルなどのファイルの末尾を監視できる。-f は「follow（監視する）」の略。

解説は4.5節

less .bashrc …… less コマンドは、スクロール表示をするためのコマンド。more コマンドというスクロール表示のコマンドを改良したのが less コマンド。「スクロールしてもっと多く（more）見る」と覚える。

解説は4.6節

- 1画面下に移動
  スペースキー、f キー　…… ブラウザと同様、forward（前方）
- 1画面上に移動
  b キー　…… backward（後方）

解説は4.6節

- 1行下に移動
  j キー、Enter キー
- 1行上に移動
  k キー
※ Vim では hjkl が ←↓↑→ に対応。

解説は4.6節

- スクロール表示を終了
  q キー　…… quit（終了する）
- ヘルプを表示
  h キー　…… help

解説は4.6節

- 指定した文字列を検索
  /文字列（「/etc」と入力すると「etc」という文字列を検索する）
- 次の検索結果に移動
  n キー　……「next」の略
- 前の検索結果に移動
  Shift + n キー　…… Shift は逆操作のキー

解説は4.6節

cp file cpfile …… cp コマンドは、ファイルやディレクトリをコピー（copy）するコマンド。コピー先に存在しない名前を指定すると、コピー元に指定したファイルやディレクトリをその名前でコピーする。

解説は4.7節

cp file1 file2 dir1 …… コピー先に既存のディレクトリを指定すると、コピー元をそのディレクトリ内にコピーする。この場合、コピー元には複数のファイルやディレクトリを指定できる。

解説は4.7節

cp -r dir1 dir2 …… ディレクトリをコピー元に指定する際には、-r オプションを付ける。-r は「recursive（再帰的な）」の略、再帰的にディレクトリツリーをコピーする。

解説は4.7節

mv file1 file2 dir1 …… mv コマンドは、ファイルやディレクトリの移動や名前の変更をするコマンド。mv は「move」の略で「mv 移動元 移動先」と書く。移動先に既存のディレクトリを指定すると、そのディレクトリへの移動の機能になる。

解説は4.8節

mv file1 file2 …… mv コマンドは、ファイルやディレクトリの移動や名前の変更をするコマンド。mv は「move」の略で「mv 移動元 移動先」と書く。移動先に存在しない名前を指定すると、名前の変更の機能になる。

解説は4.8節

cd ~/work …… コマンドラインにおいて「~（チルダ）」は、現在ログインしているユーザーのホームディレクトリの絶対パスに変換される（チルダ展開）。

解説は4.9節

ls /usr/bin/ssh* …… コマンドラインにおいて「*」は、「任意の文字列」の意味になる（パス名展開）。

解説は4.9節

ls /bin/ba?? …… コマンドラインにおいて「?」は、「任意の1文字」の意味になる（パス名展開）。

解説は4.9節

mkdir -p ~/2023/{1..12} …… 「{1..12}」と入力すると、ブレース展開によって「1 2 3 4 5 6 7 8 9 10 11 12」という12個の文字列が指定されたことになる。

解説は4.9節

touch ~/{file,File,FILE}A …… 「~/{file,File,FILE}A」と入力すると、ブレース展開によって「~/fileA ~/FileA ~/FILEA」という3個の文字列が指定されたことになる。

解説は4.9節

以下の3つのうちいずれか
echo \~　　echo '~'　　echo "~"
エスケープしないとチルダ展開されるので、以下のいずれかでエスケープが必要。

- \ …… 右1文字を展開しない
- ' ' …… この中のすべての文字を展開しない
- " " …… この中では「!」「$」「｀（バッククォート）」だけを展開する

解説は4.10節

以下の2つのうちいずれか
echo \!5　　echo '!5'
エスケープしないとコマンド履歴を再利用してしまうので、以下の「\」か「' '」でエスケープが必要。

- \ …… 右1文字を展開しない
- ' ' …… この中のすべての文字を展開しない
- " " …… この中では「!」「$」「｀（バッククォート）」だけを展開する

解説は4.10節

リンクとは、1つのファイルやディレクトリを複数の名前で呼び出せるように別名を付ける機能のこと。リンクには、ファイルの実体と名前を結び付けるハードリンクと、名前と名前を結び付けるシンボリックリンクがある。ハードリンクはディレクトリに設定できないなど不便な点があるので、実用の場面では基本的にシンボリックリンクが使われる。

解説は4.11節

リンクカウントとは、ファイルに付いている名前（ハードリンク）の数のこと ……「ls -l」を実行したときの左から2番目の数字には、ファイルの場合は、そのファイルに結び付いているハードリンクの数が記載されており、ディレクトリの場合は、そのディレクトリの中にあるファイルやディレクトリの数が記載されている。

解説は4.11節

ln -s file1 file2 …… lnコマンドは、リンクを作成するためのコマンド、lnは「link」の略。-sは「symbolic（シンボリック）」の略。「ln -s リンクを付けるファイル/ディレクトリ リンク名」というように書く。

解説は4.11節

（シンボリック）リンクによって、長いパスを省略できたり、プログラムの変更を減らすことができるようになる。

解説は4.11節

find . -name '*.txt' -print …… findコマンドはファイル／ディレクトリを検索するコマンド。「find 検索開始ディレクトリ 検索条件 アクション」というように書く。「-name '*.txt'」で「.txtで終わる名前」という意味になる(「*」はワイルドカード)。アクションが-printの場合は省略が可能。

解説は4.12節

 find ~ -type d …… findコマンドでファイル種別で絞り込むには、「-type ファイル種別」と書く。ファイル種別には「f(ファイル)」「d(ディレクトリ)」「l(シンボリックリンク)」などがある。

解説は4.12節

 find . -name link -a -type l -delete …… AND検索をする場合には、検索条件を-aで区切る(-aは省略可能。aはANDの略)。OR検索をする場合には、検索条件を-oで区切る(oはORの略)。アクションに-deleteを指定すると検索にヒットしたものを削除する。

解説は4.12節

 フールプルーフとは、危険な操作を絶対にできないような仕組みにすることで、正しい使用を強制する設計思想のこと。ドアを閉めないと運転が開始しない電子レンジや、運転中にはドアがロックされる洗濯機などがフールプルーフの例。

解説は5.1節

 パーミッションとは、「そのファイルに対して誰がどんな操作を行えるのか?」というファイルアクセスの権限をファイルやディレクトリごとに定めることで、行える操作をユーザーごとに変えるための仕組み。「ls -l」を実行して「rwxr-xr-x」というように表示される部分がパーミッションを表す。

解説は5.2節

 groups hiramatsu …… groupsコマンドでユーザーが所属しているグループを確認できる。引数のユーザー名を省略すると、現在ログインしているユーザーの所属グループが表示される。

解説は5.2節

 ls -l /bin/bash …… 「-rwxr-xr-x 1 root root ...」と表示されたら以下のことがわかる
- 通常ファイル (-)
- rootユーザーは閲覧・編集・実行すべての権限を持つ (rwx)
- rootグループに所属するユーザーは閲覧・実行権限を持つ (r-x)
- その他のユーザーは閲覧・実行権限を持つ (r-x)

解説は5.2節

- オーナーとは、ファイルを所有するユーザーのこと。所有ユーザーとも言う。最も強い権限を与えられることが多い。
- 所有グループとは、ファイルを所有するグループのこと。グループには複数のユーザーを所属させることができ、所属しているユーザーすべてに共通のパーミッションを設定できる。

解説は5.2節

「`drwxrw-r-- tanaka teamA ...`」は以下の意味
- ファイル種別はディレクトリ (d)
- tanaka ユーザーのパーミッションは「読み取り・書き込み・実行」(rwx)
- teamA グループに所属するユーザーのパーミッションは「読み取り・書き込み」(rw-)
- その他のユーザーのパーミッションは「読み取り」(r--)

解説は5.2節

「`-rwxr-xr-x root root ...`」は以下の意味
- ファイル種別は通常ファイル (-)
- root ユーザーのパーミッションは「読み取り・書き込み・実行」(rwx)
- root グループに所属するユーザーのパーミッションは「読み取り・実行」(r-x)
- その他のユーザーのパーミッションは「読み取り・実行」(r-x)

解説は5.2節

`chmod a+x example.sh` …… chmodコマンドはパーミッションを変更するコマンド。シンボルモードで「a+x」は、「すべてのユーザー (a) に実行権限 (x) を追加する (+)」の意味。

解説は5.3節

`chmod g-w file` …… chmodは「change mode」の略。シンボルモードで「g-w」は、「所有グループに所属するユーザー (g) から書き込み権限 (w) を削除する (-)」の意味。

解説は5.3節

`chmod 775 file` …… 数値モードで「775」は以下の意味
- オーナーは「rwx」(4＋2＋1)
- 所有グループに所属するユーザーは「rwx」(4＋2＋1)
- その他のユーザーは「r-x」(4＋0＋1)

解説は5.3節

`chmod 540 file` …… 数値モードで「540」は以下の意味
- オーナーは「r-x」(4＋0＋1)
- 所有グループに所属するユーザーは「r--」(4＋0＋0)
- その他のユーザーは「---」(0＋0＋0)

解説は5.3節

- シンボルモードは、書く手間が大きくなる可能性はあるがミスしづらい。局所的な変更に向いている
- 数値モードは、書く手間は少ないがミスが起こりやすい。まとめて変更する場合に向く

解説は5.3節

- スーパーユーザーとは、あらゆる操作が可能な最も強い権限を持つユーザーのこと。ユーザー名がrootであることから「rootユーザー（ルートユーザー）」とも呼ばれる
- 一般ユーザーとは、通常の作業に利用するユーザーのこと。スーパーユーザーのような強い権限はない

解説は5.4節

普段は一般ユーザーの制限された権限で操作を行い、強い権限が必要な場面だけスーパーユーザーに切り替えて操作を行うようにする。スーパーユーザーのパスワードを知っていても、まずは一般ユーザーでログインする。

解説は5.4節

su - …… suコマンドは、本来はユーザーを切り替える（substitute user）ためのコマンドだが、主にスーパーユーザーに切り替える用途で使われる。suコマンドの引数に「-」を指定しないと、切り替え前の状態を引き継いでユーザーが切り替わる。切り替え前の状態を引き継ぐと、予期せぬ動作になることもあるので、基本的に「-」を付ける。

解説は5.5節

exit または **Ctrl + d** …… exitは「外に出る」の意味、スーパーユーザーの外に出るということ。catコマンドの引数を省略したときのモードの終了と同じくCtrl + d。「end（終了）」のdと覚えよう。

解説は5.5節

sudo cat /etc/shadow …… sudoコマンドは、スーパーユーザーとしてコマンドを実行するために使われるコマンド。sudoは「substitute user do（代わりのユーザーが実行）」の略。sudoコマンドもsuコマンドと同様に、本来は別のユーザーとしてコマンドを実行するためのコマンドだが、スーパーユーザーとして実行するために主に使われる。「sudo コマンド」と書くと、現在ログインしているユーザーのパスワードが求められる。

解説は5.6節

- 一般ユーザーのパスワードを入力するため、スーパーユーザーのパスワードを複数の人で共有する必要がない
- スーパーユーザーに切り替えないので、気づかないうちに強い権限を使ってしまう恐れがない
- 「sudo」と毎回入力するので、スーパーユーザーの権限を使っていることを意識しやすい

解説は5.6節

Vimとは、多くのLinuxディストリビューションにデフォルトでインストールされているテキストエディタ …… 「Vi improved（改善されたVi）」が名前の由来で、その名のとおりVi（ヴィーアイ）というテキストエディタが改良されたもの。

解説は6.1節

vim newfile または **vi newfile** …… vim コマンドか vi コマンドの引数に既存ファイルを指定すると Vim でそのファイルを開くことができる。存在しないファイルの名前を指定すると、その名前のファイルを作成してから開く。

解説は6.1節

:q …… q は「quit（終了する）」の略。開いたファイルに変更がある場合は、「:q」では終了できない。変更を上書き保存して終了するなら「:wq」、変更を破棄して終了するなら「:q!」を入力する。

解説は6.1節

モードとは、システムが持つ状態のこと …… モードを用意することで、同じ操作に複数の意味を持たせることができるようになり、ボタンなどインターフェースの部品の数を減らすことができるが、操作がわかりづらくなる。

解説は6.2節

● ノーマルモード
　デフォルトのモード …… Esc でノーマルモードに戻れる。
● インサートモード
　Vim で開いているファイルに文字を入力するためのモード …… ノーマルモードで a キーや i キーを押すとインサートモードになる。
● コマンドラインモード
　Vim のコマンドを利用するためのモード …… ノーマルモードで「:q」や「:w」というように、「:」のあとに文字列を入力することでコマンドを利用できる。
● ビジュアルモード
　範囲選択が可能になるモード …… ノーマルモードで v キーや V キーを押すとビジュアルモードになり、カーソル移動で範囲を選択できるようになる。

解説は6.2節

: …… コマンドラインモードは、Vim のコマンドを利用するためのモード。ノーマルモードからコマンドラインモードに切り替えるには「:」を入力し、「:q」「:w」のようなコマンドを入力することで Vim を操作できる。

解説は6.3節

:w …… w は「write（書き込む）」の略。

解説は6.3節

:q! …… 「!」は強制的に実行する際に使われることも多い記号。q は「quit（終了する）」の略なので、「:q!」で強制終了の意味になる。

解説は6.3節

:w newname …… 上書き保存の「:w」に加えて、「:w ファイル名」というようにファイル名を指定すると、名前を付けて保存することができる。

解説は6.3節

解答 121

:wq …… wは「write（書き込む）」の略で、qは「quit（終了する）」の略なので、「:wq」で「上書きして終了する」の意味になる。

解説は6.3節

解答 122

i …… iは「insert（挿入する）」の略。iキーを押してインサートモード切り替えると、カーソル位置から文字入力を開始する。

解説は6.4節

解答 123

Esc …… ノーマルモードは、Vimのデフォルトのモード。Escを押せばノーマルモードに戻れる。

解説は6.4節

解答 124

hjklキーが矢印キーの←↓↑→に対応。矢印キーでも移動可能。

解説は6.5節

解答 125

x …… 「x（エックス）」が「×（バツ）」に似ていて、ブラウザを閉じるときなど「×（バツ）」が削除を意味することから覚える。X（Shift + x）キーでカーソル位置の左の文字を削除できる。

解説は6.5節

解答 126

uでUndo、Ctrl + rでRedo …… uは「undo（元に戻す）」の略。rは「redo（やり直す）」の略。

解説は6.5節

解答 127

v …… vは「visual（ビジュアル）」の略。行単位で選択できるビジュアルモードにするには「Shift + v」、長方形の形で選択できるビジュアルモードにするには「Ctrl + v」を押す。

解説は6.6節

解答 128

y …… yは「yank（ヤンク）」の略。Vimにおいてヤンクとはコピーのこと。

解説は6.6節

解答 129

p …… pは「put（プット）」の略。Vimにおいてプットとはペースト（貼り付け）のこと。

解説は6.6節

解答 130

標準入出力とは、標準入力・標準出力・標準エラー出力の3つの総称 …… コマンドは、標準入力からデータを受け取り、実行結果を標準出力に出力し、標準エラー出力にエラーを出力するだけで、標準入出力が何につながっているかは把握していない。

解説は7.1節

解答 131

標準入出力という仕組みによって、入出力を何にするかといった設定をコマンドのプログラム中に書くのではなく、コマンドの利用者に担当させることができ、入出力を変えたとしてもコマンドのプログラムを書き換えなくてよくなる。

解説は7.1節

リダイレクトとは、標準入出力を切り替える機能のこと …… リダイレクトは主に、標準出力と標準エラー出力を端末からファイルに変更する用途で使われる。

解説は7.2節

 `ls > ls.txt` …… 「>」は標準出力をリダイレクトする記号。標準出力をデフォルトの端末から、ファイルに変更している。

解説は7.2節

 `echo Hello >> file` …… 「>>」で標準出力をリダイレクトすると、リダイレクト先のファイルの末尾に内容を追加する。

解説は7.2節

 `find / -name log -type f > logs.txt 2> error.txt` …… 「2>」は標準エラー出力をリダイレクトする記号。標準出力と標準エラー出力をデフォルトの端末から、ファイルに変更している。

解説は7.2節

 /dev/nullは、入力に指定すると何もデータを返さず、出力に指定すると書き込まれたデータをすべて破棄する、という性質を持つ特殊なファイル。標準出力と標準エラー出力のどちらかだけを表示するようにして、デバッグなどの問題解決をしやすくするために使われる。

解説は7.3節

 `find ~ -name '*.sh' -type f 2> /dev/null` …… 標準エラー出力を/dev/nullにリダイレクトすれば、エラーメッセージを破棄できる。

解説は7.3節

 パイプラインとは、コマンドの標準出力に別のコマンドの標準入力をつなぐ機能のこと …… パイプ（|）を使ってコマンドをつなぐことで、複雑な機能を実現できる。

解説は7.4節

 `ls / | cat -n` …… パイプ（|）によって「ls /」の標準出力に「cat -n」の標準入力をつないでいる。

解説は7.4節

 フィルタ（コマンド）とは、標準入力からデータを受け取り、処理の結果を標準出力へ出力するプログラムのこと …… フィルタを通すたびに、元のテキスト（データ）が加工されていく。それぞれのフィルタはとても小さな機能しか持たないが、パイプでつなげば大きな変更も可能。

解説は8.1節

 テキスト処理によって、必要な情報だけを取り出すことで、コマンドの出力を解釈しやすくなる。また、集計作業などの複雑なデータ操作も可能になる。

解説は8.1節

 `wc file` …… wcコマンドは、入力の行数や単語数（word count）などを出力するコマンド。オプションなしで実行すると、行数、単語数、バイト数の順番で表示される。

解説は8.2節

143 `ls / | wc -l` …… wc コマンドの -l オプションは「lines」の略で、行数を数える。1行1データのファイルの場合、行数を数えることでデータ件数をカウントできる。

解説は8.2節

 144 `sort file` …… sort コマンドは、テキストを行単位でソート (sort) するためのコマンド。オプションを付けないと、アルファベット順 (昇順) に並べ替える。

解説は8.3節

 145 `ls -l / | sort -nrk2` …… -r オプションを使うと逆 (reverse) 順に並べ替える。-k オプションを使うと複数列からソートキー (sort key) を指定できる。-n オプションを使うと数値 (number) 順に並べ替えることができる。

解説は8.3節

 146 `sort file | uniq` …… uniq コマンドは、連続する重複行を取り除いてただ1つの (unique) 行にするためのコマンド。連続していない重複行を取り除くには、sort コマンドでソートしてから uniq コマンドを使う。sort コマンドの -u オプションを使ってもよい。

解説は8.4節

 147 `sort file | uniq -c | sort -rn` …… -c オプションを使うと、重複した回数をカウント (count) できる。sort コマンドでは、-k オプションの引数が1の場合は省略可能。

解説は8.4節

 148 `cat file | tr a-z A-Z` または `tr a-z A-Z < file` …… tr コマンドは文字を置換する (translate) ためのコマンド。「tr 置換前の文字 置換後の文字」という書式で記述する。tr コマンドでは引数にファイルを指定することができないので、パイプかリダイレクトで対応する。

解説は8.5節

 149 `cat file | tr -d User` または `tr -d User < file` …… tr コマンドの -d オプションを使えば、指定した文字の削除ができる。文字の置換の場合と同様に、「User」という文字列を削除するわけではなく、「U」「s」「e」「r」という4つの文字を削除する。

解説は8.5節

 150 `grep bash /etc/shells` …… grep コマンドは、指定した文字列を含む行だけを出力するコマンド。

解説は8.6節

 151 `ls -l / | grep ^l` …… grep コマンドの検索文字列は正規表現で指定することも可能。正規表現とは、メタ文字と呼ばれる特殊な文字を使って文字列をパターンとして指定できる機能のこと。「^」は行頭を意味するメタ文字。

解説は8.6節

解答152 `ls /etc | grep -E 'bash|ssh'` または `ls /etc | egrep 'bash|ssh'` …… 正規表現には、基本正規表現 (basic regular expression) と拡張正規表現 (extended regular expression) の2種類がある。拡張 (extended) 正規表現を使用するには、grepコマンドに-Eオプションを付けるかegrepコマンドを使用する。「|」は「または」を意味する拡張正規表現のメタ文字。

解説は8.6節

解答153 `ls -l / | awk '{print $2}'` …… awkコマンドはさまざまな機能を持つコマンドで、指定した列だけを出力することもできる。

解説は8.7節

解答154 `awk -F: '{print $1,$7}' /etc/passwd` …… -Fオプションを使えば、指定した区切り文字で行を分割してから、その中から一部だけを取り出すこともできる。複数の列を取り出したり、取り出す順番を変えることもできる。

解説は8.7節

解答155 プロセスとは、メモリに格納されてCPUによって実行されているコマンドなどのプログラムのこと …… プロセスは、実行されているプログラムに、プロセスIDなどのいくつかの情報を追加したまとまり。実行されているプログラムにいくつかの情報を追加することによって、プログラムの実行を管理しやすくなる。

解説は9.1節

解答156
- USER …… 実効ユーザー (effective user)。誰の権限で実行されているプロセスかを管理している情報
- PID …… プロセスID。プロセスを一意に識別するための値
- CMD …… プロセスの元となったコマンド (プログラム) 名

解説は9.2節

解答157 `ps aux` …… psは「process status」の略。psコマンドでは、BSDオプションと呼ばれるハイフンの付かないオプションが主に使われる。主なBSDオプションは以下のとおり。
- a …… すべてのユーザーのプロセスを表示
- u …… 詳細情報付きでプロセスを表示
- x …… 端末を持たないプロセスを表示

解説は9.2節

解答158 デーモン (daemon) とは、端末が設定されておらずバックグラウンドで常時動作しているプロセスのこと …… Webサーバー内では、httpd (HTTPデーモン) のプロセスがバックグラウンドで常時動作しており、いつリクエストが送られてきても、レスポンスを返せるようにしている。

解説は9.2節

解答159 既存のプロセスの複製が上書きされることで、プロセスは新規作成される …… 扱うプロセスが変わっても、端末などの環境はプロセス間でさほど変わらないため、複製して再利用するほうが環境を共有しやすくて便利。

解説は9.3節

ps f …… f オプションは「forest（森）」の略。プロセスの親子関係を木構造で視覚的にわかりやすく表示できる。

解説9.3節

シェルにおいてジョブとは、実行されているコマンドラインのこと…… 1つのジョブには1つ以上のプロセスが含まれる（コマンドラインは1つ以上のコマンドからなる）。プロセスはカーネルから見た処理（コマンドの実行）の単位であり、ジョブはシェル（ユーザー）から見た処理（コマンドラインの実行）の単位である。

解説は9.4節

Ctrl + z …… Ctrl + z でフォアグラウンドジョブを停止できる。停止したジョブは、fg コマンドや bg コマンドで再開できる。停止したジョブを終了するには kill コマンドを使う。Ctrl + z を入力すると、暗黙的にジョブ内のプロセスに TSTP シグナルが送信される。

解説は9.5節

jobs …… [1]や[2]というジョブ番号付きでジョブが一覧表示される。ジョブ番号はシェル内で一意の番号なので、2つ以上のシェルを同時に使っているならジョブ番号は重複する。

解説は9.5節

jobs -l …… プロセスIDも含めて表示したい場合は「-l」オプションを用いる -l オプションは「long」の略で、プロセスIDも含めて長く表示する。

解説は9.5節

fg %1 …… フォアグラウンド（foreground）とは、ユーザーからの入力を受け付け、対話的に操作できるジョブの状態のこと。引数に指定したジョブ番号のジョブをフォアグラウンドにするのが fg コマンド。ジョブ番号を省略すると、カレントジョブ（jobs コマンドの出力で＋が付いているジョブ）がフォアグラウンドになる。

解説は9.6節

bg …… バックグラウンド（background）とは、ユーザーからは見えず、ユーザーが対話的に操作できないジョブの状態のこと。引数に指定したジョブ番号のジョブをバックグラウンドにするのが bg コマンド。ジョブ番号を省略すると、カレントジョブ（jobs コマンドの出力で＋が付いているジョブ）がバックグラウンドになる。バックグラウンドジョブは jobs コマンドの出力において「&」が末尾に付く。

解説9.6節

find ~ -type l > result.txt 2> /dev/null & man bash …… 「&」を末尾に付けたコマンドはバックグラウンドで実行され、フォアグラウンドジョブと同時に実行することができる。バックグラウンドジョブを活用することで、実行に時間がかかるジョブを実行しながら別の作業をシェルで行えるようになる。

解説は9.6節

kill 2907 …… killコマンドでプロセスを終了するには「kill　プロセスID」というように書く。killは「プロセス・ジョブを殺す（終了する）」という意味。プロセスを終了させることができるのは、rootユーザーかプロセスの実効ユーザーのみ。

解説は9.7節

kill %1 …… killコマンドでジョブを終了するには「kill　%ジョブ番号」というように書く。フォアグラウンドジョブを終了するには、Ctrl + cと入力する。

解説は9.7節

Ctrl + c …… Ctrl + cでフォアグラウンドジョブを終了できる。Ctrl + z（ジョブの停止）と混同しないように注意。Ctrl + cを入力すると、暗黙的にジョブ内のプロセスにINTシグナルが送信される。

解説は9.7節

kill -KILL 2912 または **kill -9 2912** …… killコマンドはプロセスにシグナルを送信するためのコマンドで、引数に「どのシグナルを送るか？」と「どのプロセスに送るか？」を指定する。シグナルとはプロセスに送信される信号（signal）のことで、シグナルを送ることでプロセスを操作できる。9番のKILLシグナルはプロセスを強制終了するシグナルで、異常が発生してTERMシグナルでは終了しなくなってしまったプロセスに対して使用する。

解説は9.8節

エイリアス（alias）とは、コマンドに別名を付ける機能 …… エイリアスを使えば、常に指定したいオプションを省略したり、オリジナルのコマンドを作成したりできる。

解説は10.1節

alias mv='mv -i' …… aliasコマンドの引数に「別名='値'」と指定して実行することでエイリアスを設定できる。aliasコマンドでエイリアスを設定した上で「別名」を実行すると、「別名」の代わりに「値」が実行される。

解説は10.1節

alias …… aliasコマンドを引数なしで実行すると、設定されているエイリアスの一覧を表示できる。ディストリビューションごとにデフォルトでエイリアスがいくつか設定されている。

解説は10.1節

type ls …… typeコマンドは、コマンドの種類（type）を確認するコマンド。引数に指定したコマンドが、エイリアスかどうかを判別できる。

解説は10.2節

- 組み込みコマンド …… ファイルとして用意されておらず、シェルに内蔵されているコマンド。cdコマンド、pwdコマンド、historyコマンドなど
- 外部コマンド …… シェルの外部にファイルとして用意されているコマンド。lsコマンド、catコマンド、touchコマンドなど

解説は10.2節

type -a ls …… typeコマンドの-aオプションで、存在するすべて（all）の種類のコマンドを表示できる。エイリアス、組み込みコマンド、外部コマンドの中から存在するものをすべて表示する。typeコマンドで、外部コマンドのファイルのパスを確認することもできる。

解説は10.2節

優先度は以下の順に高い。
① エイリアス　② 組み込みコマンド　③ 外部コマンド
したがって、外部コマンドであるlsコマンドにエイリアスが設定されていた場合はエイリアスが優先して実行される。

解説は10.3節

/usr/bin/ls または **/bin/ls** または **\ls** …… エイリアスでなくオリジナルのコマンドを実行する主な方法として以下の3つがある。
① 絶対パスで指定する（外部コマンドの場合）
②「\」を先頭に付ける
③ エイリアスを削除する

解説10.3節

unalias ls …… unaliasコマンドで、設定されているエイリアスを削除できる。unは「unfair（不公平）」のような言葉で使われ、「否定、反対」という意味。

解説は10.3節

x=23 …… 変数とは、文字列や数値などの値を保存する機能。シェルはシェル変数という変数を持ち、シェル変数を定義するには「変数名=値」とする。「変数名 = 値」のように「=」の前後にスペースを空けるとエラーになるので注意が必要。

解説は10.4節

echo $x …… シェル変数を参照するには「$変数名」とする。コマンドラインに「$シェル変数名」と入力すると、シェル変数に入っている値に置き換わる。

解説は10.4節

set …… setコマンドを引数なしで実行すると、定義されているシェル変数を一覧表示できる。シェル変数だけでなく、シェル関数も表示される。

解説は10.4節

set | grep PWD …… PWDはカレントディレクトリのパス、OLDPWDには1つ前のカレントディレクトリのパスが記載されている。

解説は10.4節

環境変数とは、子プロセスにも変数の値が受け継がれるシェル変数のこと …… シェルのプロセスに環境変数を設定しておけば、シェルで実行されるコマンドなどのプログラムすべてで、環境変数の値を利用できる。

解説10.5節

printenv …… printenvは「print environment variables（環境変数を出力する）」の略。

解説は10.5節

解答187
export x …… 既存のシェル変数を環境変数としても定義するには「export 既存のシェル変数」というように実行する。

解説は10.5節

解答188
export y=20 …… 新しい環境変数を定義するには「export 環境変数名=値」というように実行する。このコマンドを実行すると環境変数としてだけでなく、自動的にシェル変数としても設定される。

解説は10.5節

解答189
ロケールとは、ソフトウェアにおける言語や国・地域の設定のこと …… ロケールの設定によって言語や日付の書式が変わる。シェルにおいてロケールは環境変数LANGによって設定されている。

解説は10.6節

解答190
環境変数PATHに新たなパスを追加して、ファイル名だけで実行できるようにすることを、「パスを通す」という。

解説は10.6節

解答191
export PATH=$PATH:~ …… PATHに新しいパスを追加するには、「新しいPATH=今までのPATH: 追加するパス」という形で書く。もし「PATH=~」とした場合、デフォルトで設定されていたパスがすべて消えて、~だけになってしまう。

解説は10.6節

解答192
~/.bashrcとは、Bashの設定ファイルの1つで、bashのプロセスの起動時に読み込まれて実行される …… ~/.bashrcに設定を記述しておけば、bashプロセスが起動するたびに設定を読み込んで自動的に反映してくれるので、実質的に設定を保存することができる。

解説は10.7節

解答193
~/.bashrcに以下のコマンドを記入する
alias cp='cp -i' …… シェルの起動時に読み込まれる設定ファイルに、エイリアスや環境変数の設定などを書くことで、シェルの起動の度に再設定を自動で行うようにする。シェルの設定ファイルとして、bashなら「~/.bashrc」、zshなら「~/.zshrc」などがある。

解説10.7節

解答194
シェルスクリプトとは、複数のコマンドラインを記述した、シェルで実行できるファイルのこと …… コマンドラインを複数並べるだけでなく、プログラミング言語のように変数や制御構文を使って複雑な処理を実現することも可能。

解説は11.1節

解答195
一度シェルスクリプトを書いてしまえば、以降はそのファイルを実行するだけで同様の操作が可能なので、①操作の再利用性が高まり、②操作のミスも少なくすることができる。主にBashで実行されるので、③ほとんどのLinux環境で実行することができるというメリットもある。

解説は11.1節

解答 196

shebang（シバン、シェバン）とは、シェルスクリプトなどのファイルの1行目に書かれている、そのファイルをどのシェルで実行するかを指定するための記述のこと …… 「#!」に続いてシェルスクリプトを実行するシェルの絶対パスを書く。「#!/bin/bash」なら「/bin/bashで2行目以降の記述を実行する」という意味。hash（#）とbang（!）なのでshebang。

解説は11.2節

解答 197

空のシェルスクリプトは以下の手順で作成する
① touchコマンドやvimコマンドなどで空のテキストファイルを作成する
② 1行目に「#!/bin/bash」のようなシバンを記入する
③ chmodコマンドで実行権限を追加する

解説は11.3節

解答 198

source ~/.bashrc …… source コマンドは、引数に指定したファイルを現在のシェルのプロセスで実行するコマンド。主に、~/.bashrcで行った設定を現在のシェルに反映する目的で使われる。source コマンドと「.」コマンドは同じ機能を持ち、代替が可能。

解説は11.3節

解答 199

現在のシェルのエイリアスやシェル変数が、シェルスクリプトのプロセスに影響しない。また、シェルスクリプトの作者がシバンで指定したシェルで実行することができるため、最も互換性に優れている。

解説は11.3節

解答 200

export PATH=$PATH:~/bin または **export PATH=$PATH:$HOME/bin** …… シェルスクリプトの置き場にパスを通しておけば、絶対パスで指定せずとも実行できるようになる。環境変数HOMEにはホームディレクトリの絶対パスが記載されている。

解説は11.3節

おわりに

　本書の「長期記憶に焼きつける」というコンセプトは、著者の私の経験した悩みが元になっています。ソフトウェア開発の初心者だった大学生の私は、とりあえず Web アプリの開発をやってみようと思い、プログラミング言語（Python）から学習を始めて、データベースの知識、Web フレームワークの知識などを順番に学んでいきました。その際に、非常に困ったのが「前に学んだことを忘れてしまう」ということでした。データベースの勉強に時間をかけていたら、その前に学んだはずの Python の内容を、かなりの部分忘れてしまっていたのです。

　せっかく勉強したことを忘れるのが、時間を無駄にしているようでとても悔しかったので、私はいったんソフトウェア開発の学習を中断し、「効率的な勉強方法」をひたすらに調べ始めました。その中で知ったのが、「はじめに」で述べた「想起練習」というテクニックです。さっそく想起練習を取り入れて、ソフトウェア開発の学習を再開したところ、前よりも明らかに記憶に残っている感覚がありました。また、学んだ内容が記憶に残っているので、新しい知識と既存の知識を結び付けられるようになり、より深く内容を理解できるようにもなりました。

　そして「想起練習がこれだけ効果的ならば、想起練習を軸にして学習を進められる教材があったら良いのでは？」という気づきと、「せっかく記憶に残すのであれば、今後長い間使うことができる知識が良い」という考えから、「Linux の操作をノック形式で学ぶ」という本書のコンセプトが生まれました。本書では、ノックによる想起練習に加えて、由来や覚え方を載せたり、とことん噛み砕いた説明をしたりすることで、さらに記憶に残るように構成しています。

　ただ、想起練習がとても効果的な学習方法とはいえ、本書を 1 回読んだだけですべてを理解することは、なかなか難しいと思います。本書で扱った内容はすべて基本事項ではあるものの、基本を一通り網羅しているため、全体としてはかなりのボリュームになっているからです。人間の注意力には限りがあるので、これは仕方のないことです。

　そこで、本書の締めくくりとして、想起練習以外のアプローチで、本書の理解をさらに深めるための Tips を、3 つほど紹介したいと思います。理解が足りないと感じたら、次のことにも取り組んでみてください。

❶ もう1周読んでみる
❷ 学習の進め方を明確にする
❸ 実際に手を動かして学ぶ

❶ もう1周読んでみる

　まず、本書を再読することが理解の助けになります。人間の限られた注意力では、1周目ですべてを理解することは難しいため、再読によって1周目とは違う学びが得られるはずです。特に1周目では、LinuxのWhat?（何ができるのか?）を知らないため、Why?（なぜ?そもそも?）を説明されても理解しづらいと思いますが、本書の強みはWhy?をとことん丁寧に解説したところにあります。本書を2周3周と読んでいくと、点と点が繋がり、深い理解に到達する瞬間があるはずですので、そこまで繰り返し読んでいただきたいと思います。200本ノックで理解度を確認して、理解が足りない箇所を重点的に読むようにすると、さらに効果を高めることができるでしょう。

❷ 学習の進め方を明確にする

　ときには、学習が止まってしまうこともあると思います。進め方で迷ってしまったり、モチベーションが下がってしまったり、さまざまな理由で学習から遠ざかることもあるでしょう。そんなときには、「いつ」「どこで」「なにを」「どのように」学習するのかを、明確にしてください（例えば「会社の行きと帰りの移動時間に、電車内で、第5章のはじめから、『本書の取り組み方』のとおりに、学習する」というような感じで）。学習が止まってしまうのは、学習の進め方が明確になっていないことが原因であることがほとんどです。なので学習が止まったら、自分が学習している姿が、映像として脳裏に浮かぶくらいに、学習の手順を具体化しましょう。その際、「はじめに」に記載している「本書の取り組み方」も参考にしてください。学習につまずくたびに進め方を明確にして、何度でも学習に戻ってきましょう。それを繰り返していけば、いつの間にか本書の内容が身についているはずです。

❸ 実際に手を動かして学ぶ

　本書では、コマンドの実行結果を記載したり、ノックを用意することによって、パソコンが手元になくても学習しやすくしています。とはいえ、パソコンに仮想マシンを用意して、実際にコマンドを入力して学習することも、やはり大事です。

学習の効率を高めるには、いろんな文脈で学習対象に接することが重要です。例えば、英単語を覚える際には、単語帳をながめるだけよりも、音読してみたり、単語を使って英作文をしてみたりするほうが深く身につきますよね。それと同じで、Linuxの知識も本書の解説を読んだり、ノックに取り組むだけでなく、仮想マシンを用意して、シェルにコマンドを実行しながら学習をすることで、より深く身につけることができます。

　特におすすめの学習方法としては、本文を読んだりノックに取り組む中で浮かんだ疑問を、実際にコマンドを実行して検証する、という方法です。よくおすすめされる学習法である写経（本のコードを丸写しする）は、実はあまり効率の良い学習法ではありません。丸写しするよりも、自分の中に疑問や仮説を持った状態で、それを実際にコマンドを実行して検証する、という手順をとるほうがはるかに身につきやすいです。環境構築の方法（➡1.8節）も解説しましたので、ぜひ実際に手を動かしてみてください。

　本書が、皆さまの学習の一助になることを願っています。

謝辞

　本書は私の処女作になります。私がUdemyで公開しているLinuxのコースを、編集者の細谷さんに見つけていただいたのをきっかけに、本企画はスタートしました。

　大変恥ずかしながら、執筆依頼を頂いた際に私の頭にあったのは「すでにUdemyでは20コースほど動画教材を公開していて、教材作成には慣れているので、本を書くのもそれほど苦労しないだろう」という大きな勘違いでした。文字を書くことにあまり慣れていなかったこともあり、なかなか筆が進まなかったり、一度書いた文章をまるまる書き換えたり、ベストな説明や例えが思いつかず1日をつぶしたり…、とにかく苦労の多い執筆になりました。

　苦労しながらも本書を書き上げて思ったことは、「技術書は安すぎるので今後は迷わず買うようにしよう」ということです。これほどの労力と時間をかけて作られたものが、3000〜5000円程度で買えるというのは、実はとんでもないことです。しかも、ソフトウェア開発の知識はエンジニアの時給に直結しますから、元を取るのもこの上なく簡単です。私も一読者として、より一層技術書の読書に励みたいと思わされました。

　最後に、こんな素敵な学びを得る機会を与えてくださった上に、初めての執筆を丁寧にサポートしてくださった編集者の細谷謙吾さんと技術評論社の皆さま、書籍の編集と紙面デザイン制作を担当していただいた川月現大さんと風工舎の皆さま、装丁デザインを担当していただいたbookwallの皆さま、内容が正確かどうかをチェックしていただいた杏名亮典さんと西村めぐみさんに、この場を借りてお礼申し上げます。ありがとうございました。

　また、執筆を時間的にも精神的にも支えてくれた上、さまざまな相談に乗ってくれた妻と、癒しと創造性を与えてくれた息子にも感謝します。ありがとう。

参考文献

本書は、manページのほかに以下の書籍を参考にして執筆しました。

- ピーター・ブラウン／ヘンリー・ローディガー／マーク・マクダニエル『使える脳の鍛え方　成功する学習の科学』NTT出版、2016年
- テレサ・アマビール／スティーブン・クレイマー『マネジャーの最も大切な仕事──95％の人が見過ごす「小さな進捗」の力』中竹竜二監訳、樋口武志訳、英治出版、2017年
- 西村めぐみ『Linux＋コマンド入門──シェルとコマンドライン、基本の力』技術評論社、2021年
- 三宅英明、大角祐介『新しいLinuxの教科書』SBクリエイティブ、2015年
- 青木峰郎『ふつうのLinuxプログラミング 第2版　Linuxの仕組みから学べるgccプログラミングの王道』SBクリエイティブ、2017年
- 上田隆一、山田泰宏、田代勝也、中村壮一、今泉光之、上杉尚史『1日1問、半年以内に習得　シェル・ワンライナー160本ノック』技術評論社、2021年
- 末安泰三『動かしながらゼロから学ぶ Linuxカーネルの教科書』日経BP、2020年
- Noam Nisan, Shimon Schocken『コンピュータシステムの理論と実装──モダンなコンピュータの作り方』斎藤康毅訳、オライリー・ジャパン、2015年

本書特別付録「シャッフルノック」ダウンロード URL

https://gihyo.jp/book/2023/978-4-297-13425-9

アクセスID：　linuxknock　　パスワード：　KNOCK426

本書サポートページ URL

https://hiramatsuu.com/archives/934

索引

■**著者紹介**

ひらまつしょうたろう

教育活動をメインに行うソフトウェアエンジニア。
京都大学農学部卒業。元塾講師のエンジニアとし
て、「本質・唯一・効率」をキーワードにプログラ
ミング教育を行う。対面で500人以上、オンライ
ンで5万人以上が受講。ストアカ優秀講座賞受賞。
オンライン動画学習サービスUdemyの講座に「も
う絶対に忘れないLinuxコマンド」「はじめてのソ
フトウェアテスト技法」などがあり、ベストセラー
多数。

- 装丁：bookwall
- 編集・本文デザイン・DTP：有限会社風工舎
- 担当：細谷謙吾
- レビュー協力：沓名亮典、西村めぐみ
- 本書サポートページ（技術評論社）
  https://gihyo.jp/book/2023/978-4-297-13425-9

■お問い合わせについて

　本書に関するご質問については、本書に記載されている内容に関するもののみとさせていただきます。本書の内容と関係のないご質問につきましては、一切お答えできませんので、あらかじめご了承ください。また、電話でのご質問は受け付けておりませんので、FAXか書面にて下記までお送りください。

　なお、ご質問の際には、書名と該当ページ、返信先を明記してくださいますよう、お願いいたします。

　お送りいただいたご質問には、できるかぎり迅速にお答えできるよう努力いたしておりますが、場合によってはお答えするまでに時間がかかることがあります。また、回答の期日をご指定なさっても、ご希望にお応えできるとは限りません。あらかじめご了承くださいますよう、お願いいたします。

＜問い合わせ先＞
〒162-0846
東京都新宿区市谷左内町21-13
株式会社技術評論社　第5編集部
「ゼロからわかる　Linuxコマンド200本ノック」係
FAX： 03-3513-6173

ゼロからわかる　Linuxコマンド200本ノック
──基礎知識と頻出コマンドを無理なく記憶に焼きつけよう!

2023年 3月 21日　初版 第1刷 発行
2024年 4月 24日　初版 第2刷 発行

著　者　ひらまつしょうたろう
発行者　片岡　巌
発行所　株式会社技術評論社
　　　　東京都新宿区市谷左内町21-13
　　　　TEL：03-3513-6150（販売促進部）
　　　　TEL：03-3513-6177（第5編集部）
印刷／製本　日経印刷株式会社

ISBN978-4-297-13425-9　C3055
Printed in Japan